FTTx 光纤接入网络工程系列教材

FTTx 光纤接入网络工程

（施工管理篇）

总主编　孙青华

主　编　王　喆　陈佳莹　林　磊

西安电子科技大学出版社

内 容 简 介

本书以通信工程的实践为视角,讲述了通信工程施工的相关内容。本书共 11 章,第 1~5 章主要介绍了 FTTx 光纤接入工程在实施过程中的情境,第 6 章介绍了 FTTx 通信工程监理制度与管理,第 7~11 章介绍了通信工程项目组织管理。

本书可作为高职高专院校通信工程技术和通信工程管理专业的教材和参考书,也可作为 FTTx 通信工程建设相关设计人员、施工人员、监理人员和管理人员的培训教材。

图书在版编目(CIP)数据

FTTx 光纤接入网络工程. 施工管理篇 / 王喆,陈佳莹,林磊主编. —西安:西安电子科技大学出版社,2021.6
ISBN 978-7-5606-5953-4

Ⅰ. ①F⋯ Ⅱ. ①王⋯ ②陈⋯ ③林⋯ Ⅲ. ①光接入网—网络工程—施工管理
Ⅳ. ① TN915.63

中国版本图书馆 CIP 数据核字(2021)第 014578 号

策划编辑　高　樱
责任编辑　聂玉霞　宁晓蓉
出版发行　西安电子科技大学出版社(西安市太白南路 2 号)
电　　话　(029)88242885　88201467　　　　邮　　编　710071
网　　址　www.xduph.com　　　　　　　电子邮箱　xdupfxb001@163.com
经　　销　新华书店
印刷单位　西安创维印务有限公司
版　　次　2021 年 5 月第 1 版　2021 年 5 月第 1 次印刷
开　　本　787 毫米×1092 毫米　1/16　印张 19
字　　数　450 千字
印　　数　1~3000 册
定　　价　49.00 元
ISBN 978-7-5606-5953-4 / TN
XDUP 6255001-1
***如有印装问题可调换

前　言

21 世纪第二个十年以来，世界各国为了促进经济发展，打造新的信息环境，分别提出了建设新的高速宽带网络的计划，其中光通信网络是下一代高速宽带网络最重要的实现形式之一。我国政府也在 2013 年提出了"宽带中国"战略，自该战略实施以来，国内三大运营商(中国移动、中国电信和中国联通)大力推进固定宽带网络建设，因 FTTx 固网光纤接入具有能承载大带宽、成本低廉等优势，从而成为国内运营商固网宽带主流的建设方式。截至 2019 年6 月底，三家基础电信企业的固定互联网宽带接入用户总数已达 4.35 亿户。其中，光纤接入(FTTH/O)用户为 3.96 亿户，占固定互联网宽带接入用户总数的 91%。我国宽带接入用户持续向高速率迁移，100 Mb/s 及以上接入速率的用户达 3.35 亿户，占总用户数的 77.1%，居全球第一。随着光纤宽带网络大规模推广覆盖，用户量激增，产业规模持续扩大，相关光纤宽带网络建设人才(工程施工人员、工程监理人员、工程设计人员、工程维护人员)成为产业发展升级的最大瓶颈。为了满足市场需求，我们针对 FTTx 光纤接入网络工程的初学者和入门者，结合 FTTx 光纤接入网络工程实训软件编写了这套 FTTx接入网络工程系列教材，旨在通过虚拟仿真技术和互联网技术提供专注于实训的教学方案。

本套教材采用"2+1"的结构编写，即 2 本理论教材+1 本实训教材。理论教材根据 FTTx 网络结构并配合 FTTx 实训软件分为《FTTx 光纤接入网络工程(勘察设计篇)》与《FTTx 光纤接入网络工程(施工管理篇)》；实训教材为《FTTx 光纤接入网络工程(实训指导篇)》。

本书为应用型书籍，知识结构循序渐进、环环相扣，详细介绍了 FTTx施工工序与施工规范、FTTx 通信工程管理以及 FTTx 网络施工与工程管理所涉及的各个知识点。本书涵盖内容广，理实结合，难度适中，读者通过学习本书可快速掌握 FTTx 工程施工的知识点，还可通过配套的实训教材进行实际操作，加深学习印象。

　　本书由石家庄邮电职业技术学院孙青华教授和深圳市艾优威(IUV)科技有限公司的王喆、陈佳莹和林磊联合编写。第 1~4 章、第 9~11 章由孙青华编写；第 5~8 章由王喆、陈佳莹和林磊共同编写。全书由 IUV 团队统稿。

　　由于时间仓促，书中内容难免有不妥之处，恳请广大读者批评指正。

作　者
2020 年 10 月

目　　录

第1章　光缆线路工程 1

1.1　光缆线路工程的施工准备 1

1.1.1　光缆敷设的规定 1

1.1.2　光缆敷设机具 2

1.1.3　光缆牵引端头制作 4

1.1.4　管道光缆敷设前准备工作 5

1.2　管道光缆敷设施工 12

1.2.1　管道光缆敷设 12

1.2.2　管道光缆敷设步骤 14

1.3　管道光缆工程竣工测试 19

1.3.1　竣工测试内容 19

1.3.2　光纤线路损耗 20

1.3.3　光纤后向散射曲线测试 22

1.3.4　光缆电性能测试 22

1.4　光缆线路维护 23

1.4.1　光缆线路维护的任务和要求 24

1.4.2　光缆线路维护的内容 25

1.4.3　光缆线路自动监测系统 27

1.4.4　光缆线路故障 28

1.4.5　光缆线路故障种类 28

1.4.6　光缆线路故障抢修 28

1.4.7　光缆线路割接 30

1.4.8　光缆线路常用仪表 31

1.5　实做项目 34

本章小结 35

复习与思考题 35

第2章　FTTx入户光缆施工 36

2.1　FTTx入户光缆施工要求 36

2.2　FTTx入户光缆施工规范 39

2.3　FTTx入户光缆常见场景介绍 47

2.4　FTTx入户光缆施工材料 48

2.5　实做项目 54

本章小结 54

复习与思考题 55

第3章　光缆与蝶形光缆的接续成端 56

3.1　光纤连接技术 56

3.1.1　光纤连接的方式 57

3.1.2　光纤连接损耗影响因素 57

3.1.3　光纤熔接 60

3.1.4　光纤的活动连接 70

3.2　光缆接续 74

3.2.1　光缆接续的基本要求 75

3.2.2　光缆接续的特点 77

3.2.3　光缆接续方法 77

3.2.4　光缆的接续流程 79

3.3　蝶形光缆接续成端 86

3.3.1　蝶形光缆接续分类 86

3.3.2　光纤接续及光缆终结、端接 86

3.3.3　光纤快速连接器与
光纤接续子的比较 88

3.3.4　光纤快速连接器的分类应用及
实现原理 89

3.3.5　光纤冷接技术要点 91

3.4　光缆接续的现场监测 91

3.5　实做项目 95

本章小结 95

复习与思考题 96

第4章　FTTx终端放装与业务开通配置 98

4.1　用户侧终端设备连接 98

4.2　网络侧数据配置 100

4.2.1 相关知识 100
4.2.2 FTTB 的业务规划 100
4.2.3 FTTB 的业务配置 101
4.2.4 FTTH 的业务规划 106
4.3 用户侧终端设备简介 108
4.3.1 用户侧终端设备(光猫或 ONU) 108
4.3.2 FTTH 的数据配置 112
4.4 用户侧终端设备数据配置 118
4.4.1 配置计算机 IP 地址 118
4.4.2 自动配置流程 121
4.5 实做项目 128
本章小结 128
复习与思考题 128

第5章 FTTx 工程设备与线缆施工规范 ...129
5.1 设备施工规范 129
5.2 通信线路施工规范 137
5.3 FTTx 网络测试验收规范 149
5.4 实做项目 154
本章小结 155
复习与思考题 155

第6章 FTTx 通信工程监理 156
6.1 通信工程项目管理 157
6.1.1 通信工程项目 157
6.1.2 通信工程项目管理 159
6.1.3 通信工程建设基本程序 161
6.2 通信工程监理机构组成范围及目标 166
6.2.1 通信工程监理工作依据 166
6.2.2 监理工作相关知识 167
6.3 通信工程监理控制管理 173
6.3.1 工程进度控制 173
6.3.2 工程质量控制 174
6.3.3 工程投资控制 183
6.3.4 合同管理与信息管理 184

6.3.5 组织协调 185
6.3.6 安全生产管理 185
6.3.7 安全生产事故应急预案 187
6.4 实做项目 189
本章小结 189
复习与思考题 189

第7章 通信工程项目组织管理 191
7.1 通信工程项目组织管理概述 191
7.2 工程项目的组织机构 194
7.2.1 项目组织模型及分工 194
7.2.2 项目甲方组织机构 195
7.2.3 项目乙方组织机构 196
7.3 项目经理 204
7.3.1 项目经理概述 204
7.3.2 项目经理责任制 205
7.3.3 项目经理素质和能力 207
7.4 实做项目 208
本章小结 208
复习与思考题 208

第8章 通信工程安全控制管理 209
8.1 安全生产 209
8.1.1 我国的安全生产管理制度 210
8.1.2 安全生产投入 211
8.1.3 安全事故及其处理 212
8.2 安全管理 217
8.2.1 通信工程各方责任主体的
安全责任 218
8.2.2 通信工程常见危险源 220
8.2.3 安全管理人员 221
8.2.4 通信工程安全监理 222
8.3 实做项目 225
本章小结 225
复习与思考题 225

第9章　通信工程造价控制管理......................226

9.1　概述 226

9.1.1　工程造价概述 227

9.1.2　工程造价的构成 230

9.1.3　工程造价的确定依据 231

9.1.4　工程造价现行的计价方法 231

9.2　通信建设工程造价控制 232

9.2.1　工程造价控制的概念 232

9.2.2　工程造价控制的方法 232

9.2.3　工程造价控制目标 233

9.2.4　工程造价控制重点 233

9.2.5　工程造价控制措施 233

9.2.6　工程造价控制任务 233

9.3　通信建设工程设计阶段造价控制......234

9.3.1　设计方案优选 234

9.3.2　设计概算审查 234

9.3.3　施工图预算审查 236

9.4　通信建设工程施工阶段造价控制......237

9.4.1　施工招标阶段造价控制 237

9.4.2　施工阶段造价控制 240

9.5　实做项目 248

本章小结 249

复习与思考题 249

第10章　通信工程进度控制管理 250

10.1　通信工程项目进度控制概述 250

10.1.1　通信工程项目进度控制的
概念 251

10.1.2　影响通信工程项目进度的
因素 251

10.2　通信工程项目不同主体的
进度控制 253

10.2.1　设计单位的进度控制 253

10.2.2　施工单位的进度控制 254

10.2.3　监理单位的进度控制 256

10.3　通信工程项目网络计划技术 259

10.3.1　网络计划技术的基本概念 260

10.3.2　网络图的绘制 262

10.3.3　网络计划时间参数的计算 267

10.4　通信工程进度计划实施监测与
调整方法 276

10.4.1　通信工程进度计划实施
监测方法 276

10.4.2　通信工程进度计划实施
调整方法 279

10.5　实做项目 280

本章小结 280

复习与思考题 280

第11章　通信工程质量控制管理..................281

11.1　通信工程项目质量控制概述 281

11.1.1　通信工程项目质量控制
相关概念 281

11.1.2　通信工程项目质量的
影响因素 282

11.2　通信工程项目的质量管理与控制......284

11.2.1　勘察设计单位的质量管理与
控制 285

11.2.2　施工单位的质量管理与控制 286

11.2.3　建设单位的质量管理与控制 287

11.3　通信工程项目质量控制的方法 288

11.4　实做项目 295

本章小结 295

复习与思考题 295

参考文献 296

第 1 章　光缆线路工程

 本章内容

- 光缆敷设的准备工作
- 管道光缆敷设

 本章重点、难点

- 光缆牵引端头制作
- 牵引张力计算
- 管道光缆敷设步骤

 本章学习目的和要求

- 掌握管道光缆的敷设方法和步骤
- 了解光缆敷设机具的使用

 本章学时数

- 建议 4 学时

1.1　光缆线路工程的施工准备

　　光缆具有纤芯细、重量轻、易受损伤等特点，在敷设过程中，光缆牵引张力应主要加在光缆加强件上。本节介绍光缆敷设的规定、光缆敷设机具和光缆牵引端头的制作等相关知识。

1.1.1　光缆敷设的规定

　　为了保证光缆敷设的安全和成功，在进行光缆敷设时，应遵守下列规定。

1. 光缆敷设路由的要求

(1) 中继段光缆配盘图或按此图制订的敷设作业计划表是光缆敷设的主要依据，一般不得随意变动，避免盲目进行敷设。

(2) 敷设路由必须按路由复测画线进行，若遇特殊情况必须改动，一般以不增加敷设长度为原则，预先征得建设部门同意。

2. 光缆敷设施工的一般规定

(1) 光缆的弯曲半径至少为光缆外径的 15 倍，施工过程中至少为光缆外径的 20 倍。

(2) 布放光缆的牵引力不应超过光缆最大允许张力的 80%，瞬间最大牵引力不得超过光缆的最大允许张力，而且主要牵引力应作用在光缆的加强芯上。

(3) 为了防止在牵引过程中发生扭转损伤光缆的情况，光缆牵引端头与牵引索之间应加入转环。光缆的牵引端头可以预制，也可以现场制作。

(4) 当光缆布放采用机械牵引时，应根据地形、布放长度等因素选择集中牵引、中间辅助牵引或分散牵引等方式。

(5) 机械牵引敷设时，牵引机速度以不超过 20 m/min 为宜。牵引张力可以调节，当牵引张力超过规定值时，应能自动告警并停止牵引。

(6) 人工牵引敷设时，牵引速度以不超过 10 m/min 为宜，可采取地滑轮人工牵引方式或人工抬放方式。

(7) 有 A、B 端要求的光缆要按设计要求的方向布放。

(8) 布放光缆时，光缆必须由缆盘上方放出并保持松弛的弧形。

(9) 光缆布放的过程中应无扭转，严禁打背扣、浪涌等情况发生。

(10) 光缆布放以及安装、回填过程中均应注意光缆安全，严禁损伤光缆，发现护层损伤应及时修复。

(11) 光缆布放完毕后应及时测量，以确认光纤连接是否良好。光缆端头应做到严格密封防潮，避免接头渗水从而影响使用。

(12) 未放完的光缆不得在野外放置，埋式光缆布放后应及时回填土(厚度不小于 30 cm)。

(13) 建议采用新的施工工艺和施工方法，以减轻敷设光缆时的工作量，同时新工艺和新方法可以对光缆起到更为有效的保护作用。

(14) 施工过程中，必须严格组织工作，并有专人现场指挥。布放过程中应有良好的通信联络手段，禁止未经训练的人员上岗作业和在无联络设施的条件下作业。

(15) 现场施工完毕后，应及时清理现场废弃物，保持施工现场的环境卫生。

(16) 施工过程中，应注意施工现场周围的各种线路性质，考虑道路的通行状况，采取相应的措施，避免发生工作人员伤亡事故、材料和设备的损失。

1.1.2 光缆敷设机具

光缆敷设时，尤其是管道光缆敷设时，光缆牵引需要使用终端牵引机、辅助牵引机、导引装置、穿管器等主要机具。

1. 终端牵引机

终端牵引机又称为端头牵引机，其结构示意图如图 1-1 所示。终端牵引机安装在允许牵引长度的路由终点上，通过牵引钢丝绳把终端的光缆按规定速度牵引至预定位置。

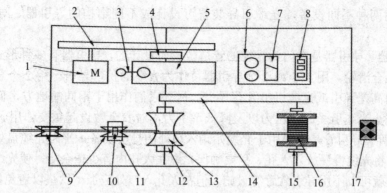

1—电动机；2—主传动带；3—人工换挡开关；4—离合器；5—变速器；

6—仪表盘；7—张力指示器；8—计米器；9—钢丝导轮；10—张力调节器；

11—张力传感器；12—绞盘分离器；13—绞盘；14—收线传动带；15—轴承；

16—收线盘、牵引钢丝绳；17—收线盘分离踏板

图 1-1　终端牵引机结构示意图

2. 辅助牵引机

不论是在光缆的管道敷设，还是在直埋敷设或架空敷设过程中，辅助牵引机一般都被置于敷设的中间部位，起辅助牵引作用。图 1-2 所示是辅助牵引机结构示意图，光缆夹持在两组同步传输带中间，终端牵引机牵引光缆时，辅助牵引机以同样的速度带动传动带，光缆由传动带夹持，利用摩擦力对光缆起牵引作用。如将辅助牵引力置于 150 kg 位置，则光缆终端牵引机即可获得 150 kg 的支援，从而使总牵引力长度获得较大改善。

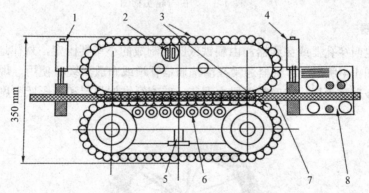

1、4—光缆固定；2—夹持；3—同步传动带；

5—减速器；6—导轮；7—光缆；8—液压电动机

图 1-2　辅助牵引机结构示意图

我国原邮电部第三工程公司生产的 SGS-2 型辅助牵引机的牵引力为 0～200 kg，牵引速度为 0～14 m/min，适用光缆外径为 8～28 mm。

3. 导引装置

管道光缆敷设要通过人孔井口进行，为了避免引入/引出路由上出现拐弯曲线以及管道人

孔的高差等情况，必须在有关位置安装相应的引导装置以减小光缆的摩擦力，降低牵引张力。

根据上述两种不同设备，光缆引导装置可设计成不同结构的导引器、导引管和导引滑轮。

(1) 导引器。导引器是专门为光缆的管道敷设而设计的，导引器有多种形式，但多数是带轴承的组合滑轮。用 1 个或 2 个导引器可作为光缆的拐弯导引。用 2 个导引器可组成高低人孔的高差导引或光缆引出人孔导引。尽管它们作用于不同的地方，但其效果是一样的，即减小光缆所受的侧压力以及降低牵引力，对安全敷设起重要作用。

(2) 导引管。导引管是主要用于光缆始端入口处的导引设备，平时光缆盘处都有专人值守，安装时将光缆慢慢放入人孔。只要确保光缆在人孔内有少量余量，使光缆保持松动状态，入口处就可以不用导引软管等设施，但在人孔入口处应加一软垫以避免擦伤光缆。注意，光缆盘退下的速度与布放速度须同步，以避免打小圈或浪涌现象发生。

(3) 导引滑轮。当直埋光缆敷设采用人工牵引时，为了减小光缆与地面之间的摩擦力，可以在光缆与地面之间安装导引装置，即导引滑轮，也称导向轮，其实物图如图 1-3 所示。

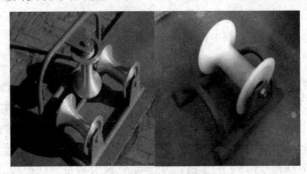

图 1-3　导引滑轮实物图

4. 穿管器

穿管器也叫穿孔器或穿线器，由扁铁或圆管制成的小车架固定，规律地盘在架子中，其实物图如图 1-4 所示。穿管器通常在清洗通信管道或布放光缆时使用，现在工程中一般使用的多是玻璃穿管器。玻璃穿管器由铜芯、玻璃纤维加强层和高压低密度聚乙烯防护层 3 部分构成。

图 1-4　穿管器实物图

1.1.3　光缆牵引端头制作

对于光缆敷设，尤其管道布放，光缆牵引端头制作是非常重要的工序。光缆牵引端头制作方法是否得当，直接影响光纤的传输特性。如果没有掌握光缆牵引的特点和制作合格牵引端头的方法，则可能会发生外护套被拉长或脱落以及光纤断裂的严重后果。

1. 光缆牵引端头的要求

光缆牵引端头一般应符合下列要求：

(1) 牵引张力应主要在光缆的加强件上，也就是芯片上约 75%～80%处，其余加到外护层上约 20%～25%。

(2) 缆内光纤不应承受张力。

(3) 光缆牵引端头应具有一定的防水性能，避免光缆端头浸水。

(4) 光缆牵引端头可以预制，也可以在现场制作。

(5) 光缆牵引端头体积(特别是直径)要小，塑料子管内敷设光缆时必须考虑这一点。

2. 光缆牵引端头的种类和制作方法

光缆牵引端头的种类较多，下面介绍 4 种具有代表性的不同结构的光缆牵引端头制作方法。

1) 简易式光缆牵引端头

简易式光缆牵引端头属于较常用的一种，适用于直径较小的管道光缆。其制作方法是：首先将光缆外护套开剥 30～40 cm，留下加强芯做一扣环，并用两根 Φ1.6 mm 或 Φ2.0 mm 铁丝，采用与加强芯同样的方法做扣环；然后用铁丝在光缆上捆扎 3 道，加强芯扣环位于护层前时一般扎 3～5 道线。若张力较大则可多扎几道；最后在护层切口处应用防水胶带包扎以避免进水。当采用机械牵引时，牵引索采用钢丝绳；当采用人工防水牵引时，可用尼龙绳或铁丝做牵引索。

2) 夹具式光缆牵引端头

夹具式光缆牵引端头制作方法较简单，一般由压接套筒式弹簧夹头和抓式夹具组成。其制作方法是先将光缆剥开，去除约 10 cm 的护层和芯线，加强芯用夹具内夹夹紧，护层由套筒收紧。夹具本身自带转环，为了提高防水性能，在套筒与护层间通常用防水胶带包扎好。

3) 预制型光缆牵引端头

预制型光缆牵引端头是由工厂或施工队在施工前预先制作好的，是一次性牵引端头。若出厂时已制作好牵引端头，则在单盘检验时应尽量保留一端。这种端头的优点是可以预先制作好，施工现场不必制作，方便省时，同时具有防水性能良好的特点。

4) 网套式光缆牵引端头

由于 40～50 cm 长的网套具有收紧性能，受力分布均匀且面积大，故网套式光缆牵引端头适用于具有钢丝铠装的光缆。当用于非钢丝铠装的光缆时，应把加强芯引出做一扣环，将其与网套扣环一同连至转环。在有水区域敷设时，当套上网套时，光缆端头应预先用树脂或防水胶带等材料做防水处理。

1.1.4　管道光缆敷设前准备工作

管道光缆敷设在市内光缆工程中所占比例是较大的，因此，管道光缆敷设技术是十分重

要的。对于管道敷设光缆,无论新建管道或者利旧管道,施工下井前都必须记住以下几点:

(1) 用气体检测仪检测是否存在有毒气体。在无气体检测仪的情况下,需打开敷设光缆的井盖并放置一个小时以上,且打开放置井盖时需在井盖周围用醒目标志围挡起来,如放置"正在施工"等标志。

(2) 使用抽风设备排空人井有害气体,以降低有毒气体浓度,便于人员下井施工。若人井管道较深,则必须使用排气扇、鼓风机等做好通风工作。

在做完以上步骤后方可下井施工,并在井上设置安全看守人员和安全绳,实时监控井下作业人员情况。图 1-5、图 1-6 所示为现场施工图。

图 1-5　现场施工图(1)

图 1-6　现场施工图(2)

由于管道路由复杂,光缆所受张力、侧压力不规则,故在管道光缆敷设前,应做好核实管道资料、清洗管道、计算牵引张力等准备工作。

1. 清洗管道

1) 管孔资料核实

按设计规定的管道路由和管孔占用情况,检查管孔是否空闲以及进、出口的状态,按光缆配盘图核对接头位置所处地貌和接头安装位置,并观察(检查)图纸上的位置是否合理和可靠。

2) 管孔清洗方式

管孔应该清刷干净,清刷工具应包括铁砣、钢丝刷、棕刷、抹布等,铁砣的大小应与管孔适应。对于新管道及淤泥较多的陈旧管道,宜采用传统的管孔清洗装置,如图 1-7

所示。

图1-7 管孔清洗装置示意图

另外，管孔也可以用直径合适的圆木试通，由于目前管孔内绝大多数用塑料子管布放光缆，因此圆木的直径应按照布放 3 根塑料子管考虑。

3) 清洗步骤

(1) 打开人孔铁盖后，采用人工通风或自然放置一个小时，若人孔内有积水则须用抽水机排出。

(2) 用穿管器或竹片慢慢穿至下一个孔后，将始端与清洗刷等进行连接。注意清洗工具末端接好牵引线，然后从第一人孔抽出穿管器或竹片。用同样的方法继续洗通其他管道。

(3) 对于淤泥太多的管道，可以采用水灌入管孔内的方法进行冲刷，使管道畅通，或者用高压水枪反复冲洗管道直至疏通。

4) 机器清洗法

由于塑料管道密封性较高，故采用自动减压式洗管技术；反之，水泥管道密封性差且有摩擦力，故不采用气压洗管方式。也可以采用根据水泥管道特点开发的洗管器清洗管道，如图 1-8 所示。该机器模拟人工洗管方式，采用摩擦原理使洗管器的橡胶同步带与聚乙烯管件产生摩擦，推动洗管器完成洗管作业。

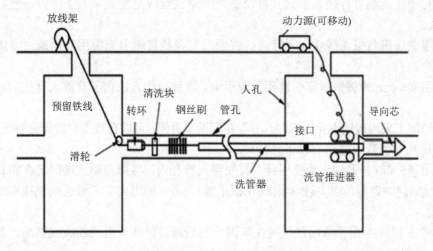

图1-8 机器洗管示意图

2. 铺设管道

1) 预放塑料子管

随着通信行业的大力发展，城市电信管道日趋紧张，根据光缆直径小的优点并充分发挥管道的作用，布设光缆时，可采用管孔分割的方法，即在一个管孔内采用不同的分割形式布放塑料子管。通常可以在一个 Φ 90 mm 的水泥管道管孔中预放 3 根塑料子管，其分割示意图如图 1-9(a)所示。波纹管内壁光滑平整，外壁呈梯形波纹状，内外壁内有夹层中空层，是传统水泥管道的替代品，如图 1-9(b)所示，根据波纹管的内径和外径数值，参照在水泥管道内预放塑料子管的方法同样处理。

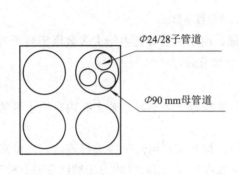

(a) 四孔平铺管道　　　　　　　　　　　　(b) 波纹管道示意图

图 1-9　子母管道示意图

(1) 塑料子管的质量检查。塑料子管一般为聚乙烯半软管，质量应符合设计要求。城市 Φ90 mm 标准水泥管孔可容纳 4 根 Φ24 mm/28 mm 塑料子管。特殊情况下，直埋铠装光缆进入管道时，应选用合适的大直径子管。

(2) 子管内预放牵引绳索。用子管布放光缆，必须在放光缆前在子管内预放一根牵引索，预放的时间和方法主要有以下几种：

① 将子管用细竹片接入子管并将牵引光缆用铁丝或尼龙绳穿入子管内，然后将子管圈好待放。

② 用空压机将尼龙线吹入子管内，并通过尼龙线将牵引光缆用铁丝或尼龙绳带入子管内。

③ 用 Φ6 mm 弹簧钢作穿引针预放牵引索，这种操作方法在子管放入管孔前或后都可进行。

④ 当施工采用玻璃钢穿管器时，不需要预设牵引绳，可以直接用穿管器进行光缆牵引。

(3) 塑料子管敷设方法有以下几种：

① 用 Φ6 mm 弹簧钢作为穿引针，首先穿入管孔内，将弹簧钢一端固定在塑料管顶端的钢架上(钢筋为自制，可夹住 3 根或 4 根子管)，另一端用人工、普通电缆拖车或用绞盘拖车拖拽。

② 将 3 根或 4 根子管用铁线捆扎牢固，然后通过转环牵引钢绞线或铁线，最后由人工或拖车拖拽。

③ 在子管布放过程中，若产生扭曲将给光缆的敷设带来困难。当扭绞截距在 10 m 以内时，光缆与子管内壁的摩擦力增大，随之牵引张力增大好几倍。因此，敷设塑料子管时应避免其受到扭曲，解决方法是，在子管前面加上转环，最好在人孔内子管进入管孔处用塑料三孔支架将 3 根子管隔开。

(4) 布放塑料子管注意事项包括以下几方面：

①　在布放塑料子管时，先把子管在地面上放开量好距离，一般放在穿孔的地方，子管不要有接头。

②　同时布放 2 根以上子管时，牵引头应先把几根塑料管绑扎在一起，然后用塑料胶布将管头包起来，以免管头卡到管块接缝处从而造成牵引困难。

③　井口和管口处要有专人管理，避免将塑料管压瘪。

④　在布放子管时地面上的塑料管尾端应有专人看管，防止塑料子管碰到行人及车辆，另外也应随着布放的速度顺直子管。

⑤　塑料子管应引出管孔 10 cm 以上或按设计留长塞好管孔堵头和子管堵头。

⑥　在城市及路口等流动人员较多的地段敷设子管时，应做好施工标志，注意过往行人、车辆的安全，并尽量减少所占用的施工场地。

2) 敷设梅花管

梅花管是一种梅花状的 PVC 材料通信管材，又称蜂窝管，其内壁光滑，可直接穿光缆。其实物图如图 1-10 所示。

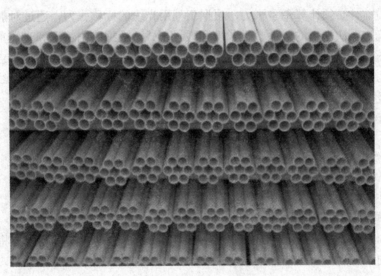

图 1-10　梅花管实物图

铺放梅花管前应先检查其质量。梅花管内外壁应光滑、平整，无气泡、裂纹、凹陷、凸起、分解变色线和明显的杂质，管材断面切割应平整，无裂口、毛刺，并与管轴线垂直。

(1) 管道的埋设地沟应按设计要求和施工操作尽可能平直，如沟底不平可铺上一层细沙。埋管前应清除沟内的硬质物，防止管道变形。开始埋管时，在人井端应将多孔管预留 10～15 cm，以便穿缆。应堵塞露在人井端的子管，埋管时严禁泥沙异物混入管内。

(2) 初次安装使用时，在敷设第一段(两个人井之间的距离)管道时先不要回填土。用穿管器试穿一孔或两孔，顺利穿入后，再往下段敷设。

(3) 管道敷设好之后，应先用细沙或细土回填到浸没管的高度，不可使管道处于悬空状态，然后回填其他泥土，禁止用大石头、干土块砸向管道。

(4) 管线经过受外力破坏较严重的地段时，应在接孔部分用水泥混凝土包覆，以保证其安全。

(5) 梅花管的长度一般为 6 m，所以在铺放过程中需要将梅花管连接起来。对于管接头有如下要求：

① 管接头的长度不小于 200 mm。

② 管接头内壁形状与塑料管外壁形状完全一致。

③ 连接后管接头内壁与塑料管外壁间的空隙不应大于 0.5 mm。

④ 管接头的壁厚应不小于所对应的塑料管的最小壁厚。

梅花管连接时一般采用承插式黏结方式。将管材定位装置朝上放置，先将端部管材外壁清理干净，插入管接头承接口一端，在另一端面上垫上一块厚木板，用锤头敲打木板，使管材承插到位。在管接头另一端承接口处将另一根管材插入并检查承插是否到位，如此顺延至下一个人井处。在实际施工中，根据实际的人井长度、距离，确定好管材的长度，并用钢锯锯断，并确保锯口平整。对接完成后，伸入人井的一端要求用管塞塞好，防止异物入侵。

3. 计算牵引张力

敷设光缆前，必须计算牵引张力。根据工程用光缆的标称张力，通过对敷设路由牵引张力的估算确定一次牵引的最大敷设长度和敷设形式。根据路由情况和光缆重量、标称张力可计算出正确的牵引张力，这对安全敷设光缆(尤其是管道敷设)可起到决定性作用。

敷设张力的大小随路由和光缆结构而异，计算时必须摸清路由状况，如线路平直、拐弯、曲线以及子管的质量等情况。

1) 平直路由的张力计算

对于平直的直线路由，敷设张力 F(单位为 kg)的计算公式如下：

$$F = \mu\omega L \tag{1-1}$$

式中：μ 为摩擦系数，ω 为光缆重量，L 为直线长度。

2) 转弯路由的张力计算

如图 1-11 所示，线路 AB 在 C 点转弯，光缆牵引通过 C 点时，其张力将增大。设光缆在拐弯前的张力为 F_1，C 点后的张力为 F_2，则

$$F_2 = F_1 e^{\mu\theta} \tag{1-2}$$

式中：$e^{\mu\theta}$ 为张力增大系数(转弯后光缆张力与转弯前的张力比)，其中 e 为自然对数的底，μ 为摩擦系数，θ 为 AC 与 BC 两条直线线路的夹角。

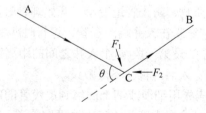

图 1-11　转弯直角

3) 曲线路由的张力计算

光缆通过如图 1-12 所示的平面曲线路由时，光缆承受的张力较直线路由更大。设光缆

在曲线路由前的张力为 F_1，经过曲线路由后的张力为 F_3，曲线路由长度为 L，交叉角为 θ_1，则

$$F_3 = (F_1 + \omega\mu L)e^{\mu\theta_1} \tag{1-3}$$

式(1-3)中其他参数含义同上。

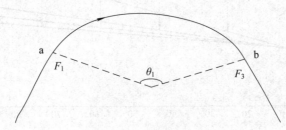

图 1-12　曲线路由

4) 实际管道线路和状况举例

图 1-13 是光缆敷设路由的一个实例。由图中可知，光缆由起点 A 经 AB(直线路由)→ BC(曲线路由)→CD(直线)→D 点(拐弯)→DE(直线路由)→E(人孔高差，类似两个拐弯)→ EF(直线)至终点 F。

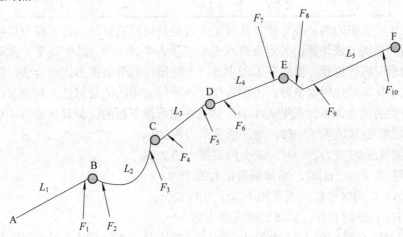

图 1-13　光缆敷设路由实例

在计算每个点张力时，应考虑以下因素：

(1) 当路由性质、材料以及使用工具(包括牵引钢丝或者其他牵引绳)不同时，摩擦系数是不同的。不同管道的 μ 值如表 1-1 所示。

表 1-1　不同管道的 μ 值

摩擦物	水泥管道与光缆	水泥管道与牵引钢丝绳	塑料子管与光缆	塑料子管与牵引钢丝绳	导引轮(器)与光缆	金属滑轮与钢丝绳
μ	0.5~0.6	0.3~0.4	0.33	0.20	0.1~0.12	0.15~0.2

(2) 张力增大系数 $e^{\mu\theta}$，具体由 μ 和 θ 决定。以 μ 为变量的张力增大系数 $e^{\mu\theta}$ 与交叉角 θ 的关联曲线如图 1-14 所示。由图中可见，当交叉角达到 90° 时，张力增大系数达

到最大值。

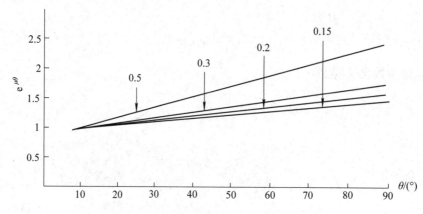

图 1-14　张力增大系数与交叉角关系曲线图

不同摩擦系数条件下的张力增大系数如表 1-2 所示。

表 1-2　不同摩擦系数条件下的张力增大系数

μ	0.5	0.3	0.2	0.15
$e^{\mu\theta}$	2.20	1.65	1.4	1.30

上述关于牵引张力的计算方法，从理论上讲是较规范的算法，在工程中可以选取一个管段按上面的举例方法计算出各点及终点的牵引张力并试牵引，以便决定一次牵引的长度和中间辅助牵引机的位置。虽然在工程中选一个管段计算牵引张力比较合适，但当所有段落均按公式来计算时，则太费时。下面提供了一种较实用的简易算法，可供参考。

直线路由的张力计算公式见式(1-1)，其他路由可按下面的经验数据推算牵引张力：

(1) 上坡坡度(坡度为 5°)时，增加所需张力的 25%；

(2) 下坡坡度(坡度为 5°)时，减少所需张力的 25%；

(3) 拐弯(半径为 2 m)时，增加所需张力的 75%；

(4) 如 A、C 同时存在，则增加所需张力的 120%；

(5) 如 B、C 同时存在，则增加所需张力的 30%。

上述 A、B、C 对应图 1-13 中的 A、B、C。需注意，当牵引时若采用润滑剂润滑，摩擦系数将减少 40%左右。

1.2　管道光缆敷设施工

1.2.1　管道光缆敷设

在管道内敷设光缆的方法主要有机械牵引法、人工牵引法和机械与人工相结合的敷设方法。

1. 机械牵引法

机械牵引法是指利用牵引机进行光缆牵引的方法，有以下几种类型。

1) **集中牵引法**

集中牵引法即端头牵引法，牵引钢丝通过牵引端头与光缆端头连接，采用终端牵引机按设计张力将整条光缆牵引至预定敷设地点，如图 1-15(a)所示。

2) **分散牵引法**

分散牵引法主要是由光缆外护套承受牵引力，在光缆侧压力允许条件下施加牵引力，用多台辅助牵引机可使分散的牵引力协同完成光缆敷设，如图 1-15(b)所示。

3) **中间辅助牵引法**

如图 1-15(c)所示，中间辅助牵引法既采用了终端牵引机，又使用了辅助牵引机。一般采用终端牵引机通过光缆牵引端头牵引光缆，辅助牵引机在中间给予辅助使一次牵引长度得到增加。因此，在有条件时选用中间辅助牵引法更好。

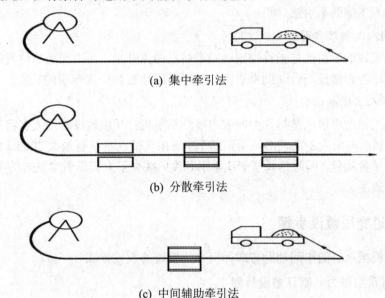

(a) 集中牵引法

(b) 分散牵引法

(c) 中间辅助牵引法

图 1-15　光缆敷设机械牵引法示意图

图 1-16 所示是管道光缆敷设中机械牵引的具体实例。

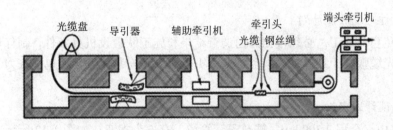

图 1-16　管道光缆敷设中机械牵引实例图

2. **人工牵引法**

由于光缆具有轻、细、软等特点，故在没有牵引机的情况下，可以采用人工牵引法来完成光缆的敷设。

(1) 人工牵引法的要点是在良好的指挥下尽量同步牵引，一部分人在前端拉牵引索(穿管器或铁线)，每个人孔中有 1～2 人辅助拉伸。前端集中拉伸人员应考虑牵引力的允许值，尤其在光缆引出口处，应考虑光缆牵引力和侧压力。

(2) 人工牵引布放长度不宜过长，常用的办法是"蛙跳"式敷设法，即牵引出几个人孔后，在当前人孔将未敷设光缆盘成"∞"，然后再向前敷设，如距离长可继续将光缆引出盘成"∞"，直至整盘光缆布放完毕。

(3) 人工牵引装置不像机械牵引要求那么严格，但拐弯和引出口处还是应安装导引管为宜。人工牵引敷设管道光缆的缺点是浪费人力，而且组织不当还易损伤光缆。

3. 机械与人工相结合的敷设方法

机械与人工相结合的敷设牵引方式与图 1-15(c)所示的方法相似，分为中间人工辅助牵引法和终端人工辅助牵引法。

1) 中间人工辅助牵引法

中间人工辅助牵引法是指终端用终端牵引机做主牵引，在中间适当位置的人孔内由人工帮助牵引，若再增设一台辅助牵引机，则可更好地延长一次牵引的长度。

2) 终端人工辅助牵引法

终端人工辅助牵引法是指在中间采用辅助牵引机，开始敷设时用人工将光缆牵引至辅助牵引机，然后再由人工在辅助机后帮助牵引。由于辅助牵引有最大 200 kg 的牵引力，所以大大减轻了劳动量，同时延长了一次牵引长度，减少了人工牵引方法时的倒"∞"次数，提高了敷设速度。

1.2.2　管道光缆敷设步骤

下面以机械牵引的中间辅助方式为例介绍管道的敷设步骤。

1. 估算牵引张力，制订敷设计划

1) 路由摸底调查

按施工图设计路由进行摸底，调查具体路由状况，统计拐弯、管孔高差的数量和具体位置。

2) 制订光缆敷设计划

为避免盲目施工，必须根据路由调查结果和施工队敷设机具条件，制订切实可行的敷设计划。光缆敷设计划包括光缆盘、牵引机以及导轮安装位置，还包括张力分布和人员配合等。

3) 敷设计划实例

* 路由：全程 2.399 km；塑料子管管道，有 5 个拐弯，如图 1-17 所示。
* 管道高差：2 处，因高差不大，并且子管伸出 0.5 m，故不考虑这一因素。
* 机具：终端牵引机、辅助牵引机各一台，以及其他导向器等，牵引机钢丝绳重量 50 kg/km。
* 光缆：重量为 400 kg/km，标称张力为 200 kg。

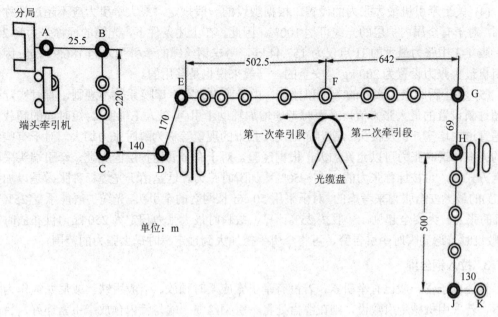

图 1-17　光缆敷设路由和牵引计划图

2. 光缆敷设计划

(1) 全程分两次牵引,将光缆置于 F 点,第一次向局内牵引至 B 点(考虑此段拐弯较多,故端头牵引机在 B 点牵引,局内 50 m 和 AB 间 25.5 m 由人工向局内布放至地下进线室);第二次由 B 点向 J 点(终点)牵引,在拐弯处设置导向器,牵引段中间合适位置设置辅助牵引机。

(2) 张力估算。按牵引张力计算公式及实用计算方法较准确地估算各主要位置(图 1-17 中的 A、B、C、D、E、F、G、H、J、K)的牵引张力,以确定中间是否需要设置辅助牵引机和终端牵引设置最大牵引力的范围。

绘制牵引计划表,施工时可利用路由绘制,详见图 1-17 和表 1-3。

表 1-3　牵引计划表

路由主要位置	第一次牵引段						第二次牵引段				注
	A	B	C	D	E	F	G	H	J	K	
机械设置	人工	端头牵引机	导引器	辅助牵引机	导引器	光缆(千斤)	导引器	辅助牵引机	导引器	端头牵引机	牵引机最大牵引力设置:200 kg
光缆至各点时张力/kg	105.6	58.42	15.5	138.53	66.33		84.74	157.44	66.0	132	
牵引力显示张力/kg	105.6	58.92	19.85	153.11	83.91		114.2	186.97	69.5	132	

(3) 表 1-3 中光缆各点张力是指光缆到达该点时所承受的张力,此时牵引机上显示的张力为光缆张力再增加前边一段钢丝绳的牵引张力(计算时已考虑由人孔内通过引出装置的两组金属滑轮的摩擦)。

(4) 关于牵引机最大张力的设置。根据敷设的一般规定,最大牵引力应不超过标称的85%,对于有金属内护层的光缆可达100%。因此,在上述条件下,光缆的标称张力为200 kg,表 1-3 中张力最大的 H 点仅为 157.44 kg,考虑钢丝绳的牵引张力为 186.97 kg,因而牵引机最大张力设置为 200 kg 是安全的,一般来说也是够用的。

(5) 关于瞬时最大张力的考虑和预定。由于路由复杂,摩擦系数不规则,有时实际张力超过新设置的最大张力值,必要时考虑增加辅助牵引(可以人工辅助)。短时间的超载,如遇管道内堵塞,钢丝接头、管口面出现大张力的现象等称为瞬时张力加大。对于有些结构的光缆,瞬时张力可以允许加大,根据经验,对于有金属内护层的光缆,牵引端头采取网套方式时,可按标称张力的 25%~50%增加瞬时张力。这是由于光缆标称张力是以加强件(芯)的最大安全张力来考虑的。对于采用 50 cm 长网套的牵引头,光缆护层能承受 25%~50%的张力。为安全起见,一般按 25%计算,故瞬时最大张力预定为 250 kg,供布放时调整(敷设时若遇到瞬时牵引告警,可将牵引手控加大到预定瞬时最大张力的范围)。

3. 拉入钢丝绳

管道或子管一般已有牵引索,若没有牵引索应及时预放,一般用铁丝或尼龙绳作为牵引索。若采用机械牵引敷设,则在缆盘处将牵引钢丝绳一端与管内预放牵引索连好,另一端由端头牵引机牵引管孔内预放的牵引索,将钢丝绳牵引至牵引机位置,并做好牵引准备。

4. 光缆及牵引设备的安装

1) 光缆放置及入口安装

光缆盘由光缆拖车或千斤顶支撑于管道人孔一侧。为安全起见在光缆入口孔处,可以采用输送管。光缆入孔处安装示意图见图 1-18,图 1-18(a)是将光缆盘放在使光缆入口处于近似直线的位置;受条件限制时也可按图 1-18(b)所示位置放置。输送管可采用蛇皮钢管或聚乙烯管,可以避免光缆打小圈(背扣)并防止光缆外护层损伤。

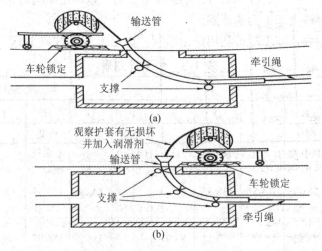

图 1-18　光缆入孔处安装示意图

2) 光缆引出口的安装

利用端头牵引机将牵引钢丝和光缆引出人孔时,可采用有不同的安装方式,下面介绍其中两种方式。

(1) 采用引导器方式。将引导器和导轮按图 1-19(a)所示安装好，应使光缆引出时尽量保持直线，可以将牵引机放在合适的位置。若人孔出口窄小或牵引机无合适位置，为避免侧压力过大或擦伤光缆，应将牵引机放在前边一个人孔(光缆牵引完后再抽入入口)，但应在前一人孔另安装一副导引器或导轮，如图 1-19(b)所示。

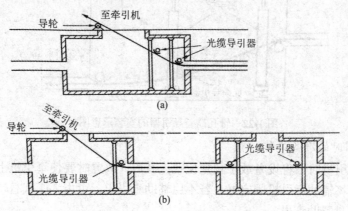

图 1-19 光缆引出口处安装导引器

(2) 采用滑轮方式。这种方式是布放普通光缆的常用方式，采用金属滑轮组，安装示意图如图 1-20 所示。

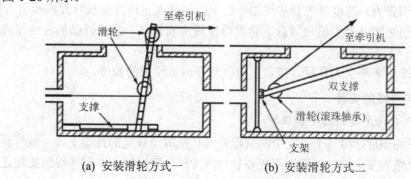

(a) 安装滑轮方式一　　　　(b) 安装滑轮方式二

图 1-20 光缆引出口处安装滑轮示意图

3) 拐弯处减力装置的安装

光缆拐弯处的牵引张力较大，故应安装导引器和减力轮(类似自行车轮)，图 1-21 所示就是采用减力轮方式的安装图。

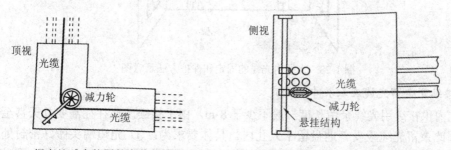

(a) 拐弯处减力装置的安装俯视图　　　(b) 拐弯处减力装置的安装侧视图

图 1-21 拐弯处减力装置的安装图

4) 管孔高差导引器的安装

为了减少因管孔存在高差所引起的摩擦力和侧压力，其解决方法通常是在高低管孔之间安装导引器，具体安装方法如图 1-22 所示。

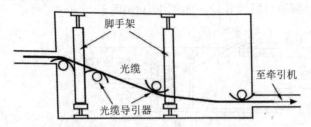

图 1-22　管孔高差导引器的安装示意图

5) 中间牵引时的准备工作

采用辅助牵引机时，将设备放于预定位置人孔内，放置时要使牵引机上光缆固定部位与管孔齐平，并将辅助牵引机固定好。若不用辅助牵引机，可由人工代替，即在合适位置的人孔内安排人员帮助牵引。

5. 光缆牵引

(1) 制作合格的牵引端头并接至钢丝绳。

(2) 按牵引张力、速度要求开启终端牵引机，值守人员应注意按计算的牵引力操作。

(3) 光缆引进辅助牵引机位置后，将光缆按规定安装好，并使辅助机与终端机以同样的速度运转。

(4) 光缆牵引至牵引人孔时，应留足供接续及测试使用的长度。

6. 人孔内光缆的安装

1) 直通人孔内光缆的固定和保护

光缆牵引完毕后，将每个人孔中的余缆沿人孔壁放至规定的托架上，一般尽量置于上层。为保证光缆的安全性，一般采用蛇皮软管或 PE 软管保护，并用扎线绑扎使之固定。其固定和保护方法示意图如图 1-23 所示。

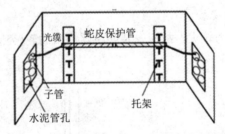

图 1-23　人孔内光缆的固定和保护方法示意图

2) 接续用余留光缆在人孔中的固定

人孔内供接续用光缆余留长度一般不少于 8 m，由于接续工作往往需要几天甚至更长时间，因此余留光缆应妥善地盘留于人孔内，具体要求为：① 光缆端头做好密封处理以防止光缆端头进水，应采用热可缩帽做热缩处理；② 采用余缆盘留固定余留光缆时应按弯曲半径的要求，盘圈后挂在人孔壁上，注意端头不要浸泡于水中。

7. 管道光缆敷设时需要注意的事项

(1) 组织人员工作时，由队长或作业组长负责全面指挥。

(2) 在光缆盘、牵引机处各由一人负责联络，并视路由复杂情况安排 1～2 名机动人员一边负责联络，一边协助牵引。

(3) 采用机械牵引时，牵引头应加设转环。

(4) 布放时中间人孔应有人值守，并进行辅助牵引。

(5) 光缆布放后，应有专人统一指挥，逐个在人孔内把光缆放在相应的托板上。

(6) 做好光缆在人孔内的弯度和余留，并按设计要求做好光缆标志和保护措施。

1.3 管道光缆工程竣工测试

光缆线路工程竣工测试又称光缆的中继段测试，这是光缆线路施工过程中较为关键的一项工序。竣工测试是从光电特性方面全面地测量、检查线路的传输指标。这不仅是对工程质量的自我鉴定过程，同时通过竣工测量，可为建设单位提供光缆线路光电特性的完整数据，供日后维护参考。

1.3.1 竣工测试内容

竣工测试以一个中继段为测量单元，应在光缆线路工程全面完工的前提下进行。光缆线路工程的竣工测试主要包括光纤特性的测量、电特性的测量和绝缘特性的测量。与单盘检验比较，除了接地电阻外，其余测试项目均相同，两者的比较如表 1-4 所示。

表 1-4 竣工测试项目与单盘检验测试项目比较

单盘检验测试项目		竣工测试项目	
光特性	电特性	光特性	电特性
单盘光缆衰减	单盘直流特性	中继段光缆衰减	中继段直流特性
单盘光缆长度	单盘绝缘特性	中继段光缆长度	中继段绝缘特性
单盘光缆后向曲线	单盘耐压特性	中继段光缆后向曲线	中继段耐压特性
			中继段接地电阻

光纤特性测量项目包括以下内容：

(1) 中继段光纤线路损耗测量；

(2) 中继段光纤后向散射信号曲线检测；

(3) 长途光缆链路偏振模色散(PMD)测量。

电性能测量项目包括以下内容：

(1) 铜线直流电阻测量；

(2) 铜线绝缘电阻测量；

(3) 铜线绝缘强度检查；

(4) 地线电阻测量；

(5) 光缆金属铠装对地绝缘检查；

(6) 防潮层(铝箔内护层)对地绝缘检查;

(7) 加强芯(金属加强件)对地绝缘检查;

(8) 进水检测线之间对地绝缘检查。

1.3.2　光纤线路损耗

1. 光纤线路损耗的构成参数

光纤线路相关节点主要参数如下:

(1) 光活动连接器插入损耗(平均小于 0.5 dB/个);

(2) 光纤熔接头损耗(平均小于 0.08 dB/个);

(3) 带状光纤熔接头损耗(平均小于 0.12 dB/接头);

(4) 冷接子衰减(平均小于 0.1 dB/个,最大小于 0.2 dB);

(5) 现场制作的机械连接器,损耗值应不大于 0.5 dB。

分光器损耗:1:2 分光器损耗为 3 dB;1:4 分光器损耗为 6 dB;1:8 分光器损耗为 9~11 dB;1:32 分光器损耗为 15~18 dB。上下行方向的损耗值基本相同。从表 1-5 中可知光纤线路引入了无源光分路器,光分路器是 PON 网络最主要的损耗部分。光分路器分光比越大,插入损耗越大,每翻一倍大约增加 3 dB。

表 1-5　光分路器分光比与插入损耗对比

分光器比	1:2	1:4	1:8	1:16	1:32
插入损耗(理论值)	≤3.6 dB	≤7.3 dB	≤10.7 dB	≤14 dB	≤17.7 dB

图 1-24 为典型的 PON 网络接入的局端到用户端的接线结构示意图。在给定的功率预算条件下,减少各节点插入损耗是工程中必须要解决的问题。OLT 与 ONU 之间的熔接次数不得多于 8 次。

$$ODN光链路衰减 = \sum_{i=1}^{n} L_i + \sum_{i=1}^{m} K_i + \sum_{i=1}^{p} M_i + \sum_{i=1}^{h} F_i \qquad (1-4)$$

式中:ODN 光链路损耗 + Mc 光纤损耗富余度≤系统运行的损耗;$\sum_{i=1}^{n} L_i$ 为光通道全程 n 段光纤衰减总和;$\sum_{i=1}^{m} K_i$ 为 m 个光活动连接器插入损耗总和;$\sum_{i=1}^{p} M_i$ 为 p 个光纤熔接接头损耗总和;$\sum_{i=1}^{h} F_i$ 为 h 个光分路器插入损耗总和。

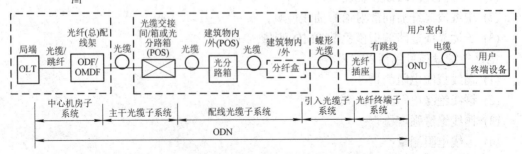

图 1-24　PON 网络接入的局端到用户端的接线结构示意图

上述计算式中各参数按照相关规定和相关参数取定。

一般情况下光纤衰减取定：波长为 1310 nm 时，取 0.36 dB/km；波长为 1490 nm 时，取 0.20 dB/km。

光活动连接器插入损耗取定：0.5 dB/个。

光纤熔接接头衰减取定：分立式光缆光纤接头衰减取双向平均值，即 0.08 dB/接头。带状光缆光纤接头衰减取双向平均值，即 0.12 dB/接头。

冷接子双向平均值为 0.15 dB/个。

分光器衰减参见表 1-5 取值。

ODN 全程损耗富余要求如下：

当传输距离≤5 km 时，ODN 全程损耗富余不小于 1 dB；

当传输距离≤10 km 时，ODN 全程损耗富余不小于 2 dB；

当传输距离>5 km 时，ODN 全程损耗富余不小于 3 dB。

2. 测量方法的选择

中继段光纤损耗测量有插入法和后向法两种。

(1) 插入法。插入法是用光源、光功率计测量全程损耗，中继段光纤损耗要求在带已成端的连接插件状态下进行测量。它是唯一能够反映带连接插件线路损耗的方法。这种方法测量结果比较可靠，其测量的偏差主要来自仪表本身以及被测线路连接器插件的质量。

(2) 后向法。后向法虽然也可以测量带连接器插件的光线路损耗，但由于一般的 OTDR 都有盲区，使近端光纤连接器接入损耗及成端连接点接头损耗无法在测量值中反映；同样，由于距离太近，成端的连接器尾纤的连接损耗也无法定量显示。因此，OTDR 测值实际上是未包括连接器在内的线路损耗。

以上两种测试方法各有利弊：插入法比较标准，但不直观；后向法能够提供整个线路的后向散射信号曲线，但反映的数据不是线路损耗的确切值。随着 OTDR 的精度不断提高，两种方法测得的数据差别逐渐减小。在实际应用中采取两种方法相结合的方式，能既真实又直观地反映光纤线路全程损耗情况。

3. 光纤线路损耗的测试要求

(1) 测量仪表应经计量合格方可使用。

(2) 需测量成端后(带尾纤)各条光纤的传输损耗。

(3) 光纤接头损耗测量(包括反向连接损耗测量)结束时，应确保平均连接损耗优于设计指标。

(4) 光纤线路损耗应在光纤成端后进行，即光纤通道带尾纤连接插件状态下进行测量。

(5) 中继段光纤线路损耗一般以插入法测得的数据为准；对线路损耗富余量较大的短距离线路，可以采用后向法测量。

(6) 一级干线线路的损耗测量仪表，其光源应采用高稳定度的激光光源；功率计应采用高灵敏机型；OTDR 应采用具有较大动态范围和后向信号曲线自动记录、打印等功能全面的机型。

(7) 对于中继段光纤线路总损耗测量，干线光缆工程应以双向测量的平均值为准。对于一般工程可根据情况只测一个方向。

1.3.3　光纤后向散射曲线测试

1. 光纤后向散射曲线测试的必要性

(1) 光纤线路质量的全面检查。光纤线路损耗测量只有通过对光纤后向散射信号曲线的检测，才能发现光纤连接部位是否可靠，有无异常。

(2) 光纤线路损耗的辅助测量。对测量光纤线路来说，高质量的 OTDR 可使损耗测量具有重复性、准确度较高的优点。OTDR 测量方法容易掌握，测量结果较为客观，作为光纤线路的辅助测量十分必要。对于一般线路工程来说，可以用后向法代替插入法来测量光纤线路损耗。

(3) 光纤线路的重要档案。光纤线路的使用寿命一般在 25 年以上，工程的初期技术档案对使用期间的光纤维护、检修具有很好的参考价值。因此，当发生光纤故障时，对照原始曲线，可以较正确地判断故障。

2. 中继段光纤后向散射信号曲线检查的内容和要求

(1) 总损耗应与光功率计测量的数据基本一致。

(2) 观察全程曲线，应无异常现象。

(3) 对于 50 km 以上的中继段，应采用较大动态范围的仪表测量。

(4) OTDR 测量应以光纤的实际折射率为预置条件，脉宽预置应根据中继段长度合理选择。

(5) 一般只作单方向测量和记录中继段光纤后向散射信号曲线。

(6) 打印光纤后向信号曲线波形。一般要求记录下中继段一个方向的完整曲线，对于长途干线要求两个方向的曲线，应记入竣工测试记录表中。

1.3.4　光缆电性能测试

1. 铜导线电性能测试

铜导线电性能测试是指对通信铜导线直流电阻、不平衡电阻、绝缘电阻以及远供铜导线的直流电阻、绝缘电阻、绝缘强度的测试。竣工测量应对全部铜线按 100%的比例测量。铜线绝缘强度若在成端前测量合格，则成端后不必再测。

铜线直流电阻测量系统如图 1-25 所示，测量步骤如下：

(1) 用经校准的直流电桥，从光缆两端直接测量出各铜线的单线电阻或将光缆一端的全部铜线连接在一起，在另一端测量各铜线对的环阻，并通过交叉测量算出各铜线的单线电阻。

(2) 通过测量，计算出各线对的不平衡电阻，即环路电阻偏差。

(3) 将当前温度下测出的单线电阻值，核算成标准温度(20℃)的单线电阻值。

图 1-25　铜线直流电阻测量系统

用于远供的铜线直径为 0.9 mm，其单根芯线直流电阻应不大于 28.5 Ω/km(20℃)，环路电阻偏差应不大于 1%。测试数据应做记录，并核算成 20℃时的数据。测量记录格式如图 1-26 所示。

盘号		端别(外)		
盘长/km		线径/mm		
纤序	单线电阻值			不平衡电阻 / (Ω/km)
	R_e / Ω		$R_{20℃}$ / (Ω/km)	
	a	b	c	d

仪表型号_____　　测量温度 _____℃

测试人_____　　记　　录_____　审核_____

测试地点_____　　日　　期_____

图 1-26　测量记录格式

2. 接地电阻测量

地线的主要作用是防雷并确保线路安全，因此要求各种用途的接地装置应达到规定的接地电阻标准，接地电阻可用接地电阻测量仪测量。

测量中继站接地线时，应对引至中继站内的地线进行测量，并应符合设计要求。接地电阻测值应符合设计规定值，若不合适则应检查原因并进行整改，使之合格。

测试结果记入竣工测试记录。

3. 光缆护层对地绝缘检查

光缆护层对地绝缘电阻应符合下列规定：

(1) 单盘光缆敷设回填土厚度 30 cm 且回填时间不少于 72 小时，测试每公里护层对地绝缘电阻应不低于出厂标准的 1/2。

(2) 光缆接续回土后不少于 24 小时，测试光缆接头对地绝缘电阻应不低于出厂标准的 1/2。

中继段连通后应测出对地绝缘电阻的数值。光缆护层和中继段对地绝缘电阻的测试数值作为原始数据记入"光缆接地绝缘竣工检查记录"中，并与敷设 72 小时测试结果进行对比、分析。

1.4　光缆线路维护

光缆传输通信网是我国通信网和国民经济信息化基础设施的主要组成部分，光缆线路又是传输通信网的重要组成部分，为能对全程全网提供符合质量要求的畅通线路，为网络运营商提供优质网络维护服务，需做好光缆线路的维护管理工作。

1.4.1　光缆线路维护的任务和要求

光缆线路维护工作应贯彻"预防为主，防抢结合"的方针，做到精心维护、科学管理。其维护工作的基本任务是：保持光缆线路的设备、设施完整良好，预防障碍和尽快排除障碍。

光缆线路一般分为以下 3 种：

(1) 一级线路：各省会之间、国际和由运营商指定的线路，附挂于一级线路上的二级线路仍属于二级线路。

(2) 二级线路：同省内各地(市)、县之间及两省交界处由省级运营商指定的线路。

(3) 本地网线路。

1. 光缆线路维护的设施

光缆线路维护设施的组成包括以下几部分：

(1) 光缆线路：各种敷设方式的通信光缆(不含海缆)。

(2) 管道设施：管道、通道、人(手)孔等。

(3) 杆路设施：电杆、电杆的支撑加固装置和保护装置，吊线和挂钩等。

(4) 附属设施：巡房、水线房及瞭望塔；标石(桩)、标志牌、宣传牌；水线倒换开关；光缆线路自动监测、倒换系统；防雷设施；交接设备监测系统；专用无线联络系统等。

(5) 其他设备、设施：光缆交接箱等。

2. 光缆线路维护的目的和任务

维护工作的目的在于：一方面通过正常的维护措施，不断地消除由于外界环境的影响而带来的一些故障隐患，同时不断改进在设计和施工时不足的地方，以避免和减少由于一些不可预防的事故所带来的影响；另一方面，在出现意外事故时，能及时进行处理，尽快地排除故障，修复线路，以提供稳定、优质的传输线路。

光缆线路的维护工作可分为维护方案编制、日常巡查、定期测试、光缆防护措施、障碍处理、光缆线路突发事件处理、光缆线路迁移改造、光缆线路割接、维护报表等。

3. 光缆线路维护的一般要求

(1) 线路维护实行包线制度，由维护企业核定各线务员的责任段落，组织线务员进行线路的日常维护。

(2) 必须实行 24 小时值班制度，设值班移动电话和固定电话。

(3) 维护用的仪表和精密机具一般应每月通电检查一次，并做好记录。潮湿季节时，应适当增加检查次数。

(4) 日常维护和抢修的备品、备件、维护材料应由专人负责管理。建立登记制度，应做到定期清点，账物相符，妥善保管。

(5) 光缆线路应坚持定期巡查。在市区、村镇、工矿区及施工区等特殊地段和大雨之后，重要通信期间及动土较多的季节，与线路同沟或交越的其他线路施工期间，应增加巡查次数。

(6) 检查光缆线路附近有无动土或施工等可能危及光缆线路安全的异常情况。检查标志牌和宣传牌有无丢失、损坏或倾斜等情况。详细记录巡查中所发现的问题并及早处理，遇有重大问题时应及时上报。当时不能处理的问题，应列入维修作业计划，并尽快解决。

(7) 当光缆线路与其他单位管线同沟或交越时，监督有无危害线路安全的行为，如有此类行为，应及时制止和上报。

(8) 开展护线宣传及对外联系工作。

1.4.2 光缆线路维护的内容

1. 维护机构的设置

通信维护企业应根据所承担的维护项目设立相应的维护机构，并根据所设立的组织机构，制定相应的岗位职责。

例如，某维护机构由总公司维护部，各局维护部，各省、自治区、直辖市维护中心和地市维护总站(站)组成，如图 1-27 所示。在总公司领导下，采取集中统一、三级管理的原则。各级维护组织根据所承担的维护项目、规模，配置相应的人员、仪表、车辆机具等。

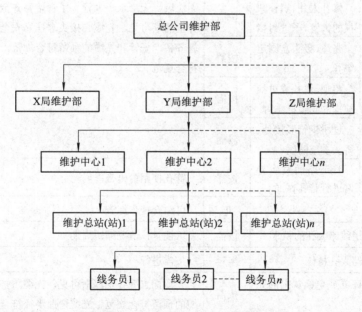

图 1-27 某公司维护机构示意图

光缆线路维护工作的基本任务是：保持光缆线路的设备、设施完整良好；预防障碍和尽快排除障碍。

2. 光缆线路维护工作日常巡查的内容

光缆线路维护工作日常巡查的内容及其周期根据线路种类和光缆敷设方式不同而不同，具体要求如表 1-6 所示。

表 1-6　光缆维护周期检查表

项目	维护内容		周期	备　注
管道维护	巡查		1～2次/周	不得漏巡，徒步巡查每月不得少于 2 次；暴风雨后或有外力影响可能造成线路故障的隐患时应立即巡查和加强巡查；高速公路中线路巡查周期 2～3 次/月，外力施工现场按需随工监督，必要时日夜值守；每月按时提交巡查原始记录
	标石(桩)宣传牌	除草、培土	按需	标石(桩)、宣传牌周围 50 cm 内无杂草(可结合巡查进行)
		扶正、更换	按需	
		油漆、描字	按需	齐全清晰可见
	路由探查、砍草修路		按需	维护人员对路由熟悉，路由无杂草
	人孔、手孔	更换井盖	按需	人(手)井井圈、井盖、内壁完好，井号清晰可见，无垃圾，无渗水，大管、子管堵塞齐全，光缆标志牌齐全清晰可见，光缆、接头盒挂靠安全，光缆防护措施齐备，子管和光缆的预留符合规范，光缆弯曲半径符合规范
		井号油漆、描字	按需	
		除草、培土	按需	
		清理垃圾	按需	
		修补人井、填补缺损的大管、子管封堵	按需	
	井内光缆设施	光缆、接头盒固定绑扎	按需	
		整理、填补或更换缺损的光缆标志牌	按需	
	过桥铁件	过桥钢管驳接处、桥头支架防锈	按需	
	管孔试通	管道路面发生异常进行管孔试通	按需	管孔使用前检查能用
路面维护	路由探查、修路		年	可结合徒步巡查
	抽除管道线路人孔的积水		按需	可视具体情况缩短周期
	管道线路人孔检修		半年	按需进行
室内光缆维护	整理、添补或更换缺损的光缆标志牌		按需	光缆标志牌齐全清晰可见，光缆防护措施齐全，光缆的预留符合规范、光缆弯曲半径符合规范
	清洁光缆设施及 ODF		按需	清洁
	检查进线孔、地下室渗水、漏水情况及管孔堵塞情况		按需	无渗水、漏水
	检查室内光缆的防护措施		按需	符合规范

3. 光缆线路定期测试内容

光缆线路定期测试的测试项目、维护指标及维护周期的要求如表 1-7 所示。

表 1-7　测试维护周期表

序号	测试项目			维护指标	维护周期
1	中继段光纤的损耗测量(采用后向散射法 OTDR)	G.652	1310 nm	0.40	主用光纤：按需；备用光纤：半年(特殊情况时，适当缩短周期)
			1550 nm	0.25	
		G.655	1550 nm	0.25	
2	备用纤芯光纤衰减与平均损耗测试			抽测 50%，主用纤芯按需，质量指标符合规范；纤芯完好率：12 芯光缆以下 90%，12 芯以上 95%	半年
3	防护接地装置地线电阻		$\rho \leqslant 100$(注)	$\leqslant 5\,\Omega \cdot M$	半年(雷雨季节前、后各 1 次)
			$100 < \rho \leqslant 500$	$\leqslant 10\,\Omega \cdot M$	
			$\rho > 500$	$\leqslant 20\,\Omega \cdot M$	
4	直埋接头盒监测电极间绝缘电阻			$\geqslant 5\,\Omega \cdot M$	半年(按需适当缩短周期)
5	金属护套对地绝缘电阻			$\geqslant 2\,\Omega \cdot M$/单盘	半年

注：ρ 为 2 m 深的土壤电阻率，单位为 $\Omega \cdot M$。

当发现光纤通道损耗增大或后向散射信号曲线上有大台阶时，应适当增加检查次数，组织技术人员进行分析，查找原因，及时采取改善措施。发现缆中有若干根光纤的衰减变动量都大于 0.1 dB/km 时，应迅速进行处理。

当金属护套对地绝缘电阻低于 2 MΩ/单盘时，需用故障探测仪查明外护层破损的位置，并及早修复。测试时应排除直埋接头盒密封不良或进水的影响。

日常维护中，若发生任何异常情况或隐患，都应立即采取相应的措施排除隐患，做到及时处理。同时也要考虑光缆线路发生重大故障时，应具有能够迅速修复光缆线路的能力，以迅速完成从告警到修复的紧急任务。另外，凡在光缆线路上方或两侧进行施工、动土等危及光缆线路安全的操作时，必须采取盯防措施，与施工方签订施工安全协议，维护人员必须明确施工路段光缆路由走向，并在施工方施工前对施工范围内的光缆路由走向设置明显的警示标志，对直接或间接危及光缆安全的薄弱环节要做好临时保护措施。

1.4.3　光缆线路自动监测系统

光缆线路自动监控是借助一套由计算机、OTDR 模块，光功率发/收模块及系统软件组成的系统，用来测量自光发射机至光接收机之间的所有光纤及所经过的跳线光缆的光功率、衰减变化等细节。它能有效压缩全阻障碍历时、及早发现光缆线路隐患，也是将光缆线路纳入通信管理网对其进行管理的必要中间设备。

按自动监控系统测量的光纤是备用光纤还是工作光纤，可将监测模式分为离线测量和在线测量。线路监测可以进行日常的周期测试，也可以根据需要指定测试。周期测试要设定所有的被测光纤，其周期可能无法满足某些特定光纤所需的要求(周期短、测试密集)，所以必要时需进行具体的指定测试。

光缆线路自动监测系统的主要维护工作有以下几项：

(1) 负责监测站定期测试参数和告警门限的设置，同时也负责采集定期监测数据，并按时向网管中心传报。

(2) 负责监测站设备的日常维护、检测和部件更换。

(3) 光缆线路自动监测可以向被测光纤、光缆线路及设备状态等提供告警，如光纤断线、劣化告警、故障告警、设备告警等。

(4) 收到监测站发出的告警监测数据后，应立即调取障碍光纤的后向散射信号曲线进行人工辅助分析，精确地判明障碍点的位置和性质，并在规定时间内发出抢修通知。

(5) 自动定期测试的周期为每周 1 次，雷雨季节和重要通信期间应缩短周期。

1.4.4　光缆线路故障

光缆线路故障是指由于光缆中的光纤中断或光纤性能发生变化而影响正常通信的事故。光缆线路维护部门应随时做好障碍抢修的准备，做到在任何时间、任何情况下都能迅速出发抢修。用来抢修专用的器材、仪表、机具及车辆等设备应处于待用状态，不得外借或挪作他用。

1.4.5　光缆线路故障种类

光缆线路障碍分为一般障碍、逾期障碍、全阻障碍和重大障碍。

(1) 一般障碍：指查修时间(海缆和水线除外)不超过规定时限的障碍，即 12 芯及以下为 24 小时，12 芯以上为 36 小时，48 芯及以上为 48 小时。

(2) 逾限障碍：指超过一般障碍所规定时限的障碍。

(3) 全阻障碍：指光缆在用纤芯全部中断或光纤性能发生变化，且备用纤芯的倒通时间超过 10 分钟的障碍。同一光缆线路中备用系统的调通时间或利用备用光纤调通一个及以上在用系统的时间在 10 分钟以内，不作为全阻障碍。

(4) 重大障碍：在执行重要通信任务期间发生全阻障碍影响重要通信任务，并造成严重后果的障碍。

1.4.6　光缆线路故障抢修

1. 光缆线路判断

光缆线路故障点的测试通常是由 OTDR 来实现的，步骤如下：

(1) 根据 OTDR 显示屏上出现的菲涅尔反射峰的位置，测出障碍点到测试点的大致距离。

(2) 维修人员查找具体障碍点位置。一般来说，通过对 OTDR 显示的波形，可判断出障碍可能产生的原因和地点，必要时可借助竣工资料中的有关数据。

2. 光缆线路故障抢修流程

光缆线路障碍抢修流程如图 1-28 所示。

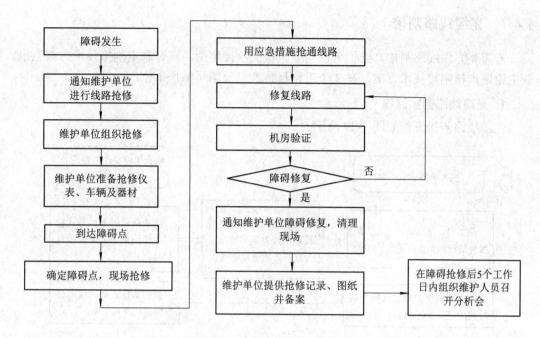

图 1-28　光缆线路障碍抢修流程图

3. 光缆线路故障抢修要求

当光缆线路发生故障时，传输设备维护部门和相关责任人应在 10 分钟内调通备用光纤(如是无人值守机房，则从维护人员到达该机房开始计时)，同时在 20 分钟内判明障碍线路的段落，通知有关光缆线路维护人员出查，并通知有关中继站的维护员下站配合查修，应同时上报业主。线路维护人员与传输设备维护人员都应同时出查。

(1) 排除故障时，应遵循"先一级、二级，后本地网"和"先抢通，后修复"的原则，任何情况下，用最快的方法抢通高速率的传输系统，然后再尽快修复。线路障碍未排除之前，查修不得中止。

(2) 障碍一旦排除并经严格测试合格后，还应立即对线路的传输质量进行验证，并尽快恢复通信。

(3) 障碍排除后应认真做好障碍查修记录。重大障碍排除后的 3 个工作日内将障碍及处理详情书面上报业主。

(4) 障碍排除后，维护单位应及时组织相关人员对障碍的原因进行分析，整理技术资料，总结经验教训，提出改进措施。

(5) 在发生个别光纤断裂且由备用光纤调通时，应尽可能采用不中断电路的修复方法。

(6) 处理障碍中所接入或更换的光缆，其长度一般应不小于 200 m，且尽可能采用同一厂家、同一型号的光缆，光纤的平均接头损耗应不大于 0.2 dB/个。迁改工程中和更换光缆接头盒时光纤的平均接头损耗应不大于 0.1 dB/个。障碍处理后和迁改后，光缆的弯曲半径应大于 15 倍缆径。

(7) 光缆线路发生障碍后应按下述步骤恢复，即从临时抢通后系统恢复正常，至最终按要求完全恢复。在临时抢通到正式恢复的倒换中，不应造成再次中断。

1.4.7　光缆线路割接

若需要光缆线路割接，维护单位向业主提交割接申请，同时制定割接技术方案上报，业主论证审核割接技术方案，在 3 个工作日将意见反馈至维护单位。

1. 光缆线路割接流程

光缆线路割接流程如图 1-29 所示。

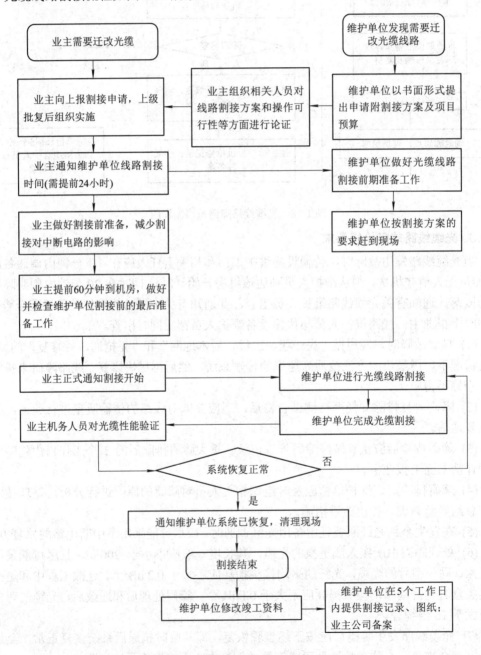

图 1-29　光缆线路割接流程图

2. 割接注意事项

(1) 割接前由业主组织维护单位全体割接人员召开割接准备会。对本次割接总体方案、割接纪律和割接注意事项进行交底。

(2) 现场割接人员必须了解割接光缆线路纤芯使用的基本情况。

(3) 割接人员必须严格遵守割接纪律、服从割接现场指挥领导，未经许可，不得擅自开启接头盒和剪断光缆及纤芯。

(4) 新设光缆端别必须和原缆相对应。

(5) 光缆割接纤芯熔接顺序原则上按照一级、二级干线、本地网等顺序进行割接接续。割接过程中原则上不得用 OTDR 对在用纤芯进行测试。如确需测试，必须经业主设备维护人员同意，由业主设备维护人员将尾纤与系统断开后，才能进行测试。

(6) 割接操作前必须经业主网管人员确认后方可进行，割接完毕后必须经业主网管人员确认通知后，方可离开现场。

(7) 割接时维护单位业务主管必须到现场进行指挥。

1.4.8　光缆线路常用仪表

光缆线路工程在建设和维护过程中保持良好的质量，必须有配套的测试仪表和机具。常见的光缆线路工程维护仪表、机具包含以下几种：光时域反射仪、光衰减器、LD 稳定光源、光功率计、光缆线路路由探测器、兆欧表、接地电阻测试仪、数字万用表、自动光纤熔接机、松套管剥除器、光纤切断器、清洗泵、四冲程汽油发电机、抽水机等。下面主要介绍光衰减器、光源、光功率计、光纤熔接机和光时域反射仪。

1. 光衰减器

光衰减器是对光信号进行衰减的器件，如图 1-30 所示。光衰减器可以分为固定式、分级可变式和连续可调式 3 种类型。

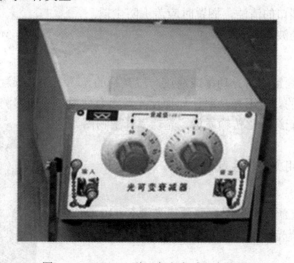

图 1-30　GSK-02 型可变光衰减器实物图

光衰减器主要用于光纤系统的指标测量、短距离通信系统的信号衰减以及系统试验等场合。当被测光纤输出的光功率太强而影响到测试结果时，应在光纤测试链路中加入光衰减器，以得到准确的测试结果。如在测量光接收机的灵敏度时，通常把光衰减器置于光接收机的输入端，用来调整接收光功率的大小。光衰减器的使用方法如下：

(1) 将器件从包装箱中取出，先用支撑架把该器件支撑到方便操作和观察衰减刻度的角度，再将两边的螺钉上紧；如果不用支撑架，则将其与器件的底面或顶面贴紧即可。

(2) 按逆时针方向将输入/输出处的两个保护螺帽取下，使两个刻度盘均对准于 0 挡上，即可将需要测试的光纤系统两端的连接器按插头定位螺钉对准插座缺口轻轻插入，然后按顺时针方向慢慢拧紧。

(3) 接好后，在监测仪器上增加一个插入损耗值(一般小于 2 dB)，根据需要可以清除器件插入到光纤系统中的插入损耗值，也可以不清除。通过两个刻度盘可读出所测试的光纤系统的功率衰减值。

2. 光源

光源是产生光的器件，可以应用于光纤通信设备测试与维护、光纤网络测试与维护、综合布线系统、光纤器件生产与研究等方面。在光缆线路维护时使用的光源可以分为台式和便携式两种稳定光源，其实物图如图 1-31 所示。

光源的使用方法和注意事项如下。

1) 使用方法

(1) 连接测试光纤。

(2) 按下电源开关。

(3) 调整波长操作键选择所使用的波长。

(4) 选择光功率输出的单位 dB、dBm、W。

(5) 让光源加电 5～10 min，使输出的光功率稳定。

2) 注意事项

(1) 清擦连接部位。

(2) 保持输出端口的清洁，搁置时应盖上防尘罩。

(3) 选择合适的波长。

图 1-31　稳定光源实物图

3. 光功率计

光功率计用于测量绝对光功率或通过一段光纤的光功率相对损耗。在光纤系统中，测量光功率是最基本的。若用光功率计与稳定光源组合使用，则能够测量连接损耗、检验连续性，并帮助评估光纤链路传输质量。光功率计实物图如图 1-32 所示。

光功率计的使用方法和注意事项如下。

1) 使用方法

(1) 开机检查电源能量情况，并预热光源 5～10 min。

(2) 按需要设置光源性质、波长选择、功率单位，确认一致性。

(3) 校表：用标准尾纤连接光源、功率计，记录入射功率 P_1。

图 1-32　光功率计实物图

(4) 测量：在需测链路的两端测试记录功率值为出射功率 P_2。

(5) 计算：损耗(dB) = $P_1 - P_2$。

2) 注意事项

(1) 清擦连接部位，核实实际情况。

(2) 使用和网络设备相一致的光源。

(3) 不可测量超量程的光。

(4) 连接尾纤与接口类型匹配。

4. 光纤熔接机

光纤熔接机主要用于光缆的施工和维护，完成光缆线路光纤固定连接。靠放出电弧将两侧光纤熔化，同时运用准直原理平缓推进，以实现光纤的连接。光纤熔接机实物图如图1-33 所示。

光纤熔接机的使用方法和注意事项如下。

1) 使用方法

(1) 装上电池或用适配器连上电源。

(2) 按 ON 打开熔接机。

(3) 设定参数或者选用自动模式。

(4) 将热缩管套入一端光纤。

图 1-33　光纤熔接机实物图

(5) 制备合格的光纤端面。

(6) 将做好端面的光纤放入熔接机的 V 形槽合适位置，盖上固定夹。

(7) 将另一光纤制备好端面以同样的方法放入熔接机。

(8) 盖上防风罩。

(9) 按 SET 键开始熔接，熔接机自动完成对准、放电、熔接、损耗估算。

(10) 将热缩管移至接头中央，放入加热槽，按 HEAT 键加热热缩管。

(11) 将光纤接头从加热槽中取出，检查熔接质量。

(12) 按 OFF 键关闭熔接机。

2) 注意事项

(1) 必要时进行机器的各项检查。

(2) 用切割刀制作光纤端面时要注意用力均匀，垂直压下，端头质量影响接头质量等问题。

(3) V 形槽、固定夹、显微镜要用无水酒精清洗。

(4) 注意交流电电压不宜出现较大的波动。

(5) 不使用时尽量关闭，便于节省电池的使用寿命。

(6) 在野外作业时要注意防尘。

5. 光时域反射仪

光时域反射仪(OTDR)实物图如图 1-34 所示。其原理是当光脉冲在光纤内传输时，会由于光纤本身的性质、连接器、接合点、弯曲或其他类似的事件而产生散射、反射，其中一部分的散射和反射光就会返回 OTDR 中，返回的有用信息由 OTDR 的探测器来测量，这些信息可作为光纤内不同位置上的时间或曲线片段。根据发射信号到返回信号所用的时间以及光在玻璃物质中的速度，可计算出距离。

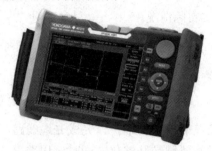

图 1-34　光时域反射仪实物图

光时域反射仪广泛应用于光缆线路的维护、施工之中，可进行光纤长度、光纤的传输衰减、后向散射信号曲线观察、接头衰减和故障定位等的测量。

光时域反射仪的使用方法和注意事项如下。

1) 使用方法

(1) 装上电池或用适配器连上电源。

(2) 按电源开关打开 OTDR 仪表。

(3) 用测量尾纤将被测光纤连接至接口。

(4) MODE 键选择波形，设定测量条件(测量时间、波长、折射率、距离等)，确定后按下 AVE 键进行测量。

(5) 测试完后波形显示在屏幕上，屏幕下方显示总损耗、回波损耗、损耗系数、接头损耗、光纤长度等数据。

(6) 若要测定长度或者测量某段光纤损耗，可用光标做标记，读出数值。

(7) 按文件键可以将当前波形存储，也可以复制、调用、删除其他波形文件。

(8) 按 PRINT 键打印波形。

(9) 长按电源开关，直至电源关闭。

2) 注意事项

(1) 注意测试盲区的范围，若测试范围在盲区内则需要增加辅助光纤。

(2) 激光器发光时不可以拔下测量连接用尾纤。

(3) 确认激光器关闭时才可以关闭仪器。

(4) 使用 AC 适配器时应检查屏幕，确保电源是关闭的，并使 AC 适配器与主机断开连接。

(5) 将光连接器从适配器中慢慢地垂直拔出。

(6) 外接尾纤的接口要注意保持清洁，不用时要把滑盖盖上。

1.5　实做项目

【实做项目】在 FTTx 仿真软件中对小区场景红线外管道光缆进行施工操作。

目的要求：充分掌握 FTTx 网络中各施工仪器的使用与施工流程。

本 章 小 结

(1) 光缆具有纤芯细、重量轻、易受损伤等特点，在敷设过程中要遵守施工规范。

(2) 敷设光缆时，光缆牵引需要使用终端牵引机、辅助牵引机、导轮等主要机具。

(3) 在光缆敷设过程中，光缆牵引张力应该主要加在光缆加强件上，为此要制作光缆牵引端头，包含简易式牵引端头、夹具式牵引端头、预制型牵引端头和网套式牵引端头。

(4) 由于管道路由复杂，光缆所受张力、侧压力不规则，在管道光缆敷设前，要做好核实管道资料、清洗管道、预放塑料子管、计算牵引张力等准备工作。

(5) 在管道内敷设光缆的方法主要有机械牵引法、人工牵引法和机械与人工相结合的敷设方法。

(6) 管道敷设步骤为：路由摸底调查、制订光缆敷设计划、拉入钢丝绳、光缆放置、引入和引出口安装、拐弯处减少装置安装、光缆牵引、人孔内光缆安装。

(7) 光缆线路维护工作应贯彻"预防为主，防抢结合"的方针，做到精心维护，科学管理。

(8) 通信工程中的各仪器仪表的了解与各仪表的功能。

复 习 与 思 考 题

1. 光缆敷设需遵守哪些规定？
2. 光缆敷设机具有哪些？各应用于什么场景？
3. 简述光缆牵引端头的制作方法。
4. 具体说明完整的管道光缆敷设流程及注意事项。
5. 简述光缆线路维护流程。
6. 光缆线路障碍分为哪几类？总结光缆线路故障抢修流程和光缆线路割接流程。
7. 总结各光缆线路仪表的用途及使用方法。

第 2 章　FTTx 入户光缆施工

 本章内容

- 入户光缆敷设准备工作
- 入户光缆施工要求
- 入户光缆施工规范
- 入户光缆常见场景
- 入户光缆施工材料介绍

 本章重点

- 皮线光缆的性能特点和施工的总体要求
- 皮线光缆敷设路由、布放方式的选择方法
- 皮线光缆在不同场景下的布放规范以及不同入户方式的施工规范

 本章学习目的和要求

- 掌握入户光缆的敷设方式和步骤
- 了解入户光缆施工规范和常见的施工材料

 本章学时数

- 建议 4 学时

2.1　FTTx 入户光缆施工要求

1. 楼道光分路箱安装要求

楼道光分路箱实物图如图 2-1 所示。其安装要求如下：

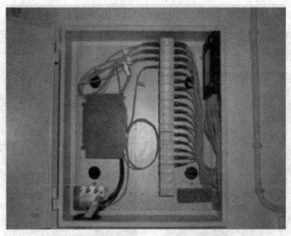

图 2-1　楼道光分路箱实物图

(1) 光缆进入楼道箱必须封堵进线孔，且光缆应按照统一标识进行挂牌处理。

(2) 楼道箱内施工时应谨慎小心，注意不要损伤其他原有光纤。

(3) 楼道箱内的跳纤应保持顺齐，绑扎整齐，不得随意飞线。跳纤长度应适宜，以避免盘纤容量不足。走线方式参考安装箱内走线示意图走线，如图 2-1 所示。

(4) 楼道箱内跳纤两头应贴上标签，注明光纤使用单位或路由走向。

(5) 楼道箱内情况应填写在表格中，并定期更新，贴在楼道箱内门上。

2. 皮线光缆布放要求

(1) 光缆入户时要与用户沟通好，向用户说明光缆入户的要求，在获得用户同意后方可施工。

(2) 在敷设蝶形光缆时，入户光缆敷设时的牵引力不宜超过光缆允许张力的 80%；瞬间最大牵引力不得超过光缆允许张力的 100%，且主要牵引力应加在光缆的加强构件上。

(3) 蝶形光缆敷设的最小弯曲半径应符合下列要求：敷设过程中蝶形光缆弯曲半径不应小于 30 mm；固定后蝶形光缆弯曲半径不应小于 15 mm。

(4) 蝶形光缆施工时在信息盒内需预留 0.5 m 光缆，在光合路箱内需预留 1 m 光缆，如图 2-2 所示。

(5) 入户光缆两端应有统一标识，标识上应注明两端连接的位置，标签书写应清晰、端正、正确，如图 2-3 所示。

图 2-2　皮线光缆施工案例 1

图 2-3　皮线光缆施工案例 2

(6) 入户光缆布放应顺直，不应受到外力的挤压和操作损伤。转弯处应均匀圆滑，其曲度半径应大于 30 mm(小弯曲半径)或 40 mm(普通)。在楼道垂直与平行交叉处布放入户光缆时，应做保护处理，分别如图 2-4 与图 2-5 所示。

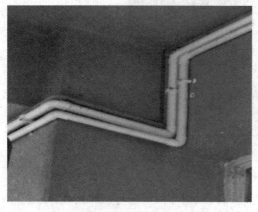 

　　图 2-4　皮线光缆施工案例 3　　　　　　　　图 2-5　皮线光缆施工案例 4

(7) 楼道内垂直部分入户光缆在楼道走线槽内布放，应每隔 1.5 m 进行捆绑固定，并采用套管保护，电源线、入户光缆及建筑物内其他弱电系统的缆线应分开布放。

(8) 图 2-6 所示为入户蝶形光缆采用钉固方式沿墙明敷，其路由应设在安全且不易受外力碰撞的地方。采用钉固式时应每隔 30 cm 用塑料卡钉固定，必须注意不能碰伤光缆，穿越墙体时应套保护管，同时布放明管时应注意美观性和隐蔽性。

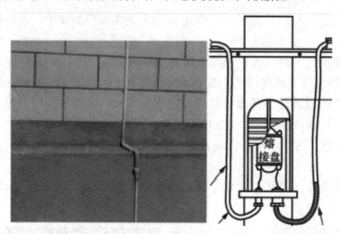

　　　　　　　　　　图 2-6　皮线光缆施工案例 5

(9) 在暗管中敷设入户光缆时，竖向管中允许放多根入户光缆，水平管宜穿放一根皮线光缆，从光分纤箱到用户家庭终端盒宜单独敷设。

(10) 当分纤箱/柜等设备处于室外环境时，进出光缆要做 U 型弯曲并进行防水堵塞，避免雨水沿光缆进入分纤箱/柜内。

3. 86 面板盒的安装要求

86 面板盒施工案例 1 和案例 2 分别如图 2-7、图 2-8 所示。其安装要求如下：

(1) 安装前需与用户沟通好安装位置，要充分考虑 FTTx 终端的美观及放置问题，安装步骤参考厂家提供的安装说明书。

(2) 信息面板要求安装固定在墙壁上，盒底边距地坪 0.3 m 左右。

(3) 设置位置应选择在隐蔽且便于跳线的位置，并有明显的说明提示，避免用户在二次装修时造成损坏，同时应为 FTTx 终端提供 220 V 电源。

(4) 入户光缆明线布放时，应采用 PVC 套管或槽保护，要注意线缆走线的隐蔽性和美观性。

(5) 面板至 FTTx 终端的尾纤应整齐美观。

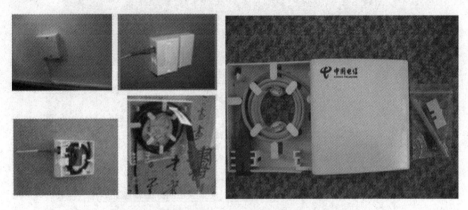

图 2-7　86 面板施工案例 1

图 2-8　86 面板盒施工案例 2

2.2　FTTx 入户光缆施工规范

1. 施工前准备

(1) 光缆路由查勘：施工人员到达用户端施工，必须在施工前对入户光缆的路由走向、入户方式、布放光缆长度、选用材料等方面进行事前路由查勘。根据资源管理中心配置的配线资源和"就近原则"实施光缆入户施工。

(2) 管道试通：若用户端已有暗管或明管，施工前，施工人员需要对原先的管道情况进行评估和试通。如果用户端有暗管或明管可利用，则入户光缆优先使用用户原有的管线；如果用户端暗管或明管不可利用，则入户光缆需要重新敷设明管进行保护。

(3) 施工方案确定：根据光缆路由、用户室内查勘情况和用户端管线的试通情况，确定最终的施工方案。

2. 各场景下皮线光缆布放标准

1) 自承式蝶形光缆引下

自承式蝶形光缆引下示意图如图 2-9 所示。

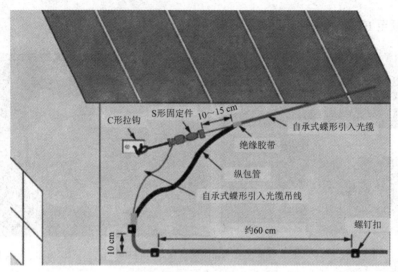

图 2-9　自承式蝶形光缆引下示意图

(1) 当自承式蝶形光缆从杆路上引下时，需要在用户端墙面上安装 C 形拉钩。C 形拉钩安装在光缆引下方向的侧面，用 Φ6 mm 膨胀管及螺丝钉固定。

(2) S 形固定件连接 C 形拉钩，自承式光缆加强芯在 S 形固定件上适度收紧，并做终结。

(3) 自承式蝶形光缆开剥点以下的光缆采用纵包管保护，自承式蝶形光缆如果遇到墙角等障碍物，则均采用纵包管保护。

2) 墙面钉固方式

自承式蝶形光缆在较平整墙面敷设时，可采用墙面钉固方式，如图 2-10 所示。

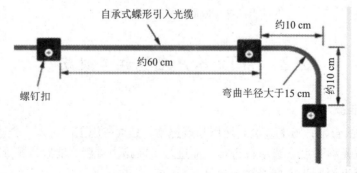

图 2-10　蝶形光缆墙面固定

(1) 选择墙面的合适部位确定自承式蝶形光缆的路由走向，保持光缆走向横平竖直。

(2) 在确定光缆的路由走向后，沿光缆路由在墙面上安装螺钉扣，螺钉扣用 Φ6 mm 膨胀管及螺丝钉固定，两个螺钉扣之间的间距为 60 cm。

（3）将自承式蝶形光缆逐个卡在螺钉扣内。

（4）自承式蝶形光缆在墙面拐弯时，弯曲半径不应小于 15 cm。

3）墙壁卡箍(波纹管或 PVC 管保护)方式

自承式蝶形光缆在障碍物较多的墙面敷设时，可采用波纹管/PVC 管保护方式。

（1）选择墙面合适部位确定自承式蝶形光缆的路由走向，保持光缆走向横平竖直。

（2）在确定了光缆的路由走向后，沿光缆路由，在墙面上布放波纹管/PVC 管。单根蝶形光缆保护采用 Φ20 mm 波纹管，多根蝶形光缆保护采用 Φ30 mm 波纹管。波纹管采用塑料管卡在墙面固定(用 Φ6 mm 膨胀管及螺丝钉固定)。两个塑料管卡之间的间距为 50 cm。

（3）墙面波纹管/PVC 管敷设完成后，将自承式蝶形光缆穿放在波纹管/PVC 管中。

（4）自承式蝶形光缆在墙面拐弯时，弯曲半径不应小于 15 cm。

（5）墙面布放波纹管时，需将波纹管两端略向下倾斜，防止波纹管长期积水，造成光缆性能下降。

4）蝶形光缆开孔(空调孔)入户

光缆采用架空自承式、墙面钉固式及墙壁波纹管保护等方式直接入户时，需要在用户墙面上开孔或采用空调孔入户。

（1）采用墙面开孔方式入户时，选择合适的入户位置，用 Φ8 mm 电锤在用户墙面上进行过墙开孔，开孔方向为自用户室内往外进行开孔，并向下倾斜 10° 角，防止雨水倒灌至用户室内，如图 2-11 所示。

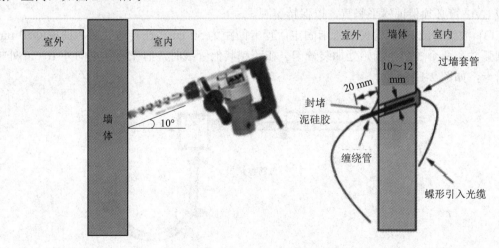

图 2-11　墙体开孔示意图

（2）架空自承式、墙面钉固式等光缆直接入户时，在墙面孔或空调孔内外两侧安装过墙套管。蝶形光缆通过过墙套管穿放入户。入户光缆在墙体入户处留有"滴水弯"。

（3）光缆入户穿放完成后，需要用封堵填充胶泥对孔洞的空隙处进行填充封堵。封堵要平整、牢固。

（4）墙壁波纹管保护光缆入户，将外墙的墙孔适当开大，波纹管嵌入墙孔内部后用封堵填充胶泥进行填充封堵。波纹管开口处不得暴露在墙孔外。

5) 楼道内明管方式敷设

楼道内明管方式敷设示意图如图 2-12。

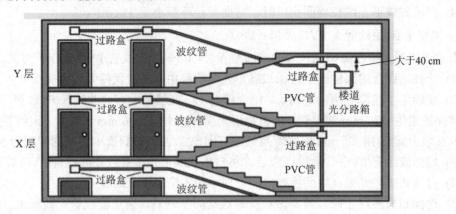

图 2-12　楼道内明管方式敷设示意图

　　根据目前的建设模式、建设阶段完成小区楼道配线光缆的接入、制作光配线盒，并完成垂直部分的明管敷设。楼道内水平部分由装维人员按需上门布放，其明管及光缆的布放标准如下：

　　(1) 楼道内敷设 Φ20 mm 的波纹管或 PVC 管，波纹管敷设全程不允许中断。

　　(2) 波纹管或 PVC 管就近接入同层或下半楼层过路盒(每层一个)。水平方向必须沿楼梯或过道顶部的轮廓直线布放，垂直方向沿墙角布放。楼道井内放在强电管的对侧。波纹管或 PVC 管必须保证横平竖直，以保持美观。

　　(3) 波纹管或 PVC 管使用管卡固定，管卡间距为 50 cm。在转弯处需弯曲成 Φ50 mm 的圆弧并在两个 3 弯角起始处加装管卡。在跨越其他管线时，需在跨越点向外 10 cm 处加装管卡，如图 2-13 所示。

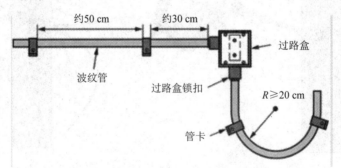

图 2-13　波纹管方式敷设示意图

　　(4) 波纹管或 PVC 管自垂直部分过路盒向用户方向布放，每个用户门口安装一个水平过路盒，水平过路盒安装在用户门口上方靠墙壁侧，使用 Φ6 mm 膨胀管及螺丝钉固定。

　　(5) 波纹管或 PVC 管均采用波纹管或 PVC 管双通接入每个过路盒。

　　(6) 水平波纹管或 PVC 管敷设全部完成后，才能穿放蝶形光缆(不允许边敷设波纹管，边穿放光缆)。波纹管或 PVC 管内布放蝶形光缆，需要使用穿线器牵引。

　　(7) 入户前必须在过路盒中预留 50 cm 蝶形光缆，并绑扎成圈。

(8) 蝶形光缆通过墙面开孔入户，使用 Φ8 mm 电锤钻孔。入户时加装过墙套管保护。施工完毕后，使用填充胶泥封堵、抹平。

6) 用户暗管内穿放蝶形光缆

经测试，若用户原先有暗管可利用，则可以直接在用户暗管中穿放蝶形光缆到用户终端。

(1) 使用穿线器从用户端室内向楼道内暗管(反向)穿通用户暗管。

(2) 将蝶形光缆绑扎在穿线器的牵引头上，保证绑扎牢固、不脱离、无凸角，接头和蝶形光缆可适当涂抹润滑剂。

(3) 蝶形光缆在暗管内穿放时，施工人员需要两端配合操作，一人在用户室内回收牵引，另一人在楼道内送缆。其中牵引要匀速用力，送缆要保持光缆平滑不扭曲。

(4) 光缆在经过直线过路盒时可直线通过；在经过转弯处的过路盒时，需在过路盒内余留 30 cm 光缆，并绑扎成圈。

7) 用户端天花板内敷设方式

(1) 天花板内敷设 Φ20 mm 的波纹管或 PVC 管保护蝶形光缆，全程不间断敷设。

(2) 天花板内敷设波纹管或 PVC 管应选择合适的路由，防止被其他线路交叉、跨越、缠绕、压迫。如果天花板内有弱电线槽，则可将波纹管或 PVC 管穿放于弱电线槽内。

(3) 波纹管或 PVC 管可根据用户的需求从用户门口垂直引下或直接从天花板上方打孔穿入用户室内。波纹管或 PVC 管从用户门口引下后，在用户门口的墙面上安装管卡，管卡使用 Φ6 mm 的膨胀管及螺丝钉固定，固定间距为 50 cm。在用户门口安装过路盒，使用波纹管或 PVC 管双通与过路器连接。

(4) 全程波纹管敷设完成后，使用穿线器将蝶形光缆引出。

(5) 蝶形光缆通过墙面开孔入户，使用 Φ8 mm 电锤钻孔，入户时加装过墙套管保护。施工完毕后，使用填充胶泥封堵、抹平。

8) 用户垂直竖井敷设方式

(1) 在用户垂直竖井内的弱电布放线架内敷设 Φ30 mm 波纹管或 PVC 管时，波纹管或 PVC 管使用小型扣带固定，固定间距为 40 cm。

(2) 每层竖井内的弱电布放架中安装过路盒，用于光缆分线。

(3) 楼层水平部分波纹管或 PVC 管敷设完成后，直接接入楼层过路盒。

(4) 蝶形光缆使用穿线器牵引布放在波纹管或 PVC 管中。

(5) 蝶形光缆在每楼层过路盒中固定一次，并预留 30 cm，绑扎成圈。

9) 用户室内蝶形光缆敷设

蝶形光缆通过暗管、穿孔、空调洞等方式进入用户室内后，可根据用户的家庭装潢、用户需求等情况，将蝶形光缆布放到指定位置。

(1) 对于装潢要求较高的用户可使用线槽方式在用户室内进行布线；对于装潢要求较低的用户可使用卡钉扣方式进行布线。若用户原先有暗管可利用，则优先选择该方式。

(2) 86 面板和网络箱安装在用户指定的 ONU 安装位置，蝶形光缆到 86 面板和网络箱部位预留 30 cm 光缆，使用快速接续方式进行成端终结。

(3) 线槽方式：直线槽可按照房屋轮廓水平方向沿顶部或踢脚线布放，转弯处使用阳角、阴角或弯角。跨越障碍物时使用线槽软管。各类线槽使用双面胶固定在墙面上，如果墙面不平整，则可使用小钢钉将线槽固定在墙面。全程线槽均敷设到距离洞口、终端盒 10 cm 处。线槽两端均采用收尾线槽。光缆入户时在入户孔中安装封堵线槽，并使用填充胶泥封堵、抹平。不同固定方式下的线槽敷设示意图分别如图 2-14、图 2-15 所示。

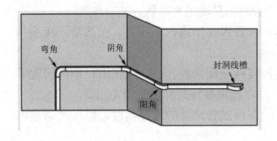 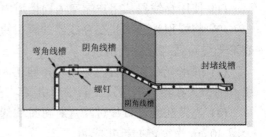

图 2-14　线槽方式敷设(双面胶)示意图　　　图 2-15　线槽方式敷设(钉固)示意图

(4) 卡钉扣方式：入户光缆从墙孔进入户内，入户处使用过墙套管保护。沿门框边沿和踢脚线安装卡钉扣，卡钉扣间距 50 cm。待卡钉扣全部安装完成后，将蝶形光缆逐个扣入卡钉扣内，切不可先将蝶形光缆扣入卡钉扣，然后再安装、敲击卡钉扣。其敷设示意图如图 2-16 所示。

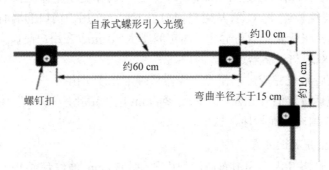

图 2-16　卡钉扣方式敷设示意图

3. 蝶形光缆成端制作

蝶形光缆穿放到位后，需采用快速接续方式在蝶形光缆的两端冷接成端，分别采用如下两种情形进行。

(1) 86 光纤面板盒：蝶形光缆穿入面板盒后，预留 30 cm 并沿绕成圈，采用快速接续方法将蝶形光缆成端后插入 ONU。

(2) 网络箱：蝶形光缆穿入网络箱后，预留 30 cm 并盘绕成圈，采用快速接续方法将蝶形光缆成端后插入 ONU。

4. 用户端蝶形光缆标识

蝶形光缆布放完毕后，必须按照规范进行粘贴标识，便于识别。

(1) 用户端蝶形光缆统一采用数码化标签标识，标签粘贴必须规范、牢固。

(2) 蝶形光缆全程标签粘贴不少于两张，在光分配箱和用户终端侧分别粘贴，标签粘贴在距快速接线器 5 cm 处。在垂直楼道线槽、天花板、楼道波纹管等多条光缆同管穿放的情况下，每个过路盒内均需粘贴标签，以便于后续识别。

5. 跳纤规范

1) 跳纤长度控制

(1) 分光器至用户光缆的跳纤，长度余长控制在 50 cm 以内，一般选用 1.5 m、2.5 m、3 m 的尾纤。

(2) 用户终端盒内 ONU 与光纤端子跳纤一般选用 50 cm 的短尾纤。

2) 跳纤规范

为确保 ODF 设备现场规范有序，具体操作规范明确如下：

(1) 跳纤操作必须满足架内整齐、布线美观、便于操作、少占用空间的原则。

(2) 跳纤长度必须掌握在 500 mm 余长范围内。

(3) 长度不足的跳纤不得使用，不允许使用法兰盘连接两段跳纤。

(4) 架内跳纤应确保各处曲率半径均大于 400 mm。

3) 走纤要求

(1) 对于上走线的光纤，应在 ODF 架外侧下线，选择余纤量最合适的盘纤柱，并在 ODF 架内侧向上走纤，水平敷设于 ODM 下沿，垂直上至对应端子。

(2) 一根跳纤只允许在 ODF 架内一次下走(沿 ODF 架外侧)、一次上走(沿 ODF 架内侧)，沿一个盘纤柱敷设，严禁在多个盘纤柱间缠绕、交叉、悬挂，即每个盘纤柱上沿不得有纤缠绕。

(3) 根据现场具体情况，应在适当处对跳纤进行整理后绑扎固定。

(4) 所有跳纤必须在 ODF 架内布放，严禁架外布放、飞线等情况发生。

(5) 对应急使用的超长跳纤应当按照规则挂在理纤盘上，不得对以后跳纤造成影响。

4) 标签要求(以中国电信标签为例)

根据网络部要求，所有的跳纤标签必须用机打标签，不允许手写。机房、光交、楼道内，分光器至用户光缆的跳纤两端都需要粘贴标签。标签规范如图 2-17～图 2-22 所示。

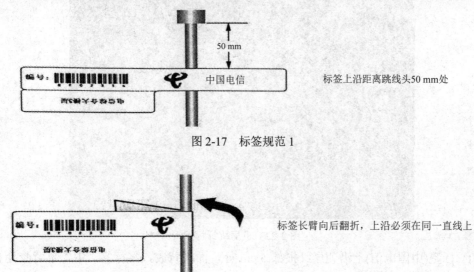

图 2-17　标签规范 1

图 2-18　标签规范 2

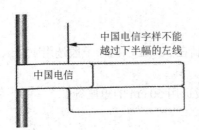

图 2-19　标签规范 3

图 2-20　标签规范 4

图 2-21　标签规范 5

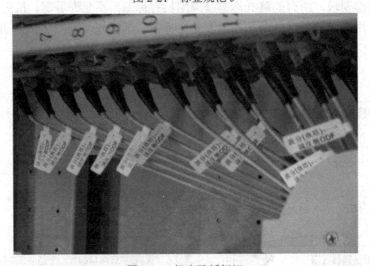

图 2-22　机房跳纤标识

(1) 标签(中国电信)上沿朝尾纤根部 5 cm 处，面对背胶，将标签"中"字背胶处置于尾纤，折叠标签。

(2) 标签折叠：原则上到宽沿于"信"末对齐，标签对折后，不覆盖"信"字。

(3) 完成后的效果：统一规范长度，按端子位置间隙，标签不交错叠层；正面为对端标识，反面为本端标识，朝向统一；标签文字随尾纤下垂，自然朝上。

2.3　FTTx 入户光缆常见场景介绍

场景一：主要使用于沿街、街坊、农村地区的建筑

(1) 在建筑物外安装支撑件，自承式蝶形光缆引入。

(2) 沿墙外敷设 32PVC 管，经空调孔或其他孔洞光缆引入。

(3) 沿墙外钉固，墙体开孔后光缆引入。

(4) 室内墙壁部分用槽板保护至用户信息接入点。

场景二：主要使用于农村地区的建筑

(1) 在原电杆上安装光分配箱，沿光缆的布放路由的电杆上安装支撑件。

(2) 架空敷设自承式蝶形光缆。

场景三：主要使用于集团客户、住宅客户楼道竖井内

(1) 合理利用用户楼层、楼道间的管线资源(明管、暗管、槽道)敷设蝶形光缆。

(2) 楼道水平部分蝶形光缆采用槽板或 PVC 管保护。

(3) 入户部分开孔后蝶形光缆引入。

(4) 室内墙壁部分用槽板保护至用户信息接入点。

场景四：主要使用于住宅客户楼道内

(1) 住宅客户楼道内管线资源不可利用(明管、暗管、槽道)。

(2) 在楼道内布放垂直和水平明管，楼层间安装检修盒。

(3) 蝶形光缆穿放于明管中，在用户门口开孔入户。

(4) 室内墙壁部分用槽板保护至用户信息接入点。

场景五：主要使用于商务楼宇内水平隐蔽部分

(1) 在多层或高层商务楼宇楼层天花板内预埋暗管。

(2) 蝶形光缆穿放于暗管中。

(3) 蝶形光缆到达用户端后，从天花板内打孔引出。

(4) 室内墙壁部分用槽板保护至用户信息接入点。

场景六：主要使用于可利用原先管线的用户室内

(1) 用户入户管线资源可利用(明管、暗管、槽道)。

(2) 蝶形光缆通过原先的管线资源入户，将蝶形光缆布放到终端位置。

场景七：主要使用于对内部装潢要求不高的用户室内

(1) 通过空调洞或门口墙体开孔，将蝶形光缆引入用户室内。

(2) 蝶形光缆进入用户室内后，通过卡钉扣沿墙面钉固至终端位置。

场景八：主要使用于对内部装潢要求较高的用户室内

(1) 通过空调洞或门口墙体开孔，将蝶形光缆引入用户室内。

(2) 在用户布放线槽至用户终端位置。

(3) 蝶形光缆通过穿放线槽至终端位置。

2.4　FTTx 入户光缆施工材料

FTTx 入户光缆使用的材料有多种，下面分别进行介绍。

1. 直线槽

直线槽如图 2-23 所示，以线槽方式直线路由敷设蝶形引入光缆时使用这种材料。

图 2-23　直线槽

2. 收尾线槽

收尾线槽如图 2-24 所示，在线槽末端处使用这种材料，起保护光缆的作用。

图 2-24　收尾线槽

3. 螺钉扣

螺钉扣如图 2-25 所示，是一种塑料夹扣，在户外采用螺丝钉固定方式敷设自承式蝶形引入光缆时使用这种材料。

图 2-25　螺钉扣

4. 弯角线槽

弯角线槽如图 2-26 所示，在平面转弯处使用。

5. 封堵线槽

封堵线槽如图 2-27 所示，以线槽方式敷设蝶形引入光缆时，在光缆穿越墙洞处时使用这种材料。

图 2-26　弯角线槽　　　　　　　　　　　　　　　图 2-27　封堵线槽

6. S 形固定件

S 形固定件如图 2-28 所示，用于绑扎自承式引入光缆吊线，并将光缆拉挂在支持器件上。

7. 阴角线槽

阴角线槽如图 2-29 所示，在内侧直角转弯处使用这种材料。

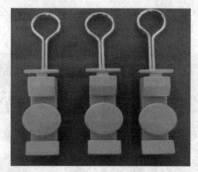

图 2-28　S 形固定件　　　　　　　　　　　　　　图 2-29　阴角线槽

8. 光缆固定槽

光缆固定槽如图 2-30 所示，用于线槽蝶形引入光缆的固定。

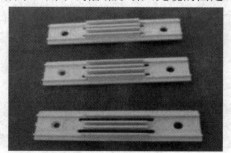

图 2-30　光缆固定槽

9. 抱箍拉钩

抱箍拉钩如图 2-31 所示，使用螺丝紧箍将其安装在电杆上，用于将 S 形固定件连接固定的器件。

10. 阳角线槽

阳角线槽如图 2-32 所示，在外侧直角转弯处使用这种材料。

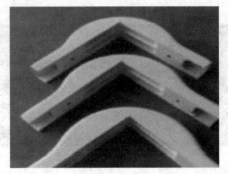

图 2-31　抱箍拉钩　　　　　　　　　　图 2-32　阳角线槽

11. 过墙套管

过墙套管如图 2-33 所示。蝶形引入光缆在用户室内洞口处穿越墙洞时使用过墙套管，起美观与保护的作用。

12. 紧箍拉钩

紧箍拉钩如图 2-34 所示。蝶形引入光缆在用户室内洞口处穿越墙洞时使用这种材料，起美观与保护的作用。

图 2-33　过墙套管　　　　　　　　　　图 2-34　紧箍拉钩

13. 线槽软管

线槽软管如图 2-35 所示，在跨越电力线或在墙面弯曲、凹凸处使用这种材料。

图 2-35　线槽软管

14. 卡钉扣

卡钉扣如图 2-36 所示，在户外采用直接敲击的钉固方式敷设蝶形引入光缆时使用这种材料。

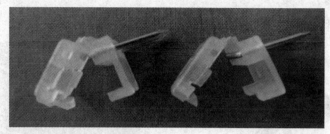

图 2-36　卡钉扣

15. C 形拉钩

C 形拉钩如图 2-37 所示，采用螺丝将其安装在建筑物的外墙，用于将 S 形固定件连接固定的器件。

16. 夹板拉钩

夹板拉钩如图 2-38 所示，被紧固在钢绞线上，用于将 S 形固定件连接固定在钢绞线上的器件。

图 2-37　C 形拉钩

图 2-38　夹板拉钩

17. 过路盒

过路盒如图 2-39 所示，用于将波纹管分支处或管内蝶形引入光缆引出。

图 2-39　过路盒

18. 纵包管

纵包管如图 2-40 所示，用于保护引入光缆。

19. 理线钢圈

理线钢圈如图 2-41 所示，用于电杆上蝶形引入光缆的垂直走线。

图 2-40　纵包管　　　　　　　　　图 2-41　理线钢圈

20. 波纹管双通

波纹管双通如图 2-42 所示，用于波纹管的连接。

21. 双面胶

双面胶如图 2-43 所示，用于线槽的固定。

图 2-42　波纹管双通　　　　　　　　图 2-43　双面胶

22. 钢带抱箍

钢带抱箍如图 2-44 所示，用于将器件锁紧固定在电杆上。

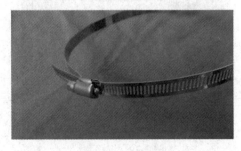

图 2-44　钢带抱箍

23. 波纹管管卡

波纹管管卡如图 2-45 所示，用于波纹管的固定。

24. 润滑剂

润滑剂如图 2-46 所示，用于穿管时润滑线缆，起保护作用。

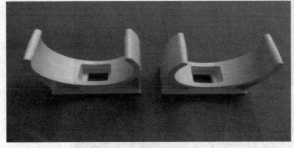

图 2-45　波纹管管卡

图 2-46　润滑剂

25. 86 光纤面板盒

86 光纤面板盒如图 2-47 所示，用于连接户内光纤接头。

26. 穿线器

穿线器如图 2-48 所示，用于蝶形引入光缆穿管。

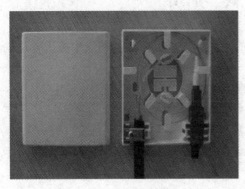

图 2-47　86 光纤面板盒

图 2-48　穿线器

27. 双壁波纹管

双壁波纹管如图 2-49 所示，用于楼道光分箱到用户间的穿线，保护引入光缆。

图 2-49　双壁波纹管

28. 封堵填充胶泥

封堵填充胶泥如图 2-50 所示，用于封堵墙洞，防止漏水。

图 2-50　封堵填充胶泥

2.5　实　做　项　目

【实做项目一】通过学习 FFTx 软件中的小区场景，进行小区场景中施工管理的入户蝶形光缆施工操作。

目的要求：了解 FTTx 网络中入户光缆施工的基本操作。

【实做项目二】结合 FTTx 软件中小区场景编制施工计划、施工方案。

目的要求：了解施工计划、施工方案的编制。

【实做项目三】在 FTTx 软件中对小区场景中的"小区平面施工"进行实训操作。

目的要求：学习冷接头的制作。

本　章　小　结

(1) 本章主要介绍了通信工程中入户光缆施工要求、规范、场景及入户光缆材料。

(2) 在敷设蝶形光缆时，入户光缆敷设时的牵引力不宜超过光缆允许张力的 80%；瞬间最大牵引力不得超过光缆允许张力的 100%，且主要牵引力应加在光缆的加强构件上。敷设蝶形光缆弯曲半径不应小于 30 mm；固定后的弯曲半径不应小于 15 mm。

(3) 入户光缆施工规范中，主要讲述在不同布放场景下，应当选择哪一种皮线光缆的布放方式，不同的布放方式下，应当遵循各布放方式的规范。施工前的准备工作：光缆路由查勘、管道试通、施工方案的确定。

(4) 了解 FTTx 网络中入户的常见场景，学习各场景入户光缆的引入步骤等，学习认知入户光缆各材料的施工的对应场景。

复习与思考题

1. 简述 FTTx 网络中皮线光缆布放要求。
2. 简述 FTTx 网络中跳纤长度的控制。
3. 自我思考入户光缆的要求点及入户光缆的重要性。

第 3 章　光缆与蝶形光缆的接续成端

 本章内容

- 光纤连接技术
- 光纤接续
- 光纤接续质量的监测
- 蝶形光缆接续成端

 本章重点、难点

- 掌握光纤熔接和活动连接
- 光缆接续的要求、特点、方法和步骤
- 光缆连接质量现场检测方法

 本章学习目的和要求

- 正确使用熔接机进行光纤熔接
- 掌握光缆接续的方法
- 各种活动连接器的使用
- 利用 OTDR 进行光纤连接损耗测量
- 能进行光缆熔接
- 能够掌握光缆接续方法
- 能够评价光缆接续质量

 本章建议学时

- 8 学时

3.1　光纤连接技术

光纤连接技术通常是指光纤接续,是光纤应用领域中最广泛、最基本的一项专门技术。

无论是从事生产、研究，还是工程施工、日常维护，对于工程技术人员来说，都是一项不可缺少的基本功。

3.1.1　光纤连接的方式

光纤连接的质量将直接影响光缆传输损耗和光信号的传输距离，而且还会影响光纤通信系统的稳定和可靠性。在光纤通信系统中，光纤主要的连接方式有固定连接和活动连接两种。

1. 光纤的固定连接和要求

光纤固定连接也称光纤接续，主要用于光缆线路中光纤间的永久性连接，把光缆中各条光纤永久地连接起来，以达到满足设计长度的光传输线路要求。光缆固定连接多采用光纤熔接机进行光缆熔接的方法，其特点是接头损耗小，机械强度较高。

光缆线路中光纤固定连接的点数量多，其连接质量对工程质量影响大。连接要求有以下几方面：

(1) 连接损耗小，能满足设计要求，同时一致性较好。

(2) 连接损耗稳定性要好，一般温差范围内不应有附加损耗的产生。

(3) 具有足够的机械强度和使用寿命。

(4) 操作应尽量简便，易于施工作业。

(5) 接头体积要小，易于放置和防护。

(6) 费用低，材料易于加工。

2. 光纤的活动连接和要求

活动连接就是指仪表、光纤、设备之间的可拆卸连接，目前大多用机械式的光纤连接器实现。光纤连接器能够把光纤的两个端面精密对接起来，使发射光纤输出的光能量能最大限度地耦合到接收光纤中，并对系统造成的影响减到最小。活动连接的特点是接头灵活性较好，调换连接点方便，但损耗和反射较大。

光纤连接器有多种类型，对光纤连接器的要求主要有以下几方面：

(1) 连接损耗要小，单模光纤损耗小于 0.5 dB。

(2) 应有较好的重复性和互换性。多次插拔和互换配件后，仍有较好的一致性。

(3) 具有较好的稳定性，连接件紧固后插入损耗稳定，不受温度变化的影响。

(4) 体积要小，重量要轻。

(5) 有一定的强度。

(6) 有良好的温度特性和抗腐蚀等性能。

(7) 价格适宜。

3.1.2　光纤连接损耗影响因素

光纤连接后，光传输经过接续部位会产生一定的损耗量，习惯上称为光纤连接损耗，即接头损耗。不论多模光纤还是单模光纤，被连接的两根光纤一方面由于其本身的几何、光学参数不完全相同，另一方面由于连接工艺等外部原因造成光纤纤芯的轴芯错位、端面倾斜、端面间隔、端面不清洁等因素都可能导致接头损耗的产生。由于在实际中光纤存在不同程度的失配，工艺条件和操作技能难以达到使光纤无偏差的对准，因此不可避免会存在光纤连接损耗。

20 世纪 70 年代商用化的光纤连接损耗指标为 0.5 dB，表示任何光纤连接方法只要达到这个水平，就可以在工程中应用了。随着光纤制造工艺的提高和连接方法、技术的改进，光纤的连接损耗已大大降低，目前无论单模光纤还是多模光纤，熔接平均损耗可以达到 0.1 dB，活动连接器的连接损耗也可以达到 0.5 dB。

对于光纤通信工程来说，有大量的固定接头，而且主要由施工人员完成，低损耗和高可靠连接一直是光纤连接技术追求的目标，所以在光纤连接时，尽量克服和减少损耗产生的因素，提高线路的传输质量。

光纤连接产生损耗的原因有两类：光纤本征(内在原因)因素和非本征(外在原因)因素。光纤本征因素是由被连接光纤间的不同光学特性引起的，主要包括两种光纤模场直径失配、折射率失配、芯径失配、同心度不良等。非本征因素是由连接光纤所采用的工具和技术引起的，主要包括两光纤横(轴)向偏移、纵向间隙、端面分离、轴向倾斜、光纤端面不整齐和污染，以及操作工艺不当和熔接机控制精度不高等。

1. 本征因素对光纤连接损耗的影响

(1) 模场直径的不一致对连接损耗的影响。

模场直径与单模光纤纤芯和包层截面的光功率的"宽度"有关，直接影响着连接损耗的损耗机理的灵敏性。从理论上看，光纤的模场直径越小，光纤的抗弯性能就越好，但要使光纤的模场直径越小，就会增加光纤的相对折射率差，从而造成光纤的衰减系数增加。

研究和实践表明，单模光纤接头损耗受两光纤模场直径偏差影响最大，其计算公式如下：

$$a = 20lg\left[\frac{\omega_1}{2\omega_2} + \frac{\omega_2}{2\omega_1}\right] \tag{3-1}$$

式中，a 为单模光纤接头损耗，ω_1、ω_2 为两根光纤的模场直径。

通过式(3-1)可看出，当模场直径失配 20%时，将产生 0.2 dB 以上的损耗，故应尽可能使用模场直径较小的光纤，对降低接续损耗具有重要的意义。因此，在光纤配盘时，若对同一工程的光纤模场直径的偏差能控制在 ±5%以内，并且光纤两端的模场直径有很好的一致性，则由模场直径偏差引起的损耗可控制在 0.05 dB 以内。

(2) 纤芯直径不一致及相对折射率基本一致对接头损耗的影响。

研究数据表明：多模光纤的纤芯直径失配 10%时，将产生 0.2 dB 的连接损耗；单模光纤中纤芯直径相对失配 2%时，所产生的连接损耗约为 0.02 dB；多模光纤相对折射率差相对失配 25%时，所产生的连接损耗约为 0.2 dB；单模光纤相对折射率差相对失配达 20%时，所产生的连接损耗约为 0.03 dB。通过上述数据可以看出：当纤芯直径不一致和相对折射率基本一致时，对多模光纤对接头的影响比单模光纤对接头的影响大。在实际操作过程中，由于光纤纤芯直径失配，当用光时域反射仪监测光纤接头衰耗且当光由较小的芯径向较大的芯径传输时，有一部分光在连接点产生反射，从而出现增益的假象，增益实际就是连接点的光反射。因此在光纤测量过程中，不能只测量一个方向的接头损耗就简单地下结论，要双向测试取其平均值，这样才可以发现由于纤芯直径不一致产生的连接损耗。

(3) 纤芯同心度不良对接头损耗的影响。

单模光纤熔接是靠光纤纤芯对准的，同心度对其影响不大。多模光纤熔接是靠包层对准的，由于光纤同心度不良，在熔接时会出现仅包层对准而芯未对准的情况，此时熔接后的芯连接成弯折形或根本未连接，因此会造成接头损耗过大。

除了以上 3 种本征因素外，数值孔径失配也会影响连接损耗，尤其是对多模光纤的影响，在连接光纤选配时应加以考虑。

2. 非本征因素对光纤连接损耗的影响

影响光纤连接质量的外在因素与连接方式和操作人员的技术水平有关。当连接两根光纤时，两根光纤轴的横向偏移、两根光纤之间的角倾斜、光纤端之间的分离和光纤表面的质量都会影响连接损耗，如图 3-1 所示。

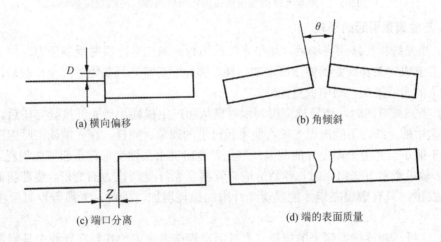

图 3-1　光纤连接时所造成损耗的外在原因

下面以单模光纤的数据为例来进行说明。当两根光纤之间的角倾斜达到 1°时，将引起 0.2 dB 的损耗。选用高质量的光纤切割刀，可以改善轴向倾斜引起的损耗。当两根光纤轴的横向偏移达到 1.2 μm 时，引起的损耗可达 0.5 dB，提高连接定位的精度，可以有效控制轴心错位带来的影响。活动连接器的连接较差时，很容易产生端面分离，造成较大的连接损耗。当熔接机放电电压较低时，也容易产生端面分离，此情况一般在有拉力测试功能的熔接机中发生。

正如单模光纤连接的内在损耗取决于其横场直径一样，横向偏移同样影响外在损耗机理的灵敏性，图 3-2 所示为各类单模光纤的理论连接损耗与横向偏移的函数关系。光纤的模场直径越大，则可允许的不对准度越大，因此 1550 nm 波长光纤的连接损耗相对要低一些。采用高精度的光纤切割刀、熟练的操作以及采用具有自身注入检出光功率测量法技术的熔接机，可最大限度地减小两光纤轴错位和光纤端面的倾斜对单模光纤接头损耗产生的影响。

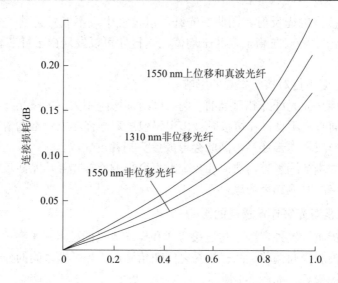

图 3-2　单模光纤的理论连接损耗与横向偏移的函数关系

3. 其他因素引起的损耗

(1) 当光纤接头接续完毕后,如果光纤热缩管尚未完全冷凝时受到压力,由于强度不够,则会造成接头裸纤受到侧压而增加损耗。因此,需待光纤热缩管完全冷凝后,再向接头托盘上的光纤接头卡槽中放置光纤。

(2) 当光纤弯曲时,传导模变换为辐射模从而产生损耗。当光纤接续完毕后,应安置好接头盒中的光纤,不能出现光纤弯曲半径过小的现象。同样,在光缆施工时应注意其弯曲半径不能小于光缆短期允许的范围,避免光缆出现永久性变形而引起弯曲损耗。

(3) 敷设牵引方式错误时,容易造成套管甚至光纤受到拉力而变形、缆芯扭曲、打折等情况发生,只有敷设完毕才能发现光纤附加损耗增加,因此,光缆敷设时应注意牵引方式。

(4) 光纤活动连接器带来的损耗。光纤活动连接器带来的损耗在行业中是固定的,此处不再介绍。

3.1.3　光纤熔接

光纤熔接是光纤连接中使用最广泛的方法。常见的方法为电弧熔接法,即利用电弧放电产生高温,使被连接的光纤融化而融为一体。成功的熔接表现为:在显微镜下观察,找不到任何痕迹,连接损耗也很小。

自光纤熔接技术发展以来,出现了很多不同方式的熔接连接,主要有镍铬丝熔接方式、空气放电熔接方式、CO_2 激光器熔接方式、火焰加热熔接方式和空气预放电熔接方式。空气放电熔接法是将已进行过端面处理的待接光纤对准,端面间紧贴放电熔接。若光纤端面不完善,则很容易产生气泡或因纤芯的变形而影响熔接的成功率,增大连接损耗。1977 年,日本 NTT 公司首先将这种方式改进成预放电方式,通过预熔(0.1~0.3 s)将光纤端面的毛刺、残留物等清除,使端面趋于清洁、平整,使熔接质量、成功率有了明显提高。目前光纤熔接基本采用空气预放电熔接方式。

1. 光纤熔接机

采用空气预放电熔接的装置、设备，统称为光纤熔接机。光纤熔接机主要是靠放出的电弧将两头光纤熔化，同时运用准直原理平缓推进，以实现光纤模场的耦合。

1) 熔接机的品牌

目前研制生产光纤熔接机的国外品牌有日新、古河、藤仓、住友、爱立信、康宁(与西门子合并)等，国内品牌有电子 41 所、南京吉隆和迪威普(两个品牌以前为同一个公司)等。部分品牌的熔接机实物图如图 3-3 所示。

(a) 滕仓 50S 光纤熔接机　　(b) 住友 39 光纤熔接机　　(c) 古河 S177 光纤熔接机

图 3-3　部分品牌的熔接机实物图

2) 熔接机的分类

按照一次熔接的光纤数量，可以将熔接机分为单芯熔接机和多芯熔接机。单芯熔接机是目前使用最广泛的一种机型，一次熔接完成一根光纤的连接。多芯熔接机是单芯熔接机的发展，多芯熔接机将一根带状光缆的光纤端面全部处理后，一次熔接完成多根光纤的连接。这种方法主要用于光缆传输线路的高密度光缆的光纤连接，可以高速完成工作量特别大的连续工作。

按光纤类别，可以将熔接机分为单模熔接机、多模熔接机和单模/多模熔接机。不同类别的光纤，对熔接机的精度要求有较大的区别。多模熔接机是专门针对多模光纤设计的，靠放置光纤的整体成型固定槽实现光纤包层的对准，在熔接过程中，基于熔化石英纤维的表面张力作用，自动校正轴向偏差，从而得到低损耗连接。单模光纤的纤芯很小，所以在光纤熔接时，不能靠光纤外径对准，要把光纤放在 V 形槽中，利用马达驱动 V 形槽实现光纤的纤芯对准，并自动预熔、熔接和估算连接损耗，实现高速的低损耗连接，提高连接成功率。目前大部分自动熔接机是单模/多模熔接机，通过设置参数选择单模或多模光纤的熔接。

光纤熔接机是进行光纤熔接的主要仪器，按技术发展水平分为五代机型。第一代是手动光纤熔接机，对准、熔接和连接损耗测量都是人工进行的，而且光纤熔接损耗很大(0.2 dB 左右)，现在已经被淘汰。第二代是采用微机控制的自动光纤熔接机，光纤熔接损耗明显减小(0.05~0.1 dB)，技术相对滞后。第三代光纤熔接机除了自动对准、自动熔接外，另增加了荧屏显示，因而又称为芯轴直视式光纤熔接机。第三代光纤熔接机的荧屏显示利用机内装设的显微摄像机与微处理机对光纤进行摄像及电子显示，并可自动熔接和估算连接损耗，光纤熔接损耗进一步减小(0.02~0.05 dB)。第四代光纤熔接机的特点是：不仅可以对光纤进行自动对准、熔接和连接损耗检测，而且具有热接头图像处理系统，对熔接的全过程进行自动监测，摄取熔接过程中的热图像加以分析，判断光纤纤芯的变形、移位、杂质和气泡等与连接损耗有关的信息，因此能更全面、准确地估算出接头损耗，光纤熔接损耗很小(0.02 dB 左右)。第五代光纤熔接机又称为全自动熔接机，在计算机控制下可以自动进行"除去第二层被覆盖→切断→除去第一层被覆盖→对准→熔接→补强"等全环操作过程。目前通信工程中使用的多是第四代自动熔接机。

2. 光纤熔接

光纤熔接分为光纤端面处理、光纤的对准与熔接、连接质量评价和接头的增强保护4 个阶段，对于单芯光纤和带状光纤来说，基本步骤是一样的，只是操作的工具可能会有所区别，具体熔接流程图如图 3-4 所示。

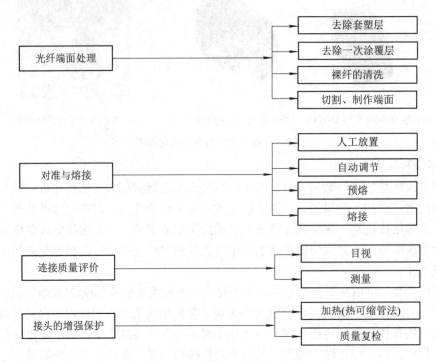

图 3-4　单芯光纤熔接流程图

根据图 3-4 所示，总结出光纤熔接的步骤如下。

1) 去除套塑层

对于松套光纤，用松套切割钳或刀片在端头规定长度处做横向旋转切割一周，然后用手轻轻弯折，松套管断裂，再从光纤上退下松套管，如图 3-5 所示。一次去除长度一般不超过 30 cm，当需要去除长度比较长时，可分段去除，去除时应操作得当，避免损伤光纤。对于套塑偏软的松套管，可用刀片像削铅笔那样轻轻去掉套塑。施工中，由于光缆开剥并固定于光缆接头盒内，光纤长度已限定，因此去掉松套管务必小心，如损伤光纤，则前功尽弃，又得重新开剥光缆。

对于紧套光纤，用光纤套塑剥离钳按要求去除 4 cm 尼龙层，操作方法如图 3-6、图 3-7所示。注意手握光纤用力时勿弯曲裸纤，对于缓冲层包得很紧的光纤，可分段剥除。注意剥除后根部应平整，去除尼龙残留物。若没有光纤套塑剥离钳，可用刀片轻轻剥除，一般以剥到缓冲层为宜，以避免裸纤受机械损伤。在正式施工时，尽量不用刀片。

图 3-5　用松套管切割钳去除套塑层示意图

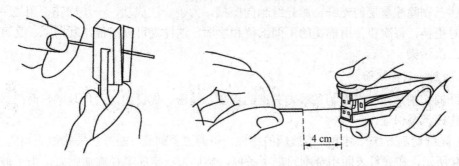

图 3-6　紧套光纤套塑层剥除方法之一　　　图 3-7　紧套光纤套塑层剥除方法之二

2) 去除一次涂覆层

一次涂覆层又叫预涂覆层，应去除干净，不留残余物，否则放于光纤熔接机 V 形槽后会影响光纤的准直性。

剥除松套管后的松套光纤涂层一般为紫外光固化环氧层和硅树脂涂层，去除它们的方法相同，主要有两种方法：一是用化学溶剂去除，将光纤置于某种化学溶剂或专用去除涂层溶剂中，浸泡几秒至几十秒，取出后用纸轻擦，便可去除干净；二是用专用的光纤涂层剥离钳(如图 3-8 所示)去除，这种方法方便迅速。

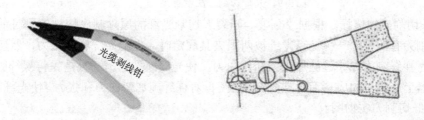

图 3-8　光纤涂层剥离钳示意图

紧套光纤有两种结构，一种是以硅树脂为预涂层，这种光纤的一次涂覆层、缓冲层和尼龙套塑粘得很紧，一般在去除套塑层时，涂覆层基本上也被去除，仅有部分残留物，用丙酮或者棉球可擦拭干净；另一种是紫外固化涂覆层，对于这种紧套光纤一般去除套塑层后，再用化学溶剂去除一次涂覆层便可。

光纤涂覆层的剥除要掌握"平、稳、快"三字剥纤法。"平",即持纤要平,左手拇指和食指捏紧光纤,使之成水平状,所露长度以 5 cm 为准,余纤在无名指、小拇指之间自然打弯,以增加力度,防止打滑。"稳",即剥纤钳要握得稳。"快"即剥纤速度要快,光纤垂直放入剥纤钳,使剥纤钳上方向内倾斜一定角度,用钳口轻轻卡住光纤,右手随之用力,顺光纤轴平行推出,整个过程要自然流畅,一气呵成。

3) 裸纤的清洗

裸纤的清洗应按下面的操作步骤进行:

(1) 观察光纤剥除部分的涂覆层是否全部剥除,若有残留,则应重新剥除。如有极少量不易剥除的涂覆层,可用棉球蘸适量酒精,一边浸渍,一边逐步擦除。

(2) 将棉花撕成层面平整的扇形小块,蘸少许酒精(以两指相捏无溢出为宜),折成"V"形,夹住已剥除涂覆层的光纤,顺光纤轴向擦拭,力争一次成功,一块棉花使用 2～3 次后要及时更换,每次要使用棉花的不同部位和层面,这样既可提高棉花利用率,又可防止裸纤的二次污染。

4) 切割、制备端面

裸纤的切割是光纤端面制备最为关键的步骤,精密、优良的切刀是基础,而严格、科学的操作规范是保证。

(1) 光纤切割方法。利用石英玻璃的特性,可通过"刻痕"的方法来获得成功的端面。如图 3-9 所示,在光纤表面用金刚刀刻一条痕,然后按一定的半径施加张力,由于玻璃的脆性,在张力下即可获得平滑的端面。

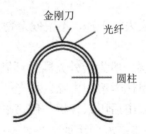

图 3-9　光纤切割方法示意图

(2) 光纤切割刀的选择。根据"刻痕—断裂"切割光纤的原理制作切割刀。目前工程施工中的切割刀有两种:一种是当光纤被两根夹具固定时,先给光纤施加张力,然后利用金刚石刀片对裸纤刻痕,通过施加张力和弯曲力,使光纤断裂;另一种是先将裸纤固定,然后用切割器上旋转着的成形刀对裸光纤刻痕,再对裸纤施加弯曲力和张力,使光纤断裂。图 3-10 为光纤切割刀实物图。

另外,切割刀有手动(如日本 CT-07 切刀)和电动(如爱立信 FSU-925)两种。手动切割刀操作简单,性能可靠,随着操作者水平的提高,切割效率和质量可大幅度提高,且要求裸纤较短,但该切割刀对环境温差要求较高。电动切割刀切割质量可靠,适宜在野外寒冷条件下作业,但操作较复杂,工作速度恒定,要求裸纤较长。熟练的操作者在常温下进行快速光缆接续或抢修,宜采用手动切割刀;反之,初学者或野外较寒冷条件下作业时,宜采用电动切割刀。

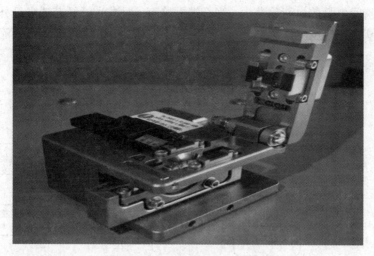

图 3-10　光纤切割刀实物图

(3) 操作规范。操作人员应进行专门训练，掌握动作要领和操作规范。首先要清洁切割刀和调整切割刀位置，切割刀的摆放要平稳，切割时，动作要自然、平稳，勿重、勿急，避免断纤、斜角、毛刺及裂痕等不良端面产生。另外，要合理分配和使用右手手指，使之与切口的具体部件相对应、协调，提高切割速度和质量。端面制作可能出现的情况如图 3-11所示，若不合格则需重新切割。

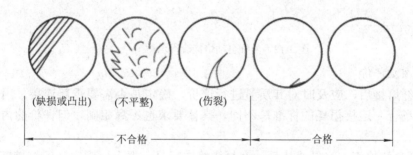

图 3-11　光纤端面制作情况

(4) 谨防端面污染。热可缩管应在剥涂覆层前穿入，严禁在端面制备后穿入。裸纤的清洁、切割和熔接的时间应紧密衔接，不可间隔过长，特别是已制备的端面，放在空气中的时间切勿过长。移动时要轻拿轻放，防止与其他物件擦碰。在接续中应根据环境，对切割刀 V 形槽、压板、刀刃进行清洁，谨防端面污染。

5) 光纤的人工放置

光纤切好后，把光纤放入接近电极棒处的光纤熔接机 V 形槽，注意不要碰触电极，然后放好光纤压板，放下压脚(另一侧同)，盖上防风盖。

6) 光纤的对准、熔接

若采用自动熔接机，放好光纤后，按"开始"键即可开始熔接，屏幕上出现两个光纤的放大图像，经过调焦、对准位置，调整动作后开始放电熔接，整个过程大约需要 15 s，不同熔接机熔接时间略有差别。在自动方式下，熔接机显示以下信息提示：光纤端面间距调整、聚焦；瞬间电弧放电清除灰尘；光纤端面检查；对准光纤纤芯或光纤外径；弧放电，高温熔化光纤端面；检查熔接结果；估算熔接损耗；连接质量评价。熔接流程如图 3-12 所示。

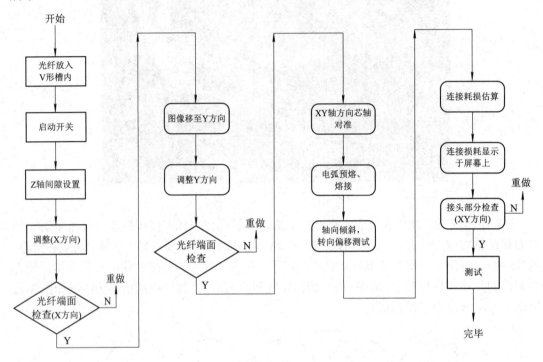

图 3-12　光纤自动熔接流程示意图

7) 连接质量评价

完成光纤熔接后，应及时对其质量进行评价，确定是否需要重新连接。由于光纤接头的使用场合、连接损耗的标准等不同，具体要求也不尽相同，但评价的内容、方法基本相同。

(1) 外观目测检查。光纤熔接后，在显微镜内或显示器上，观察光纤熔接部位是否良好，如发现图 3-13 所示的不良状态，则应重新连接，分析其原因并处理，方法可参考表 3-1 中各项处理措施。

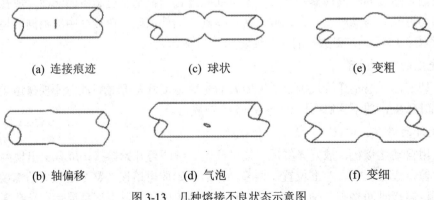

| (a) 连接痕迹 | (c) 球状 | (e) 变粗 |
| (b) 轴偏移 | (d) 气泡 | (f) 变细 |

图 3-13　几种熔接不良状态示意图

表 3-1　几种熔接不良状态的原因分析和处理措施

不良状态	原因分析	处理措施
痕迹	(1) 熔接电流太小或时间过短； (2) 光纤不在电极组中心或电极组错位、电极损耗严重	(1) 调整熔接电流； (2) 调整或更换电极
轴偏移	(1) 光纤放置偏离； (2) 光纤端面倾斜； (3) V 形槽内有异物	(1) 重新设置； (2) 重新制备端面； (3) 清洁 V 形槽
球状	(1) 光纤馈送(推进)驱动部件卡住； (2) 光纤间隙过大，电流太大	(1) 检查驱动部件； (2) 调整间隙及熔接电流
气泡	(1) 光纤端面不平整； (2) 光纤端面不清洁	(1) 重新制备端面； (2) 清洁光纤端面
变粗	(1) 光纤馈送(推进)过长； (2) 光纤间隙过小	(1) 调整馈送参数； (2) 调整间隙参数
变细	(1) 熔接电流过大； (2) 光纤馈送(推进)过少； (3) 光纤间隙过大	(1) 调整熔接电流参数； (2) 调整馈送参数； (3) 调整间隙参数

(2) 连接损耗估计。在熔接机显示器上观察读数是否在规定的合格范围内，是否符合要求。

(3) 张力测定。给光纤加上 240 g 张力，若光纤未断裂，则表明其强度满足要求。对于没有条件测量的，只要熔接部位良好，用手轻拉不断则为合格。

(4) 连接损耗测量。对于正式工程中的光纤接头，某些熔接机使用一种光纤成像和测量几何参数的断面排列系统，通过从两个垂直方向观察光纤，计算机处理并分析该图像来确定包层的偏移、纤芯的畸变、光纤外径的变化和其他关键参数，使用这些参数来评价接头的损耗。但是熔接机上显示的数值也往往是经验数值，不一定准确，有可能出现熔接机推定损耗为 0.00 dB 的情况，但实际的损耗并非为零，因此必须采用合适的方法进行连接损耗的规范测量，一般使用光时域反射仪测试。

光时域反射仪(OTDR)又称背向散射仪，其原理是：当光脉冲在光纤内传输时，由于光纤本身的性质、连接器、接合点、弯曲或其他类似的事件而产生散射、反射。其中一部分的散射和反射就会返回到 OTDR 中，返回的有用信息由 OTDR 的探测器来测量，它们就作为光纤内不同位置上的时间或曲线片段，可以计算出损耗值。通过从发射信号到返回信号所用的时间、光在玻璃物质中的速度，就可以计算出距离。

8) 接头的增强保护

光纤拉丝过程中，会在高温下均匀地涂上一层硅树脂或丙烯醋脂的紫外光固化层，即一次涂覆层，该涂覆层可使光纤具有足够的强度和柔性，以满足复绕、套塑、成缆、工程牵引以及长期使用中张力疲劳等强度要求。光纤采用熔接法完成连接后，其 2～4 mm 长度裸纤的一次涂层已不存在，加上熔接部位经电弧烧灼后变得更脆，因此光纤在完成熔接后必须马上采取增强保护措施。

(1) 接头增(补)强保护件的要求。

① 补强材料应具有良好的温度系数，要求补强保护后的光纤接头，在高温 60℃、低温 −20℃条件下，不断裂、不增加附加损耗。

② 补强接头的张力应不小于原光纤的强度，张力不小于 400 g。

③ 补强接头应能经得住振动，在振幅 ±3 m、频率为 25 Hz 的条件下，振动 10 次不发生断裂。

④ 补强件要小而轻。

(2) 增强保护方法的选择。光纤接头补强保护的方法较多，如热缩熔模法、注射成形法、热可缩管法、V 形槽法、套管法以及紫外光再涂覆法。下边介绍 4 种典型的补强方法及其应用。

① 金属套管补强法。图 3-14(a)所示为简易保护法，是用外径为 1.0 mm、内径为 0.9～0.95 mm 的不锈钢管，预先套入光纤的一侧，熔接后移至接头部位，两侧尼龙护层与管壁处用 502 快速胶固定。这种方法价廉、方便，适合于给临时性紧套光纤接头或短期使用的接头做保护。由于这种方法可靠性、永久性差，故不宜在工程中使用。

图 3-14(b)所示的涂胶(定型)保护法，是在上述方法的基础上改进而来的，这种只适合于紧套光纤的补强方法，其可靠性主要取决于胶的涂覆工艺，如果采用高质量的硅树脂，如 734 树脂来涂覆接头部位，那么套管补强法也同样可以用于常规工程。

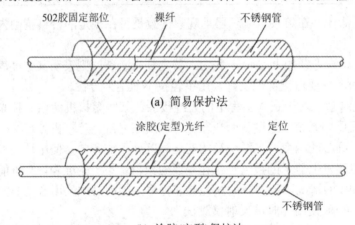

(a) 简易保护法

(b) 涂胶(定型)保护法

图 3-14　光纤接头套管补强保护法示意图

② 热可缩管补强法。这种增强件由易熔管、加强棒(钢针)和热可缩管 3 部分组成，如图 3-15(a)所示。

易熔管是一种低熔点胶管，在加热收缩过程中，易熔管与裸纤熔为一体成为新的涂层。易熔管选材应注意熔点不能太低，因为如架空光缆，夏季烈日下接头护套内温度可达 50℃，若熔点低于 60℃则接头软化，容易造成接头故障。

热可缩管收缩后，如图 3-15(b)所示，使增强件成为一体，起保护作用。热可缩管的收缩比适当一致。光纤熔接前将热可缩管增强件先套在光纤的一侧，熔接后移到接头部位，然后进行加热使之收缩。一般应采用专用加热器，首先由热可缩管的中心开始，再向两侧延伸，以避免增强件存在气泡，保证质量。加热完成后，取出使之冷却，以便保持接头不变形。目前使用的熔接机一般带有加热热缩管的加热器，如图 3-16 所示。

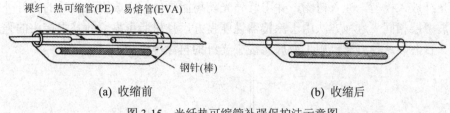

　　　　裸纤　热可缩管(PE)　易熔管(EVA)

　　　　　　　　　　　　　　　　　　钢针(棒)

　　　(a) 收缩前　　　　　　　　　　　　　(b) 收缩后

图 3-15　光纤热可缩管补强保护法示意图

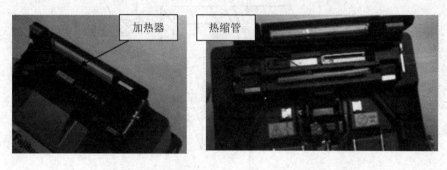

　　加热器　　　　　热缩管

图 3-16　用熔接机加热器对热可缩套管加热示意图

　　③ V 形槽板补强法。补强件如图 3-17(a)所示，V 形槽板上有适合于外径为 0.9 mm 的紧套光纤和外径为 0.25 mm 的松套光纤(去除松套管后)的定位槽。光纤完成熔接后，压入光纤槽底部，然后覆盖一层 734 硅树脂胶，使胶流入槽内，保护光纤接头，如图 3-17(b)所示。

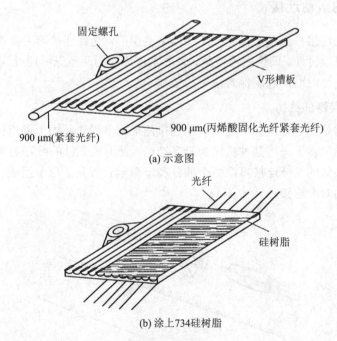

　　固定螺孔

　　　　　　　　　　　　　　　　　　V形槽板

　　　　　　　　　　　　900 μm(丙烯酸固化光纤紧套光纤)

900 μm(紧套光纤)

(a) 示意图

　　　　　　　　　　　光纤

　　　　　　　　　　　硅树脂

(b) 涂上734硅树脂

图 3-17　V 形槽板补强保护法示意图

　　④ 紫外光再涂覆补强法。它是利用再涂覆器，在完成熔接后对接头部位进行再涂覆的一种方法。图 3-18 是紫外光二次涂覆器结构示意图。其再涂覆工艺步骤较多，一般是将

被连接光纤放入模型，注入树脂，并用紫外光使树脂硬化。完成再涂覆后的光纤外径，与原光纤被覆层相同。这种方法由于涂覆器性能良好，且树脂可靠，故补强接头的强度、性能可靠。目前，这种方法已用于海底光缆中光纤的再涂覆连接。

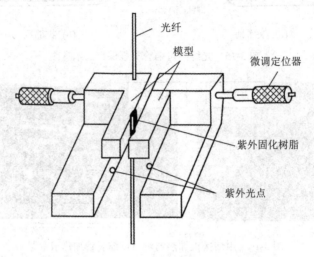

图 3-18 紫外光二次涂覆器结构示意图

为了保证紫外光再涂覆接头的可靠性，在完成涂覆后，用拉力试验检查，应达到规范值。其他性能试验只有在新购设备或更换涂覆材料时才做抽样检查。

3.1.4 光纤的活动连接

光纤的活动连接一般是通过光纤连接器来实现的，光纤连接器主要用于光缆线路设备和光设备之间可以拆卸、调换的连接处，它要求被连接的两条光纤通过连接器配合、紧固，同时要求芯轴完全对准，以确保光信号的传输。

1. 光纤连接器的结构

光纤连接器是稳定地但并不是永久地连接两根或多根光纤的无源组件。

光纤连接器基本上采用某种机械和光学结构，使两根光纤的纤芯对准，保证90%以上能够通过。大多数的光纤连接器由两个插针和一个耦合管共3部分组成，如图3-19所示，可以实现光纤的对准连接。

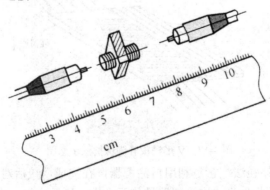

图 3-19 光纤连接器结构示意图

将光纤穿入并固定在插针中，并将插针表面进行抛光处理后，在耦合管中实现对准。插针的外组件采用金属或非金属的氧化锆陶瓷、陶瓷等材料制作。插针的对接端必须进行研磨处理，另一端通常采用弯曲限制构件来支撑光纤或光纤软缆以释放应力。耦合管一般是由陶瓷或青铜等材料制成的带窄缝的圆筒形构件，多配有金属或塑料的法兰盘，以便于连接器的安装固定。插针通常采用氧化锆陶瓷、陶瓷等材料制作。为尽量精确地对准光纤，对插针和耦合管的加工精度要求很高。

2. 光纤连接器插针端面

光纤连接器的插针端面如图 3-20 所示，一般有平面型 FC 端面和球形 PC 端面。光纤连接器的插针体端面在 PC 型球面研磨的基础上，根据球面研磨方式的不同，又产生了超级 PC(UPC)型球面研磨和角度 PC(APC)型球面研磨。

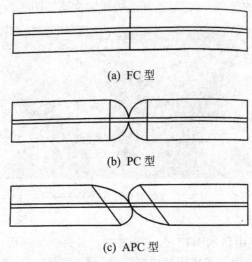

(a) FC 型

(b) PC 型

(c) APC 型

图 3-20 光纤连接器的插针端面图

3. 光纤连接器的性能

光纤连接器的性能除表现为光学性能外，还要考虑光纤连接器的互换性、重复性、抗拉强度、温度特性和插拔次数等。

(1) 光学性能：插入损耗即连接损耗，是指因连接器的导入而引起的链路有效光功率的损耗，插入损耗越小越好，一般要求不大于 0.5 dB；回波损耗是指连接器对链路光功率反射的抑制能力，其典型值应不小于 25 dB。实际应用的连接器，插针表面经过了专门的抛光处理，可以使回波损耗更大，一般不低于 45 dB。

(2) 互换性、重复性：光纤连接器是通用的无源器件，对于同一类型的光纤连接器，一般都可以任意组合使用，并可以重复多次使用，由此而导入的附加损耗一般都小于 0.2 dB。

(3) 抗拉强度：对于做好的光纤连接器，一般要求其抗拉强度应不低于 90 N。

(4) 温度特性：一般要求光纤连接器必须在 −40～+70℃的温度下能够正常使用。

(5) 插拔次数：目前使用的光纤连接器一般都可以插拔 1000 次以上。

4. 光纤连接器的种类

光纤连接器可以分为不同的种类：按传输媒介的不同可分为单模光纤连接器和多模光

纤连接器；按连接器的插针端面可以分为 FC、PC 和 APC 型；按光纤芯数分为单芯和多芯；按结构的不同可以分为 FC、SC、ST、SG、MU、LC、MT 等各种型号。

一般按照光纤连接器结构的不同来加以区分。以下简单介绍一些目前比较常见的光纤连接器。

1) FC 型光纤连接器

FC 型光纤连接器最早是由日本 NTT 公司研制的，其外壳呈圆形，外部加强方式采用的是金属套，紧固方式为螺丝扣。最早，FC 类型的连接器采用的陶瓷插针的对接端面是平面接触方式(FC)。此类连接器结构简单，操作方便，制作容易，但光纤端面对微尘较为敏感，且容易产生菲涅尔反射，提高回波损耗性能较为困难。后来，人们对该类型连接器做了改进，采用对接端面呈球面的插针(PC)，而外部结构没有改变，使得插入损耗和回波损耗性能有了较大幅度的提高。FC 型光纤连接器实物图如图 3-21 所示。

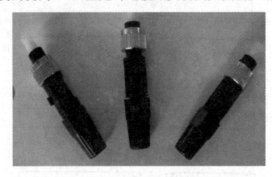

图 3-21　FC 型光纤连接器实物图

2) SC 型光纤连接器

SC 型光纤连接器是由日本 NTT 公司开发的，其外壳呈矩形，插针的端面多采用 PC 或 APC 型研磨方式；紧固方式采用插拔销闩式，不需旋转。此类连接器价格低廉，插拔操作方便，插入损耗波动小，抗压强度较高，安装密度高。SC 型光纤连接器实物图如图 3-22 所示。

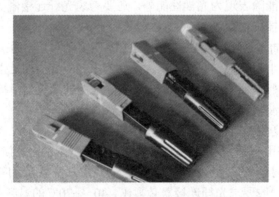

图 3-22　SC 型光纤连接器实物图

3) ST 型光纤连接器

ST 型光纤连接器的外壳呈圆形，其实物图如图 3-23 所示。该连接器插针的端面多采用 PC 型或 APC 型研磨方式；紧固方式为螺丝扣。此类连接器适用于各种光纤网络，操作简便，且具有良好的互换性。

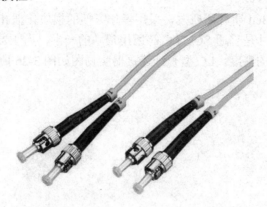

图 3-23　ST 型光纤连接器实物图

4) DIN47256 型光纤连接器

DIN47256 型光纤连接器由德国开发，其实物图如图 3-24 所示。这种连接器端面处理采用 PC 研磨方式，与 FC 型连接器相比，其结构要复杂一些，内部金属结构中有控制压力的弹簧，可以避免因插接压力过大而损伤端面。另外，这种连接器的机械精度较高，因而插入损耗值较小。

图 3-24　DIN47256 型光纤连接器实物图

5) MT-RJ 型光纤连接器

MT-RJ 起源于 NTT 开发的 MT 连接器，带有与 RJ-45 型 LAN 电连接器相同的闩锁机构，通过安装于小型套管两侧的导向销对准光纤，为便于与光收发信机相连，连接器端面光纤为双芯(间隔 0.75 mm)排列设计。MT-RJ 型光纤连接器实物图如图 3-25 所示。

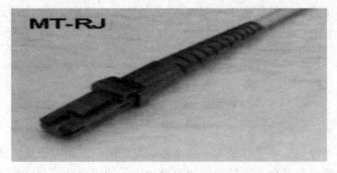

图 3-25　MT-RJ 型光纤连接器实物图

6) LC 型光纤连接器

LC 型连接器由 Bell 研究所研发，采用操作方便的模块化插孔闩锁机理制成。其所采用的插针和套筒的尺寸是普通 SC、FC 等所用尺寸的一半，为 1.25 mm，这样可以提高光配线架中光纤连接器的密度。LC 型光纤连接器实物图如图 3-26 所示。

图 3-26　LC 型光纤连接器实物图

7) MU 型光纤连接器

MU 型光纤连接器是以目前使用最多的 SC 型光纤连接器为基础，由 NTT 公司研制开发出来的世界上最小的单芯光纤连接器。这种连接器采用 1.25 mm 直径的套管和自保持机构，其优势在于能实现高密度安装。MU 型双芯光纤连接器实物图如图 3-27 所示。

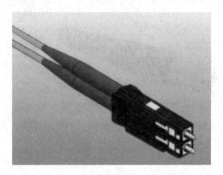

图 3-27　MU 型双芯光纤连接器实物图

在光纤通信系统中，光端机、各种光纤测试仪器仪表(如 OTDR、光功率计、光衰耗器)所要求的光纤连接器的型号不尽相同。因此，工程建设中需要考虑兼容性和统一型号的标准化问题，要根据光路系统损耗、光端机光接头及光路维护、测试仪表光接头等的要求综合考虑、合理选择光纤连接器的型号。

光纤活动连接器选择时应考虑 5 个方面：① 插入损耗小；② 选择适宜的耦合方式；③ 经多次插拔后损耗的变化小；④ 环境变化引起损耗的变化小；⑤ 长期震动而引起的损耗变化小。

3.2　光　缆　接　续

光缆接续是光缆施工中工程量大、技术要求复杂的一道重要工序，其质量直接影响到光缆线路的传输质量和寿命，接续速度也对整个工程的进度造成直接影响。

光缆接续包括缆内光纤、铜导线等的连接以及光缆外护套的连接，其中直埋光缆还应包括监测线的连接。

3.2.1 光缆接续的基本要求

1. 光缆接续的内容

光缆接续一般是指机房成端以外的光缆接续，包括以下内容：

(1) 光缆接续准备；

(2) 护套内部组件安装；

(3) 加强件连接或引出；

(4) 铝箔层、铠装层连接或引出；

(5) 远供或业务通信用铜导线的接续；

(6) 光纤的连接及连接损耗的监控、测量、评价和余留光纤的收容；

(7) 接头盒内对地绝缘监测线的安装；

(8) 光缆接头处的密封防水处理；

(9) 接头盒的封装(包括封装前各项性能的检查)；

(10) 接头处余留光缆的妥善盘留；

(11) 接头盒安装及保护；

(12) 各种监测线的引上安装(直埋)；

(13) 埋式光缆接头坑的挖掘及埋设；

(14) 接头标石的埋设安装(直埋)。

2. 接续材料的质量要求

为了保护光缆接头，接头应放入接续盒(也叫接头盒)中，如图 3-28 所示。

图 3-28 光缆接续盒实物图

光缆接续除了使用接头盒，还包括各种引线、热缩管、胶、绝缘材料等，对于接续过程中使用的材料应满足质量要求，主要有以下 7 个方面的要求：

(1) 光缆接续盒必须是经过鉴定的产品。

(2) 接头盒应具有良好的防水、防潮性能。

(3) 光缆接头盒的规格程式及性能应符合设计规定。

(4) 对于重要工程，应对接头盒进行试连接并熟悉其工艺过程，必要时可改进操作工艺确认接头盒是否存在质量问题。

(5) 光纤接头的增强保护方式应采用成熟的方法。采用光纤热可缩保护管增强时，其热可缩的材料应符合工艺要求，光纤热可缩管应有备品；采用胶剂保护时，其材料应在有效期内。

(6) 光缆接头盒、监测引线的绝缘应符合设计规定，一般要求大于 20 000 MΩ。

(7) 加强件、金属层等连接应符合设计规程方式，连接应牢固，符合操作工艺的要求。

3. 光缆接续的要求

(1) 光缆接续前，应该确定光缆的程式、端别无误，接头处余长要与设计一致；光缆应保持良好状态。光纤传输特性良好，若有铜导线，其直流参数应符合规定值，护层对地绝缘合格，若不合格，应找出原因并做必要的处理。

(2) 光纤接头的连接损耗应低于内控指标，每条光纤通道的平均连接损耗应达到设计文件的规定值；同时，光纤接续点应牢靠，稳定性能好。

(3) 接头盒内光纤(及铜导线)的序号应做出永久性标记。如果两个方向的光缆从接头盒同一侧进入，则应对光缆端别做出统一永久标记。

(4) 光缆接续的方法和工序标准应符合施工规程和不同接头盒的工艺要求。

(5) 应为光缆接续创造良好的工作环境，一般应在车辆或接头帐篷内作业，以防止灰尘影响。当不具备以上条件时，应采取措施尽量减少灰尘和不良环境的影响。在雨雪、沙尘等恶劣天气下接续，应避免露天作业。当环境温度低于零度时，应采取升温措施，以确保光纤的柔软性、熔接设备正常工作以及施工人员的正常操作。

(6) 光缆接头余留和接头盒的余留应充足，光缆余留一般不少于 4 m，接头盒内最终余留应不少于 60 cm。

(7) 接头盒内光缆及加强件的固定要牢固，避免出现接续完成后光缆的扭转或抽出。

(8) 接头盒应按要求进行认真的封装，特别是做好密封工序，确保日后不进水、受潮。

(9) 光缆接续注意连续作业，对于当日无条件结束的光缆接头，应采取措施，防止受潮和确保安全。

(10) 余留的光纤要盘放在光纤收容盘(见图 3-29)上，盘放半径符合规定，避免出现光纤扭转产生的微弯而引发接续点损耗增大。一般以一个松套管内光纤为单位盘放一次，盘放收容应整齐、美观。

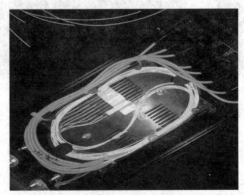

图 3-29　光纤收容盘实物图

3.2.2　光缆接续的特点

光缆接续具有如下特点：

(1) 全程接头数量少。由于光缆平均盘长约 3 km，长距离中继段盘长 3～4 km，甚至可达 5 km，因此，全程总的接头数量减少，不仅节省了工程费用，而且提高了系统的可靠性。

(2) 接续技术要求高。目前连接损耗行业标准为小于 0.04 dB，有些网络的标准已提高到小于 0.02 dB。

(3) 操作工艺要求高。光缆接续的核心是光纤的连接，而光纤是直径为 125 μm 的玻璃丝，连接时精度要求非常高。

(4) 机具、环境要求高。光纤的连接需要实现连接端面的对接，尤其是单模光纤要实现纤芯部分仅 8 μm 左右的对准，必须在非常清晰的环境中进行，并应使用性能非常好的工(器)具才能完成。

(5) 接头盒内必须有余留长度。由于接续、维护的需要，光纤在接头盒内必须有符合规定的(一般在 60 cm 以上)余留。

(6) 接续装置机械可拆卸再连接。由于光缆一般不采用高温封合，通常采用机械连接方式，为了施工中或维护中便于处理故障，要求接续部位能拆卸和再连接。

3.2.3　光缆接续方法

光缆连接部分即光缆接头，是由光缆接续护套将两根被连接的光缆连成一体，并满足传输特性和机械性能的要求。图 3-30 所示是光缆接头的组成示意图。

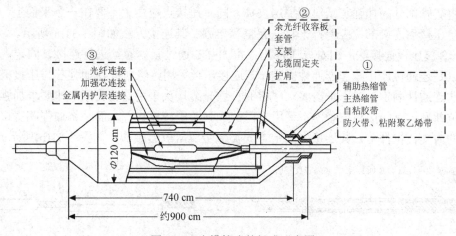

图 3-30　光缆接头的组成示意图

图 3-30 所示是一种由金属构件、热可缩管及防水带、黏附聚乙烯带构成的连接护套式光缆接头，它可分为以下 3 个部分。

1. 外护套和密封部分

(1) 辅助热缩管的作用是将套肩与光缆连成一体，并使光缆入口连接部位初具密封条件。

(2) 主热缩管是光缆接头最外边的一层，起完整、密封、保护作用。

(3) 粘胶带在光缆入口处起密封主导作用。

(4) 防水带、黏附聚乙烯带起密性、防水性的作用。

2. 护套支撑部分

光缆接头护套需要有一定的"空间"和光缆来连接固定部分，这就需要有支撑部分，也可以理解为骨架部分，主要包括：

(1) 套管：接头套管有金属和增强塑料两种，图 3-31 所示为金属套管。套管部分起外部支撑和抗压、保护作用。

(2) 支架：支架是内部骨架的组成部分，不同结构支架的形状、用量不一。

(3) 光缆固定夹：被连接的两端光缆在护套内由光缆固定夹夹持并固定。

(4) 护肩：光缆较细，套管又较粗，护肩起过渡作用。近年来，国内外采用的机械连接护套多数采用护套侧帽代替，但对于外加热可缩管方式仍需加护肩，在主热缩管和辅助热缩管间起过渡作用。

(5) 余纤收容板(盘)：用于收容 60～100 cm 余留长度的光纤。

3. 缆内连接部分

1) 加强件(芯)连接

加强件的连接方法很多，按设计要求分为电气连通接续和接头部位断开固定两种。加强件连接固定方法如图 3-31 所示。

(1) 金属套管冷压法：采用金属套管如紫铜管、不锈钢管等进行连接，套管内径与加强芯直径为紧配合，通过压接钳对被连接部位作若干个压接点，可承担光缆接续的主要抗张构件。这种连接方式在 12 芯以下的光缆连接护套中使用较多，操作也较方便。连接中应注意将套管部分的加强芯塑料外护层去掉，同时压接点应注意不要在一个平面上，即交叉压接；压接后连接部位应保持平直、完整和牢固。其连接方法如图 3-31(a)所示。

(2) 金属压板连接法：由金属压接构件将加强芯通过紧固螺丝进行连接、固定。这种方式可以是连通性连接和非连通性固定，若连接压板采用绝缘材料使加强芯与压接板间绝缘即为非连通性固定，对于防雷要求严格的直埋光缆接头采用这种方式，即要求加强件在接头部位断开。有些接头护套内不采用专门的加强芯压接板构件，而是将加强芯直接固定在护套的内支撑构件上，其连接、固定方式类似金属压板连接法，如图 3-31(b)所示。

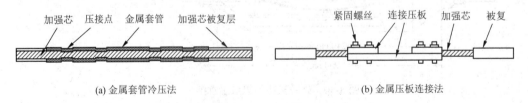

<table>
<tr><td>加强芯　压接点　金属套管　加强芯被复层</td><td>紧固螺丝　连接压板　加强芯　被复</td></tr>
<tr><td>(a) 金属套管冷压法</td><td>(b) 金属压板连接法</td></tr>
</table>

图 3-31　金属加强芯连接固定方法

2) 金属护层的连接

金属护层包括防潮层(铝箔层)和钢带或钢丝铠装层。根据工程设计，金属护层分为电气连通和断开引出监测两种方式。

(1) 铝箔层的连接。几乎所有的光缆都有铝箔护层，连接方法多采取过桥线连接，即用金属线将两侧光缆的金属护层连通。导线与金属层连接处可以通过带螺丝的接线柱连接，或采取带齿的连接片通过压接方式连通。若电气不连通而要求引出导线作监测，可用两根导线从两侧或一侧引出。

(2) 铠装层的连接。埋式光缆多为皱纹钢带铠装层，部分埋式、爬坡、小水坡为细钢丝铠装层。在需要连通时，可用过桥引线焊接在铠装层上或由护套内金属构件连通，不需要连通时可不作连接。当需要引出作光缆外护层绝缘监测时，按护套工艺要求由护套内引出，或在护套外作外护层切口，通过热可缩管恢复方法引至监测标石或接地。

3) 铜导线的连接

对于具有远供铜线或业务用金属导线的光缆，接头部位应做铜导线电气连接，其主要方法有以下两种：

(1) 扭绞加锡法连接。铜线刮去绝缘层后将两根铜线并在一起扭绞，扭绞长度一般不得少于 2 cm，在扭绞部分下端 1.5 cm 的长度上加焊锡，然后套上绝缘胶管。胶管两端应进行封口以提高扭绞部分的绝缘性能。其连接示意图如图 3-32(a)所示。

(2) 接线子法连接。该方法采用扣式接线子连接铜导线。采用接线子进行连接时，不必刮去铜线表面的绝缘漆，接线子外壳呈透明并有良好的绝缘性能，采用压接工具做加压连接，以避免接触不良或完全没有接通。其连接示意图如图 3-32(b)所示。

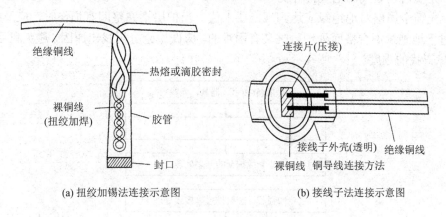

(a) 扭绞加锡法连接示意图　　　　　　(b) 接线子法连接示意图

图 3-32　金属加强芯连接固定方法

4) 光纤连接

对于光纤的连接，在光缆接头护套内一般采取熔接法(包括接头部位的增强保护)，其具体方法详见前文有关光纤连接技术的介绍。

3.2.4　光缆的接续流程

光缆接续可分为 9 个步骤，其流程图如图 3-33 所示。

1. 准备

1) 技术准备

在光缆接续开始前，必须熟悉工作所用的光纤护套的性能、操作方法和质量要点，对于第一次采用的护套(指以往未操作过的)，应编写出操作规程，必要时进行短期培训，避免盲目作业。

2) 器具准备

(1) 器材：光缆连接护套的配套部件。施工前应按中继段规定接头数进行清点、配套。在准备的数量方面，应考虑少部分备件，一般一个中继段考虑一个备用护套。

(2) 工具：不同的护套结构，所需工具也不完全相同，但从大的方面可归纳为机具、帐篷和车辆几部分。

(3) 机具：包括光纤切割刀、熔接机以及光纤接头保护用工具、加热器、胶剂和相应的小工具。

(4) 帐篷：一个作业小组需两个帐篷(接续、监测各用一个)。

(5) 车辆：一般一个作业小组配一辆车。

3) 光缆准备

光缆接续应具备以下几个条件：

(1) 光缆必须按设计文件规定的芯数、程式、规格、路由和布放端别的规定方向敷设安装(指被连接段)。

(2) 光缆内光纤的传输特性良好。

(3) 光缆内铜导线的电气特性良好。

(4) 光缆金属层对地绝缘应达到规定要求值。当护层不完整即有损伤时，应及时处理修复。对于地绝缘不合格而处理暂时又有困难的，应做检查分析找出原因，避免盲目接头，增加故障查找的难度。

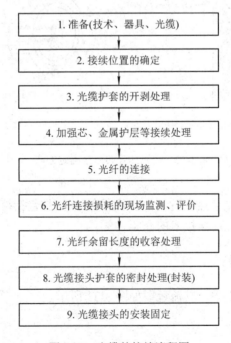

图 3-33 光缆的接续流程图

2. 接续位置的确定

光缆接续位置的确定原则是：架空线路的接头应落在杆旁 2 m 以内；埋式光缆接头应避开水源、障碍物及坚石地段；管道光缆接头应避开交通要道，尤其是交通繁忙的丁字、十字路口。在光缆接续前还要做必要的调整，并确定具体的接续位置。

3. 光缆护套的开剥处理

光缆外护层、金属层的开剥尺寸、光纤预留尺寸按不同结构的光缆接头护套所需长度先在光缆上做好标记，然后用专用工具逐层开剥。松套光纤一般暂不剥去松套管，以防操作过程中损伤光纤。

光纤护套开剥后，缆内的油膏可用专用清洗剂擦干净，若条件有限，可采用纸、棉布等进行擦拭清洗。

4. 加强芯、金属护层等接续处理

加强芯、金属护层的连接方法参考前面相关内容，一般应按选用接头护套的规格方式进行。金属护层在接头护层内接续连通，断开或引出应根据设计要求实施。

5. 光缆的连接

按照前面章节中介绍的光纤熔接工艺流程进行光纤连接。

6. 光纤连接损耗的现场监测及评价

光纤连接损耗的现场监测包括熔接机的监测、OTDR 监测及采用光源、光功率计测量，具体现场监测和评价方法见 3.4 节的介绍。

7. 光纤余留长度的收容处理

光缆连接后，经检测连接损耗是否合理，在完成保护后，按护套结构规定的方式进行光纤余长的收容处理。光纤收容盘绕时，应注意弯曲半径、放置位置等影响今后操作的环节。光纤余长盘绕后，一般还要用 OTDR 仪复测光缆的连接损耗。当发现损耗有变大的现象时，应检查原因并予以排除。

光缆接头必须有一定长度的光纤，一般完成光纤连接后的余长(光缆开剥处到接头的长度)为 60～100 cm。

1) 光纤余长的作用

光纤由接头护套内引出到熔接机或机械连接法的工作台，需要一定的长度，一般最短长度为 60 cm。这就是光纤余长，它的作用是：

(1) 再连接的需要。在施工中可能需要重新连接光纤接头，维护中发生故障时可拆开光缆接头护套，利用原有的余纤进行重新接续，以便在极短的时间内排除故障，保证通信畅通。

(2) 传输性能的需要。光纤在接头护套内盘留，对弯曲半径、放置位置都有严格要求。过小的弯曲半径和光纤受挤压，都将产生附加损耗。因此，必须保证光纤有一定的长度才能按规定要求妥善地放置于光纤盘(余纤盘)内。即使遇到外力时，由于余纤具有缓冲作用，也可避免光纤损耗增加、长期受力产生疲劳以及可能经外力产生的损伤。

2) 光纤余长的收容方式

无论何种方式的光缆接续护套、接头箱(盒)，它们的共同特点是具有光纤余留长度的收容位置，如盘纤盒、余长板、收容袋等。应根据不同结构的护套设计不同的盘纤方式。虽然光纤收容方法较多，但一般可归纳为如图 3-34 所示的 4 种收容方式。

(1) 近似直接法。图 3-34(a)所示为在接头护套内不做盘留的近似直接法，显然这种方

式不适合室外光缆间的余留放置要求。采用这种方式的场合一般是在无振动、无温度变化的位置，应在室内不再进行重新连接的场所。目前一般不采用这种方法，但在下列情况下可能会采用：维护中光纤重新连接后已无太多的余留长度；对于室内或无人站的接头，由于接头盒位置紧张或光纤至其他机架长度紧张时，在做出接头后，光纤余长抽出放于其他位置，在维护检修时拆开护套再拉回余纤进行连接。

(2) 平板式盘绕法。图 3-34(b)所示的收容方式是使用最为广泛的一种，如盘纤盒、余纤板等多采用这种方法。该方法是在收容平面上以最大的弯曲半径，采用单一圆圈或"∞"双圈盘绕方法。

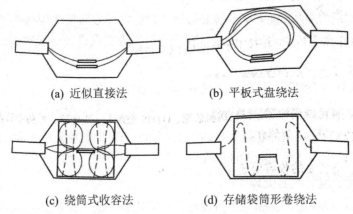

(a) 近似直接法　　　　　　　(b) 平板式盘绕法

(c) 绕筒式收容法　　　　　　(d) 存储袋筒形卷绕法

图 3-34　光纤余长的收容方式

这种方法盘绕较为方便，但在同一板上余留多根光纤时容易混乱，查找某一根光纤或者重新连接时操作较麻烦、容易折断光纤。解决的方法是，采用单元式主体分置方式，即根据光缆中光纤数量，设计多块纤板(盒)，采取层叠式放置。

平板盘绕式对松套、紧套光纤均适用，目前在工程中采用较为普遍。图 3-35 所示为光纤收容板(盒)的一个实例，其上加设盖子保护，一般一个盘纤盒可以收容 12 根光纤。

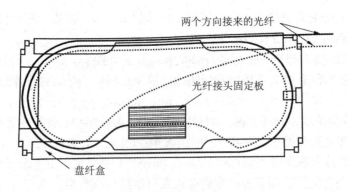

图 3-35　光纤收容板(盒)实例

(3) 绕筒式收容法。图 3-34(c)所示为光纤余留长度沿绕纤骨架(笼)放置的一种方法。将光纤分组盘绕，接头放置在绕纤骨架四周，铜导线接头等可放于骨架中。光纤盘绕与光缆轴线的放置方式有平行盘绕和垂直盘绕两种，这取决于护套结构、绕纤骨架的位置和空间。绕筒式收容法比较适合于紧套光纤使用。

(4) 存储袋筒形卷绕法。图 3-34(d)所示的方式是采用一只塑料存储袋，光纤盛入袋后沿纤筒垂直方向盘绕并用透明胶纸固定，然后按同样的方法盘留其他光纤。这种方法彼此不交叉、不混纤，查找处理十分方便。存储袋收容方式比较适合紧套光纤，图 3-36 所示是这种方式的实例。

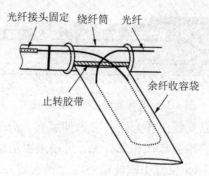

图 3-36　存储袋筒形卷绕法实例

8. 光缆接头护套的密封处理

不同结构的连接护套的密封方式也不同。具体操作中，应按照接头护套的规定方法，严格按操作步骤和要领进行。对于光缆密封部位均应做清洁和打磨处理，以提高光缆与防水密封胶带间可靠的密封性能。注意，打磨砂纸不能太粗，打磨方向应沿光缆垂直方向旋转打磨，不宜在与光缆平行方向打磨。

光缆接头护套封装完成后，应做气闭检查和光电特性复测，以确认光缆连接良好，至此，接续已完成。

9. 光缆接头的安装固定

(1) 直埋光缆接头坑应位于路由前进方向的右侧，个别因地形限制需位于路由左侧时，应在路由竣工图上标明。直埋光缆接头坑示意图如图 3-37 所示。

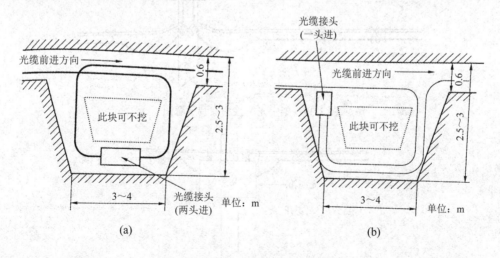

(a)　　　　　　　　　　　　　　　　　　(b)

图 3-37　直埋光缆接头坑示意图

(2) 直埋光缆接头坑深应与该位置直埋光缆埋深标准相同，坑底应铺 10 cm 厚的细土，接头护套上应加盖水泥盖板保护，水泥盖板上为回填土，如图 3-38 所示。

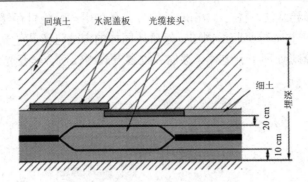

图 3-38　直埋光缆接头安装示意图

　　(3) 架空光缆的接头一般安装在杆旁，并应做伸缩弯，分别如图 3-39(a)、图 3-39(b)所示。接头的余留长度应妥善地盘放在相邻杆上。可以采用塑料袋包纤或成缆盒(箱)安装。图 3-40 所示是适合于南方，接头位置不做伸缩弯的一种安装方式。对于气候变化不剧烈的中负荷区，利用这种安装方式还应在领杆做伸缩弯。

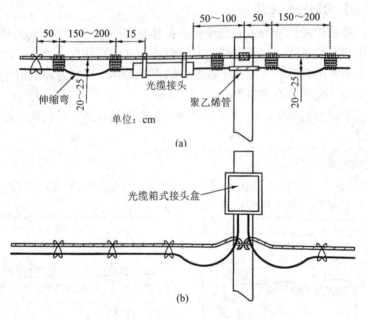

图 3-39　架空光缆接头安装示意图

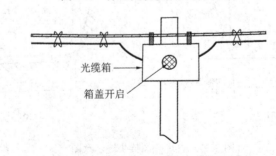

图 3-40　架空余留光缆箱安装示意图

　　(4) 管道人孔内光缆接头及余留光缆应根据光缆接头护套的不同和人孔内光(电)缆占

用情况进行安装，如图 3-41 所示。安装时应注意以下几点：

① 尽量安装在人孔内较高的位置，减少雨季渗入雨水对人孔的浸泡；

② 安装时应注意尽量不影响其他线路接头放置和光(电)缆的走向；

③ 光缆应有明显标志，对于两根光缆走向不明显时应做方向标记；

④ 按设计要求方式对人孔内光缆进行保护。

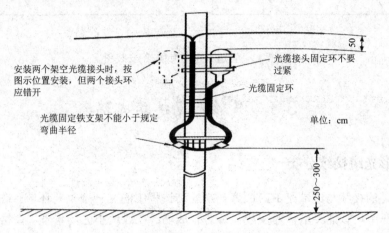

图 3-41　架空光缆接头及余留光缆安装图

采用接头护套为一头进缆时，可按图 3-42(a)、图 3-42(b)所示两种方式安装；两头进缆时可按图 3-43(a)相类似方式安装，把余留光缆盘成圈后，固定于接头的两侧。

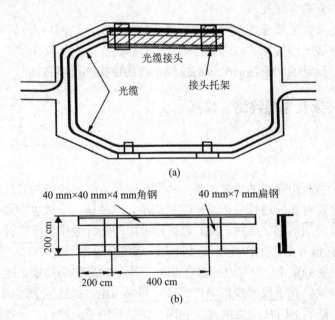

图 3-42　管道人孔接头护套安装图

采用箱式接头盒时，一般将其固定于人孔内壁上，余留光缆可分别按图 3-43(a)、图 3-43(b)所示的两种方式进行安装、固定。

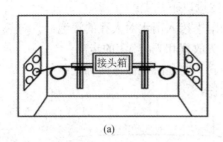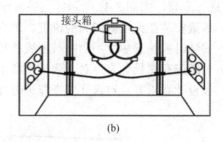

(a)   (b)

图 3-43   管道人孔接头盒(箱)安装图

3.3 蝶形光缆接续成端

3.3.1 蝶形光缆接续分类

皮线光缆的接续与成端是 FTTH 客户端安装过程中的又一个重要环节。在新建小区场景下，需要在用户智能终端盒对皮线光缆进行成端；在改造小区场景下，在楼道光分路箱处需要对皮线光缆进行成端，布放皮线光缆入户后，在用户室内的 86 面板盒处也需要对皮线光缆进行成端。因此，皮线光缆的成端贯穿整个 FTTH 的安装过程。皮线光缆的接续主要是指当皮线光缆意外损坏时，在损坏处需要对其进行接续处理以降低皮线光缆损坏对整个光路造成的光功率损耗。

皮线光缆的接续主要分为两种方式，即热熔和冷接，这两种方式各有自己的优缺点。本节首先讲述皮线光缆接续的概念和原理，然后通过实际操作软件模拟来强化对原理的认识和理解，通过反复的动手练习来掌握皮线光缆的冷接和热熔技能。

3.3.2 光纤接续及光缆终结、端接

1. 光纤接续

1) 热熔接

光纤接续是指两根光纤的对接，是一种固定连接方式。传统的光纤接续采用光纤熔接机，利用热缩套管对光纤进行保护，接续损耗小，这种接续方式也称为热熔接，多年来户外光纤接续作业采用的都是这种方式。热熔接采用的光纤熔接机核心技术至今都被国外几家公司垄断(目前世界上可生产光纤熔接机的厂家仅有日本藤仓、日本古河、日本住友、美国康宁、韩国日新等)，国产熔接机(南京吉隆、南京迪威普等)的稳定度和可靠性还不是很高。热熔方式的缺陷在于仪器价格昂贵、接续需要用电、操作需要培训、维护费用较高、操作场地受限。随着 FTTH 网络的普及和国产熔接机的更新换代，目前热熔接的效率和便利性得到大大提高。

2) 冷接头

在 FTTH 建设过程中，光纤机械接续技术再次被大家关注。顾名思义，光纤机械接续无须特殊的仪器，采用机械压接夹持方法，利用 V 形槽导轨原理将两根切割好的光纤对接

在一起，无须用电，且制作工具小巧。光纤机械接续方式也称为冷接续。这种方式有两个优点：一是光纤切割端面的平整性；二是光纤夹持固定的可靠性。光纤机械接续的概念并不新鲜，最早的接续子可以追溯到 2001 年，当时用作光纤链路抢修时的临时连接指标相对较差，接续损耗在 2 dB 左右。近年来，随着 FTTH 的开启，产品几经更新换代，接续指标也大大提高。实际应用于 FTTH 的冷接续子不同于早期的简易产品，接续损耗小于 0.1 dB，且体积更小，重量更轻，在初期的 FTTH 试点中，这类产品一度被大家追捧。冷接续子原理示意图如 3-44 所示。

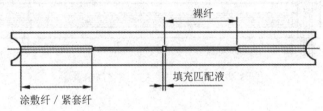

图 3-44　冷接续子原理示意图

2. 光缆终结

所谓光缆终结是指一根光缆到达某个节点后，对全部芯数进行处理(直熔或跳接)，使这根光缆不再延伸。直熔是指光纤与另外一根光缆直接进行熔接对接(如图 3-45 所示)，传统节点多为光缆接头盒处。

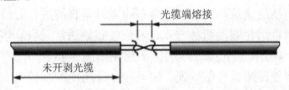

图 3-45　光缆直熔终结示意图

跳纤则是采用光纤与尾纤熔接的方法(如图 3-46 所示)，处理完毕后终端活动接头可以进行灵活的配置，传统节点多为光缆配线箱和光纤配线架。FTTH 建设中局端及室外光缆终结时处理方式与原来并无差别，FTTB 建设模式光缆入楼后采用区域专用光缆交接箱，因此可采用传统的方法进行主节点处理。FTTH 施工光缆终结的特点主要体现在楼内布放光缆与入户分支光缆对节点的处理，FTTH 楼内布放光缆终结多在同层多户分布模式下存在，如图 3-47 所示。同层多户光缆垂直频繁分歧(每楼层都要分)不合理，适合引多根光缆至每楼层并做终结处理。

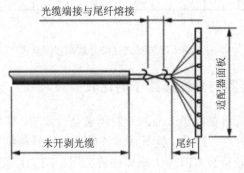

图 3-46　光缆跳接终结示意图

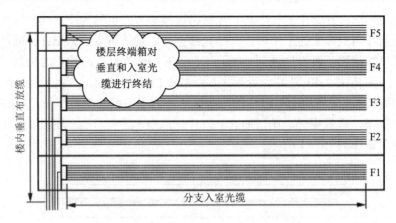

图 3-47　同层多户模式光缆终结示意图

3. 光缆端接

光缆端接是指对某光缆全部或某些芯数进行端接处理,比光缆终结的范围要窄。光缆端接意味着光缆的所有芯数有可能存在多种处理方式:一部分直通不处理,另一部分分歧出来后进行光纤的端接处理(传统理解为加尾纤熔接方式)。端接完后的光缆存在光连接器活动接头,这根光缆有可能不再延伸或部分延伸,在室外如光缆交接箱内引入光缆部分直接熔接终结、部分跳纤终结,这种的处理方式称为光缆端接处理。传统的处理方式都是采用热熔加尾纤。对于高层建筑,FTTH 楼内布线需对垂直缆进行分歧,此时,分歧处的芯数处理方式同样包括直熔和端接两种方式,未分歧芯数通常采取直熔的方式以减少熔接节点,降低链路损耗。高层模式光缆分歧端接示意图如图 3-48 所示。根据网络规划设计,分歧出的光纤进行端接处理或者直熔处理。如果在分纤箱或配线箱内安装小分光距离分路器或上一级分光点较远时,则采用活动端接方式。如果不安装光分路器或集中分光点距离较近,则采用直接熔接方式。

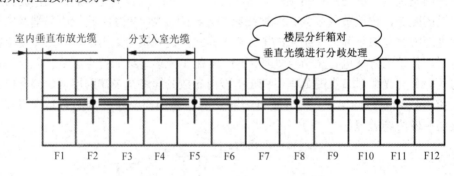

图 3-48　高层模式光缆分歧端接示意图

3.3.3　光纤快速连接器与光纤接续子的比较

光纤快速连接器与光纤接续子产品的开发理念是一致的,即使在狭小的空间内也可以方便地实现光纤链路的开通。因此,光纤快速连接器与光纤接续子都旨在简化 FTTH 接入室内施工,这种理念比较符合 FTTH 大规模部署应用。FTTH 施工具有阶段性和分散性的特点,因此,大量配备光纤快速连接器是不现实的。光纤快速连接器的主要局限包括投入成本大、携带不方便、操作空间有限等。

当光链路节点处采用直熔固定连接时，可以采用光纤接续子进行冷接续；当节点处采用活动连接时，可以采用光纤快速连接器进行直接端接。通过分析近两年的应用情况得出如下结论：

(1) 光纤接续子尺寸不统一，传统熔纤盘槽位卡放不匹配；

(2) 光纤接续子在节约成本上不显著，用户热衷程度有所下降；

(3) 光纤快速连接器直接端接皮线光缆，节约一根尾纤的投入成本，特点显著；

(4) 光纤快速连接器厂家之间尺寸差别不影响应用，对配套的箱体无要求；

(5) L 型的 Socket(插座)式光纤快速连接器的应用远远小于接头式的光纤快速连接器。

真正意义上的 FTTH 接入，皮线光缆入室进入 ONU 终端箱采用接头式光纤快速连接器直接端接后插入 ONU 光接头，而非先引入光插座盒端接再用光纤活动连接器(光跳线)连接 ONU 设备。虽然光纤快速连接器的应用特点显著，但仍建议限于 FTTH 接入靠近用户侧使用，这也是该产品开发的初衷。对于 FTTH 接入室外光链路节点处理，仍应采用传统的热熔接方式处理。因此，将光纤快速连接器应用场所定义为：FTTH 接入楼内分支入室光缆(皮线光缆)两头端接使用。

3.3.4 光纤快速连接器的分类应用及实现原理

1. 光纤快速连接器的分类

接头式和 L 型插座式的应用上面已经介绍过，下面分析不同缆型在实际中应用的情况以及干式和预埋式结构光纤快速连接器实现原理。皮线光缆是 FTTH 接入室内最重要的一种缆型，极大地提高了施工效率，因此在 FTTH 接入中，除特种场合外，分支入室光缆都采用这种结构的缆型，2.0 mm × 3.0 mm 类型的光纤快速连接器是当前运营商最常采购的类型，对于 250 μm、0.9 mm、2.0 mm、3.0 mm 类型光纤快速连接器则应用较少。随着真正意义上的 FTTH 规模部署和楼内垂直布放光缆新型缆型的出现，光纤快速连接器的应用将扩展到垂直布放光缆分歧芯数的端接应用上，无论是增加分路器还是直接对接分支入室皮线光缆，接头式光纤快速连接器都有它的独特之处。光纤快速连接器的分类如图 3-49 所示，传统连接方法与采用光纤快速连接器处理方法如图 3-50 和图 3-51 所示。

按实现原理	干式
	预埋式
按端接缆类型	250 μm 涂覆纤
	0.9 mm 紧套纤
	2.0 mm 光缆
	3.0 mm 光缆
	2.0 mm × 3.0 mm 光缆
按外观	接头式
	L 型插座式

图 3-49 光纤快速连接器的分类

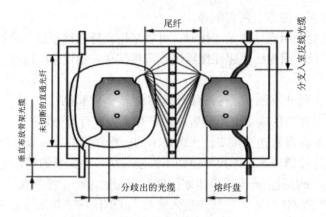

图 3-50　传统连接方法

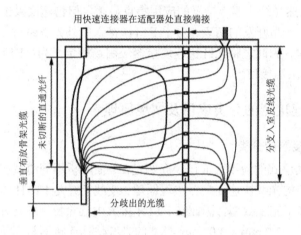

图 3-51　采用快速光纤连接器的处理方法

　　通过比较可以看出，采用光纤快速连接器不需要熔纤盘和尾纤，且可使配套箱体简单化，成本得到显著降低。

2. 光纤快速连接器原理结构

1) 干式结构

　　干式结构非常简单，其优势在于实现较为容易，造价低廉，但劣势很多，例如对光纤直径、切割端面和切割长度要求严格，对加持强度要求更加严格，任何一处与产品不匹配都将引起参数的波动。另外，由于回波损耗指标完全依赖于光纤切割端面的情况，因此产品的回波损耗指标比较差，对操作者的熟练度要求很高。干式结构原理如图 3-52 所示。

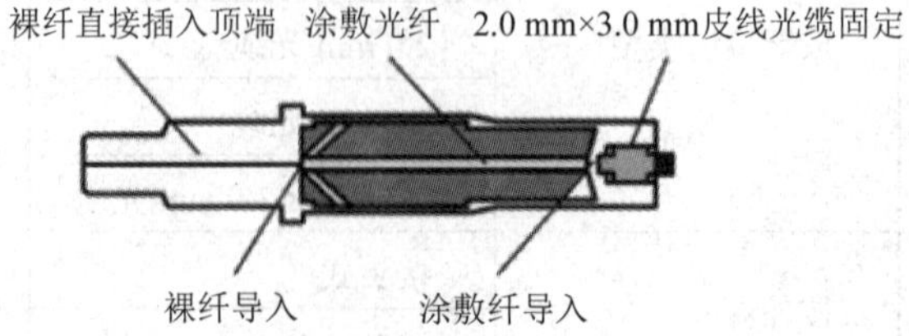

裸纤直接插入顶端　涂敷光纤　2.0 mm×3.0 mm皮线光缆固定

裸纤导入　　涂敷纤导入

图 3-52　干式结构原理

该类产品结构可以应用于临时光纤链路抢修，但不适用于 FTTH 接入链路规模使用。

2) 预埋纤结构

预埋纤结构采用的是在工程中将一段裸纤预先置入陶瓷插芯内，并将顶端进行研磨，操作者在现场只需要将另一端光纤切割好后插入即可。由于预埋纤采用工厂研磨工艺且对接处填充匹配液，不过分依赖光纤端面切割的平整度，因此大大降低了对操作者的要求。此外，又由于预埋纤接头端面采用预先研磨工艺，因此回波损耗指标好。预埋纤的结构原理如图 3-53 所示。

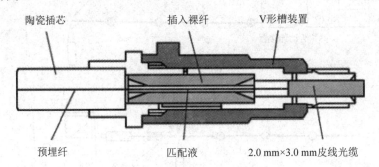

图 3-53　预埋纤结构原理

预埋纤结构可以实现更好的插入损耗(0.5 dB 以下)和回波损耗(45 dB 以上)指标，可靠性与稳定性比较高，因此适用于 FTTH 接入链路室内节点。

3.3.5　光纤冷接技术要点

光纤冷接实际上就是将两端独立的光纤通过一定的接续工艺(非熔接方式)连接起来，即两端光纤的端面通过固定的对接轨道整齐地对接起来，且要求端面与端面之间对接紧密，端面需要通过切割刀进行处理，以使其平整。冷接要点可以概括为以下 4 点：

(1) 端面切割要整齐，必须使用光纤专用切割刀按照切割的规范进行处理。

(2) 切割好的端面需要保持清洁。

(3) 端面与端面需要借助轨道进行整齐对接，通常轨道由相应的器件(如冷接子、快速连接器等)提供。

(4) 端面的对接必须紧密，这就是为什么要求光纤对接时需要产生微弯的原因。

3.4　光缆接续的现场监测

对于光缆的传输线路，故障发生概率最高的是接头部位。这些故障一般表现为光纤接头劣化、断裂，铜导线绝缘不良，护套进水等。上述故障不仅取决于光缆连接护套的连接方式、质量，而且还取决于内部光纤接头增强保护方式、材料的质量。同时，故障与光缆接续工艺、操作人员的责任心等因素都有着密切的联系。

工程中连接损耗的监测普遍采用 OTDR。OTDR 除了能显示接头损耗的测量值外，还能显示端头到接头点的光纤长度，继而推算出接头至端面的实际长度距离，通过 OTDR 也能观测被接光纤在光缆敷设中是否出现了损伤和断纤，同时也可观测连接过程。

1. 监测方式

OTDR 监测方式有远端监测、近端监测和远端环回双向监测 3 种主要方式，如图 3-54 所示。

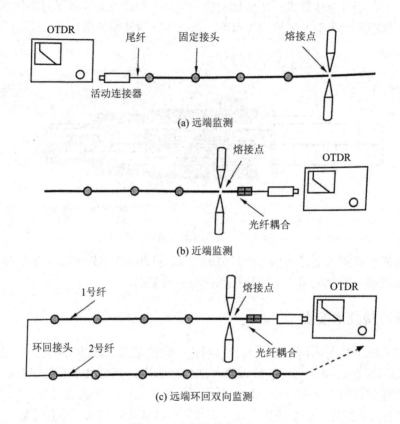

图 3-54　光纤熔接的现场监测

1) 远端监测方式

远端监测方式是将 OTDR 放在局内，先将引向光端机的局内单芯软缆的标准接头插入 OTDR 的测试端口，局内软缆与进局光缆熔接，然后沿线路由近至远依次接续各段光缆接头。OTDR 始终在局内监测，记录各个接头的损耗和各段光缆的纤长，OTDR 与熔接机操作人员之间应具有通话的联络手段。这种方式的优点是 OTDR 不必在野外转移，有利于仪表的保护，并节省仪表测量的准备时间，而且所有连接都是固定的。局内光缆与外线光缆的接头受 OTDR 盲区的限制不能观测，一般是中继段连接全部完成后，将 OTDR 移到对端局再进行一次全程测量，可以观测出此接头的插入损耗。

2) 近端监测方式

近端监测方式是将 OTDR 连接在熔接前一个盘长处，每完成一个接头，熔接机和 OTDR 都要向前移动一个盘长。这种监测方式不如远端监测方式理想。只有在缆内无金属导线或者出于防雷效果考虑，各段光缆的金属要求在接头处断开(且熔接点与局内无联络手段)时，才采用这种监测方式。近端监测方式的优点是光缆开剥和熔接可以形成流水作业，有利于缩短施工工期。

3) 远端环回双向监测方式

采用远端环回双向监测方式时，OTDR 也在熔接点之前，但这种方式与近端监测方式不同之处在于在始端将缆内光纤做环接，即 1 号纤和 2 号纤、3 号纤和 4 号纤等分别连接。测量时由 1 号纤、2 号纤分别测出接头两个方向的损耗(即 $A \to B$，$B \to A$，然后计算出双向的平均值)，并立即算出连接损耗，以确定是否需要重接，最后做好详细测试记录，作为竣工资料。

从理论上分析，远端环回监测方式是科学合理的。如果现场只监测一个方向，则有时不能使接头做到最佳。采用双向环回监测，就可以避免单向监测接头损耗较小，而方向复测时损耗偏大，造成重接的现象发生。不过这种监测方式比较复杂，费时较多。由于光缆的质量已经大为改善，光纤的几何特性和传播参数的一致性良好，单向测试和双向测试的结果区别一般并不显著，所以实际中这种监测方式较少采用。

在长途骨干网光缆施工中，如果是全介质光缆，由于没有金属，在施工中无法联络，因此远端环回双向监测方式经常被采用。在施工中联络手段均采用光电话机，通信距离可达 1~4 km。

2. 监测方法

由于光纤连接监视是在野外进行的，因此操作时应注意如下几点：

(1) 交流供电，必须注意电压值；油机发电时最好用稳压器，当不用稳压器时必须先检查电压是否正常，然后使用。

(2) 防止风沙、雨淋和暴晒，应在帐篷内工作。

(3) 运输转移过程中，仪器应包装好，注意勿与硬物碰撞，以免损坏。

(4) 仪表使用时间不宜过长，注意中间不用时应关机。

光纤接续的 OTDR 监测有以下 4 个步骤：

(1) 设置 OTDR 的测试条件。

(2) 将被测光纤接入 OTDR。

(3) 测定接头点距离。

(4) 测定连接损耗。

在整个接续工作中，必须严格执行 OTDR 测试仪表的 4 道监测程序，具体如下：

(1) 熔接过程中对每一芯光纤进行实时跟踪监测，检查每一个熔接点的质量。

(2) 每次盘纤后，对所盘光纤进行例检，以确定盘纤带来的附加损耗。

(3) 封接续盒前对所有光纤进行统一测定，以查明有无漏测和光纤预留空间对光纤及接头有无挤压。

(4) 封盒后，对所有光纤进行最后监测，以检查封盒对光纤是否有损害。

3. 光纤连接的评价

在现场最终评价一个接头是否需要重新接续是靠 OTDR 测定接头损耗值来确定的。

严格意义上讲，接头损耗应采用 OTDR 双向测量的平均值。而在连接现场，基本上都是采用单方向监测方式，一般的现场评价经验如下：

(1) 确定内控指标，如工程要求平均连接损耗为 0.1 dB，内控指标平均按 0.08 dB 要求；

对于距离较长的中继段，应控制在更小一些的范围内。

(2) 对于测量值为负的接头，一般应看其绝对值大小，如较大则需要重新连接，如较小(小于 0.1 dB)则可视为成功。

(3) 对测量值大于 0.08 dB 的接头，一般要求重新连接。

(4) 损耗较大时，应做重新连接，当连续 3 次仍改善不明显时，在排除熔接机原因后，只要接到 3 次中较低的数值即可，不要反复多次接续，避免光纤消耗太多。

(5) 对光纤连接损耗测量结果应做详细记录，如表 3-2 所示。应按表中每条光纤累计接头损耗的单向平均值进行综合平衡，以确保各条光纤的平均接头损耗均优于或达到设计指标，并使各光纤的总损耗趋于一致。为了便于分析接头损耗、熔接一致性，对于接头重新熔接，其测量值均应记入表中，但前几次数据应划去，留下最后一次数据。

表 3-2 光纤接续结果表

中继段_____ 至_____　　光纤序号_____　　颜色_____组_____纤　　波长_____

接头		接头损耗/dB	接头累计损耗/dB		操作人员		日期	天气
编号	距离	(单/双向值)	总	平均	接纤	封装		

接头机型号_____　　OTDR 型号_____　　折射率_____　　测试人_____

进行现场接续监测时，一般是测量接头的单方向损耗，接续完毕或接至 1/2 时，进行反向损耗的测量(根据中继段长度和 OTDR 的测量动态范围确定)。

按 OTDR 双向测量用平均计算的方法，计算出各个接头的连接损耗(α)，即

$$\alpha = \frac{\alpha_{A \to B} + \alpha_{B \to A}}{2}$$

式中，$\alpha_{A \to B}$ 为 $A \to B$ 方向接点损耗，$\alpha_{B \to A}$ 为 $B \to A$ 方向接点损耗。

4. 降低光纤熔接损耗的措施

(1) 挑选经验丰富、训练有素的光纤接续人员进行光纤接续。

接续人员应严格按照光纤熔接工艺流程图进行接续，并且熔接过程中应一边熔接一边用 OTDR 测试熔接点的接续损耗。不符合要求的应重新熔接，对熔接损耗值较大的点，反复熔接次数以 3~4 次为宜，多根光纤熔接损耗都较大时，可剪除一段光缆重新开缆熔接。

(2) 选用精度高的光纤端面切割器来制备光纤端面。

切割的光纤应为平整的镜面，无毛刺、无缺损。光纤端面的轴线倾角应小于 1°。高精度的光纤切割器不但能提高光纤切割的成功率，也可以提高光纤端面的质量，这对 OTDR 测试不到的熔接点(即 OTDR 测试盲点)和光纤维护及抢修尤为重要。

(3) 熔接机的正确使用。

根据光纤类型正确合理地设置熔接参数、预放电电流、时间及主放电电流、主放电时间等，并且在使用中和使用后及时去除熔接机中的灰尘，特别是夹具、各镜面和 V 形槽内的粉尘和光纤碎末。每次使用前应使熔接机在熔接环境中放置至少 15 分钟，特别是在放置与使用环境差别较大的地方(如冬天的室内与室外)。根据当时的气压、温度、湿度等环境情况，重新设置熔接机的放电电压、放电位置以及 V 形槽驱动复位等调整。

3.5　实 做 项 目

【实做项目一】在 FTTx 软件写字楼场景里学习操作光纤熔接机进行光缆成端施工。
目的要求：学习掌握光缆成端的操作顺序、熔接机的操作使用方法。
【实做项目二】在 FTTx 软件工程施工场景内进行 OLT 机房施工。
目的要求：学习认知尾纤的作用、尾纤的选择，掌握尾纤连接方法。
【实做项目三】在 FTTx 软件工厂工程施工场景里进行工厂施工。
目的要求：学习掌握 OTDR 测量光纤、用户冷接续的操作等。

本 章 小 结

(1) 在光纤通信系统中，光纤主要的连接方式有固定连接和活动连接两种。固定连接主要用于光缆线路中光纤间的永久性连接，多采用光纤熔接的方法；活动连接用于实现不同模块、设备和系统之间的连接，主要使用光纤活动连接器。

(2) 光纤连接产生损耗的原因有本征因素和非本征因素两类，本征因素主要有两光纤模场直径失配、折射率失配、芯径失配、同心度不良等；非本征因素主要有两光纤横(轴)向偏移、纵向间隙、端面分离、轴向倾斜、光纤端面不整齐和污染以及操作工艺不当和熔接机控制精度不高等。

(3) 采用空气预放电熔接的装置、设备称为光纤熔接机。按照一次熔接的光纤数量，熔接机可以分为单芯熔接机和多芯熔接机；按光纤类别，熔接机可以分为单模熔接机、多模熔接机和单模/多模熔接机；按技术发展水平则可分为五代机型。

(4) 光纤熔接分为光纤端面处理、光纤的对准与熔接、连接质量评价和接头的增强保护 4 个阶段。光纤熔接的步骤包括去除套塑层、去除一次涂覆层、裸纤的清洗、切割制作端面、人工放置光纤、对准熔接、连接质量评价、接头的增强保护。

(5) 连接质量评价包括外观目测检查、连接损耗估计、张力测定、连接损耗测量等方面。

(6) 光纤接头补强保护的方法有热熔模法、注射成形法、热可缩管法、V 形槽法、套管法以及紫外光再涂覆法等。

(7) 光纤连接器是用于稳定的但并不是永久连接两根或多根光纤的无源组件。光纤连接器基本上是采用某种机械和光学结构，使两根光纤的纤芯对准，保证 90%以上的光能够通过。大多数的光纤连接器一般由两个插针和一个耦合管共 3 个部分组成。

(8) 光纤连接器的性能有光学性能、互换性重复性、抗拉强度、温度和插拔次数等。

(9) 光纤连接器按传输媒介的不同可分为单模光纤连接器和多模光纤连接器；按连接器的插针端面可以分为 FC、PC 和 APC 形；按光纤芯数可分为单芯光纤连接器和多芯光纤连接器；按结构的不同可以分为 FC、SC、ST、SG、MU、LC、MT 等各种形式。

(10) 光缆接续包括缆内光纤、铜导线等的连接以及光缆外护套的连接，其中直埋光缆还应包括监测线的连接。

(11) 光缆接续具有全程接头数量少、接续技术要求高、接头盒内必须有余留长度、接续装置机械拆卸再连接等特点。

(12) 光缆连接部分即光缆接头，是由光缆接续护套将两根被连接的光缆连为一体，由金属构件热可缩管及防水带、黏附聚乙烯带构成的连接护套式光缆接头。

(13) 光缆接续步骤如下：

步骤一：准备(技术、器具、光缆)。

步骤二：接续位置的确定。

步骤三：光缆护套开剥处理。

步骤四：加强芯、金属护层等接续处理。

步骤五：光纤的连接。

步骤六：光纤连接损耗的监测、评价。

步骤七：光纤余留长度的收容处理。

步骤八：光线接头护套的密封处理(封装)。

步骤九：光缆接头的安装固定。

(14) OTDR 监测方法有远端监测、近端监测和远端环回双向监测 3 种主要方式。

复习与思考题

1. 光纤连接技术有哪些？各使用于什么场景？主要有什么方法？
2. 影响光纤连接损耗的因素有哪几个方面？
3. 光纤熔接的方法有哪些？
4. 简述光纤熔接机的种类和特点。
5. 简述光纤熔接的步骤。
6. 采取什么措施进行光纤接头的加强保护？
7. 光纤熔接质量评价的方法有哪些？
8. 光缆接续包括哪些具体的方面？
9. 光缆接续的一般要求是什么？
10. 光缆接续有什么特点？

11. 光缆中加强件和铜导线是如何连接的？

12. 详细叙述光缆接续步骤。

13. 光缆接头位置如何确定？

14. 余留光纤的盘留方式有哪些？

15. 光缆接头的安装固定有什么要求？

16. 光缆接续监测的方法有哪些？各有什么特点？各适用什么情况？

17. 光缆接续监测有什么意义？

18. 如何提高光缆接续质量？

19. 如何评价光缆接头的好坏？

第 4 章　FTTx 终端放装与业务开通配置

本章内容

- 用户侧设备连接
- 网络侧数据配置
- 用户侧终端设备介绍
- 终端业务数据与开通配置

本章重点、难点

- 用户侧终端设备的形态功能
- 设备指示灯的运作意义
- 用户侧终端设备的连接
- ONU 数据配置方法
- 网络侧数据配置方法

本章学习目的和要求

- 能够了解终端设备形态
- 能够掌握设备的指示灯特点
- 能够理解设备配置的意义
- 软件操作与课堂学习结合
- 自学与讨论结合

本章学时数

- 建议 4 学时

4.1　用户侧终端设备连接

在 FTTx 中，用户侧终端主要设备有调制解调器(Modem，俗称光猫)、机顶盒、计算机、电信、电视机等，在进行终端放装时需要注意以下几方面：

(1) 正确选取 Modem 放置位置，要求附近有电源、无线网络，无线网络(WiFi)能覆盖用户计算机的使用范围(部分 ONU 自带 WiFi 功能)。

(2) 正确连接 Modem 与机顶盒、计算机、电话机，使用网线连接计算机、机顶盒、路由器等。

(3) 以目前运营商流行的 4K 机顶盒为例，其连接方法为 Modem 通过网线(或无线)连接到机顶盒，机顶盒通过连接 HDMI 线到电视机，如图 4-1 所示。

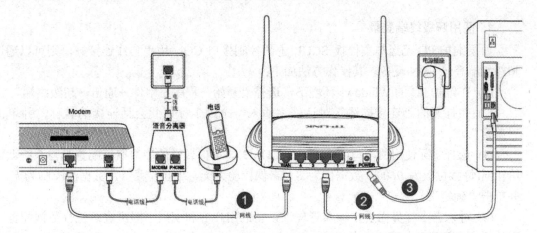

图 4-1　用户侧设备连接图

随着 5G 的逐渐普及，现在主流用户侧设备均支持无线网络连接，随着运营商、设备厂商的发展，逐步向"无线、无限"方向发展。用户侧设备无线缆连接、无限制的连接方法指日可待。无线连接网络图如图 4-2 所示，家庭用户 ONU 只需接入光纤并连入网络，家庭用户侧进行无线路由设置，家用中的手机、iPad、电脑均覆盖在无线网络内。随着 5G 物联网的发展，高带宽的网络均可接入用户，以后的智能家居、安防设备、家庭智能机器人等均在用户侧无线网络覆盖内可以一一实现。

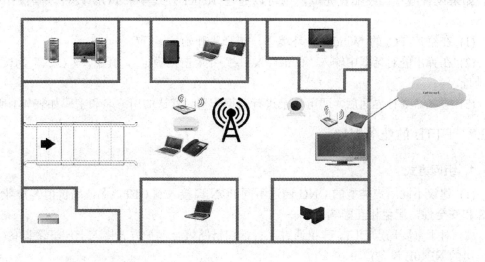

图 4-2　无线连接网络图

4.2　网络侧数据配置

数据配置实现是完成 FTTx 网络建设的关键环节,需要在物理网络建设实现后,由数据机房人员根据具体的规划,进行相应的数据配置。

4.2.1　相关知识

1. 使用超级终端登录

如果维护 PC 已经与主控板 SCUL 上的控制接口 CON 用串口线连接好,则可以通过超级终端登录 PON 设备。其操作方法如下:

(1) 在维护 PC 的 Windows 环境下,选择"开始→程序→附件→通讯→超级终端"。

(2) 在打开的"连接描述"对话框中输入一个用于标识此会话连接的名称,并单击"确定"。

(3) 选择实际使用的串口(COM1 或 COM2),串口属性的参数取值配置为与系统默认值相同(每秒位数为 9600,数据位为 8,奇偶校验为无,停止位为 1,数据流控制为无),并单击"确定"。

(4) 进入命令行界面后,输入管理该设备的用户名和密码,即可登录进行数据配置。默认用户名和密码如表 4-1 所示。

表 4-1　默认用户名和密码

产品名称	用户名	密码	描　述
MA5680T	root	Admin	登录后进入系统管理员模式
MA5620E、MA5616	root	Mduadmin	登录后进入系统管理员模式

2. 使用 Telnet 登录

如果设备网管已经配置完成,则可以通过 Telnet 方式登录 PON 设备。其操作方法如下:

(1) 在维护 PC 的 Windows 环境下,选择"开始→运行"。

(2) 在弹出的对话框中输入"telnet x.x.x.x"并单击"确定",其中"x.x.x.x"为设备的 IP 地址。

(3) 进入命令行界面后,即可登录进行数据配置。默认的用户名和密码如表 4-1 所示。

4.2.2　FTTB 的业务规划

1. 组网方式

(1) 建议不同用户类型的 ONU 通过不同 PON 口接入到 OLT,保证高价值客户业务的 QoS 和安全性,避免相互影响。

(2) 对于重要局点 OLT,建议通过上行端口链路聚合保护方式接入上层汇聚设备(如华为公司的 NE40E 设备)。

(3) 对于有高带宽需求的政企客户,可考虑通过 FE/GE 口采用 P2P 方式接入 OLT,以保证用户独享带宽。

(4) 对于重要局点 ONU，建议通过 TypeB 保护方式接入 OLT。

(5) 同一 ONU 设备不能同时接入住宅用户和企业用户。

2. 上网业务规划

(1) 同一型号 ONU 采用相同的 VLAN 配置，并统一在 OLT 中进行 C→S+C 切换。

(2) 同一型号 ONU 采用相同的模板，如线路模板、DBA 模板、能力集模板。

(3) 在 ONU 设备上基于 VLAN 对上网业务报文重标记 Cos(802.1p)为 0，避免上网业务流量影响其他重要业务。

3. VLAN 规划

VLAN 规划如表 4-2 所示。

表 4-2　VLAN 规划

客户类型	业务类型	VLAN 标记方式	说　明
居民用户	高速上网	S+C/PPPoE	两层 VLAN 标签，精确定位用户
	VoIP 语音	单层 SVLAN	单层 VLAN 标签，标识业务
小企业用户	高速上网	S+C/IPoE	两层 VLAN 标签，精确定位用户
	VoIP 语音	单层 SVLAN	单层 VLAN 标签，标识业务
中大型企业客户	高速上网	单层 SVLAN	单层 VLAN 标签，标识业务
	VoIP 语音	单层 SVLAN	单层 VLAN 标签，标识业务
	视频会议	单层 SVLAN	单层 VLAN 标签，标识业务
	VPN 业务	单层 SVLAN 或 SVLAN+企业 VLAN	采用 L3VPN 时，单层 SVLAN；采用 L2VPN 时，TLS 方式，透传企业 VLAN 标签

4.2.3　FTTB 的业务配置

1. 业务配置流程

FTTB 业务配置流程如图 4-3 所示。

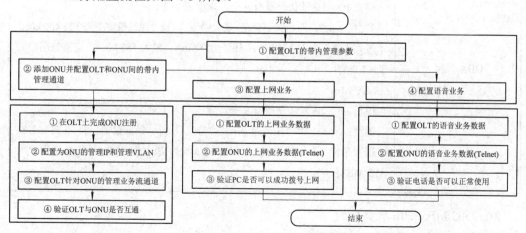

图 4-3　FTTB 业务配置流程

2. 数据规划示例

1) 数据规划

数据规划相关参数及说明如表 4-3 所示。

表 4-3   数 据 规 划

参　　数	参 数 说 明
管理通道参数	管理方式：由网管通过 SNMP 直接管理 管理 IP：10.71.43.26/24 管理 VLAN：4008
业务 VLAN(外层 VLAN)	根据 EPON 端口来划分上网业务 SVLAN： (1) PON 端口 0/1/0 上网业务 SVLAN 为 2000 (2) PON 端口 0/1/1 上网业务 SVLAN 为 2010 根据 EPON 端口来划分语音业务 SVLAN： (1) PON 端口 0/1/0 语音业务 SVLAN 为 2004 (2) PON 端口 0/1/1 语音业务 SVLAN 为 2014
上行端口 ID	0/20/0
PON 接入端口 ID	MA5620E：0/1/0 MA5616：0/1/1
ONU 能力集模板名称	MA5620E：ma5620c MA5616：ma5616
DBA 模板	分别为 MA5620E 和 MA5616 配置 DBA 模板 MA5620E： 模板 ID：10(默认模板有 9 个，索引号为 1～9) 类型：type3，即 "保证带宽+最大带宽"，且 "保证带宽" 为 102 400 kb/s，"最大带宽" 为 153 600 kb/s(保证 100 Mb/s，最大 150 Mb/s，支持每用户大于 4 Mb/s) MA5616： 模板 ID：20(默认模板有 9 个，索引号为 1～9) 类型：type3，即 "保证带宽+最大带宽"，且 "保证带宽" 为 65 536 kb/s，"最大带宽" 为 102 400 kb/s(保证 64 Mb/s、最大 100 Mb/s，支持每用户大于 2 Mb/s)

2) ONU-ME5620E 数据规划

ONU-ME5620E 数据规划相关参数及说明如表 4-4 所示。

表 4-4　ONU-ME5620E 数据规划

参　数		参　数　说　明
管理通道参数		管理方式：由网管通过 SNMP 直接管理 管理 IP：10.71.43.100/14，网关为 10.71.43.1/24 管理 VLAN：4008 认证方式：MAC 认证
业务 VLAN(CVLAN)		上网业务：501～524(一个用户分配一个 VLAN) 语音业务：4004(OLT 上的一个 PON 端口分配一个 VLAN)
ONU ID		0
PON MAC 地址		0000-0000-3000
上行端口		0/20/1(PON 光口)
上网 用户	FE 端口	0/1/1～0/1/24
	下行速率/(Mb/s)	4
	上行速率/(Mb/s)	4
语音 用户	MG 接口支持的协议	H.248
	MG 接口号	0
	MG 接口的数据传输模式	UDP
	MG 接口的信令端口号和 主用 MGC 端口号	2944(必须与"text"文件传输模式对应)
	MG 接口的媒体/ 信令 IP 地址	10.71.0.127/24
	媒体流网关 IP 地址	10.71.0.1
	MG 接口所属主用 MGC 的 IP 地址	10.71.0.30/14
	MG 终端标识	从 0 开始，步进值为 1(默认)
	POTS 端口	0/1/1～0/1/24(支持 24 路语音)，电话号码依次为 84700100～ 84700123

3. 管理数据配置实现

(1) 创建 SmartVLAN，ID 为 4008，作为 OLT 与 ONU 之间的管理 VLAN，配置为：

```
MA5680T(config)#vlan 4008 smart
```

(2) 把上行口 0/10/0 加入上述管理 VLAN，配置为：

```
MA5680T(config)#port vlan 4008 0/20 0
```

(3) 创建 VLAN4008 的三层接口，并从 confing 模式切换为 vlanif 模式，即 VLAN 三层接口配置模式，配置为：

```
MA5680T(config)#interface vlanif 4008
```

(4) 在 VLAN 三层接口中配置 IP 地址 10.71.43.26/24，作为 OLT 的带内网网管 IP，配置为：

```
MA5680T(config-if-vlanif4008)# ip address 10.71.43.2624
```

(5) 配置默认路由，其中静态路由 IP 为 0.0.0.0/0.0.0.0，网关 IP 为 10.71.43.1，配置为：

```
MA5680T(config-if-vlanif4008)#quit
MA5680T(config-if-vlanif4008)# ip route-static 0.0.0.0 0 10.71.43.1
```

(6) 在 OLT 上完成 ONU 注册。

(可选)在 OLT 上新增针对 EPON ONU 的能力集模板，模板名称为 ma5620e，ONU 管理模式选择"1"(即 SNMP)。

(7) 配置 ONU 的管理 IP 和管理 VLAN。

设置 ONU 的带管理 IP 地址为 10.71.43.100/255.255.255.0，网关为 10.71.43.1，管理 VLAN 为 400(与 OLT 下行管理 VLAN 对应一致)，配置为：

```
MA5680T(config-if-epon-0/1)#ont ipconfig 0 0 ip-address 10.71.43.100 mask 255.255.255.0
gateway 10.71.43.1 manage-vlan 4008
```

(8) 设置 PON 口为"基于 VLAN"的报文 tag 切换(添加或剥离)方式，配置为：

```
MA5680T(config-if-epon-0/1)#port 0 tag-based-vlan
```

(9) 配置 OLT 针对 ONU 的管理业务流。系统从 epon 模式退回到 confing 模式，配置为：

```
MA5680T(config-if-epon-0/1)# quit
MA5680T(config)#
```

在 EPON 端口 0/1/0 和 ID 为 0 的 ONU 之间建立多业务虚通道，并将此业务流绑定下行的管理 VLAN4008，user-vlan 为 4008(与 ONU 上行的管理 VLAN 对应一致)，配置为：

```
MA5680T(config)#service-port vlan 4008 epon 0/1/0 ont 0 multi-service user-vlan 4008
```

(10) 验证 ONU 与 OLT 是否互通。在 OLT 上验证是否能 ping 通 ONU 的管理 IP，如果成功返回消息，则可以在 OLT 上 Telnet 配置 ONU 的其他数据。配置为：

```
MA5680T(config)#ping 10.71.43.100
```

(11) 在正常收到回复报文后，保存上述所有配置，配置为：

```
MA5680T(config)#save
```

4. 上网业务配置实现

上网业务配置流程如图 4-4 所示。

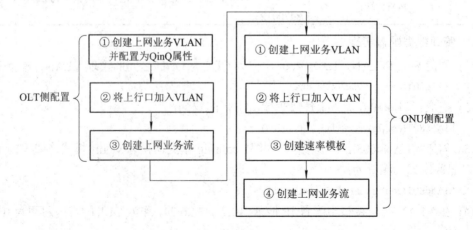

图 4-4　上网业务配置流程

1) 配置 OLT 针对 ONU 的上网业务数据

(1) 创建 Smart VLAN 2000,用于标识 PON 口 0/1/0 下上网业务 VLAN,配置为:

```
MA5680T(config)# vlan 2000 smart
```

(2) 修改 VLAN 属性为 QinQ,配置为:

```
MA5680T(config)# vlan attrib2000 q-in-q
```

(3) 把上行口 0/20/0 加入上述宽带业务 VLAN,配置为:

```
MA5680T(config)#port vlan 2000 0/20 0
```

(4) 配置 OLT 针对 ONU 的上网业务流,在 EPON 端口 0/1/0 和 ID 为 0 的 ONU 之间建立 24 条 PPPoE 业务流(CVLAN 为 501-524),配置为:

```
MA5680T(config)#service-port vlan 2001 epon 0/1/0 ont 0 multi-service user-vlan 501
```

(5) 采用相同的方法配置 user-vlan 为 502-523 的业务流,此处省略具体命令,配置为:

```
MA5680T(config)#service-port vlan 2001 epon 0/1/0 ont 0 multi-service user-vlan 524
```

(6) 保存上述所有配置,配置为:

```
MA5680T(config)#save
```

2) 在 OLT 上 Telnet 登录 ONU 并配置数据

(1) 在 OLT 上 Telnet ONU 的管理 IP,无须切换命令行界面即可继续操作,配置为:

```
MA5680T(config)#telnet 10.71.43.100
```

(2) 进入 ONU 的命令行界面后,输入管理该设备的默认用户名 root 和默认密码 mduadmin,登录 ONU 后即可开始配置。配置为:

```
>>User name:root
>>User password:mduadmin
```

(3) 依次使用命令 enable 和 config 进入全局配置模式,配置为:

```
MA5620E>enable
MA5620E#config
```

(4) 创建 SmartVLAN501~524,用于标识 24 个上网用户的业务 VLAN。配置为:

```
MA5620E (config)# vlan 501 to 524 smart
```

(5) 把上行口 0/0/1 加入上述宽带业务 VLAN,配置为:

```
MA5620E(config)# port vlan 501 to 524 0/0 1
```

(6) 删除 ONU 上已有的所有业务流,确保后续的业务流添加成功,配置为:

```
MA5620E(config)# undo service-port all
```

(7) (可选)配置流量模板用于限速,模板索引号为 8,保证信息速率(即 cir 参数值)为 4 Mb/s。配置为:

```
MA5620E (config)# traffic table ip index 8 cir 4096 priority 0 priority-policy tag-In-Packag
```

(8) 配置 ONU 针对 PC 用户的上网业务流,在 FE 端口 0/1/1~0/1/24 与 PC 之间建立

24 条业务虚通道，下行速率限制为 4 Mb/s(即绑定流量模板 8)。配置为：

> MA5620E(config)# service-port vlan 501 eth 0/1/1multi-service user-vlan untagged rx-cttr 8　 tx-cttr 8

(9) 采用相同的方法配置业务 VLAN 为 502～523 的业务流，此处省略具体命令。配置为：

> MA5620E(config)# service-port vlan 524 eth 0/1/24multi-service user-vlan untagged rx-cttr 8 tx-cttr 8

(10) 保存上述所有配置，配置为：

> MA5680T(config)#save

4.2.4　FTTH 的业务规划

1. 组网规划

(1) 建议不同用户类型的 ONT 通过不同 PON 口接入到 OLT，保证高价值客户业务的 QoS 和安全性。

(2) 对于重要局点 OLT 建议通过上行端口链路聚合保护方式接入上层汇聚设备(如华为公司的 NE40E 设备)。

(3) 同一 ONT 设备不能同时接入住宅用户和企业用户。

2. 设备管理

1) 认证方式

统一采用 LOID 认证，LOID 的规划需要全局考虑，规划原则如下：

(1) LOID 全局唯一。

(2) LOID 需要兼容之前 Key 认证的 EPON ONT。

(3) LOID 取值尽量有实际意义(如能直观标识出设备的物理位置、IP 等)。

LOID 认证方式有两种，一种是采用最长 24 字符的 LOID 进行认证，另一种是采用最长 24 字节、LOID+最长 12 字符的 CC(CheckCode)进行认证。用户可根据实际规划情况进行选择，一般建议全网统一采用一种方式，本文档采用 LOID 认证。

2) 设备管理方式

FTTH 组网模式下 EPON ONT 设备通过 OAM 进行管理。

3. 业务规划

(1) 同一型号 ONT 采用相同的配置，以屏蔽 ONT 的差异，简化配置和维护。

(2) 同一型号 ONT 采用相同的各种模板，如线路模板、DBA 模板、业务模板。

(3) 同一 ONT 同时承载宽带上网、VOIP、IPTV(VoD 和 BTV)业务，且业务间相互独立，互不影响。

4. VLAN 规划

VLAN 用于实现用户和业务的隔离、标识、管理和控制。VLAN 规划遵循以下分配原理：

(1) 对于每个 PON 口来说，承载的业务有宽带上网(PPPoE)、ITMS、VOIP、IPTV(VoD 和 BTV)业务。前 3 种业务 VLAN 属性为 QinQ，VoD 业务 VLAN 属性为 Stacking，BTV

业务 VLAN 属性为 Common。

(2) 所有的业务 VLAN 和网管管理 VLAN 都必须在开局时手工配置在 OLT 上。

(3) 所有 VLAN 都从上行口透传。

遵循以上 VLAN 分配原则，本实例规划的全网 VLAN 如表 4-5 所示。

表 4-5　VLAN 规划

业务	优先级	外层 VLAN	内层	描　述
PPPoE	0	200～2200 VLAN 类型：Smart VLAN VLAN 属性：QinQ	1001～2000	双 tag，每个 PON 口规划同一外层 VLAN(规则：2000+EPON 端口 ID)，内层标识用户(规划：1000+用户 ID)
VoIP	6	2201～2400 VLAN 类型：Smart VLAN VLAN 属性：QinQ	45	双 tag，每个 PON 口规划同一外层 VLAN(规则：2200+EPON 端口 ID)内层 VLAN 统一为 45
VoD	3	2401～2600 VLAN 类型：Smart VLAN VLAN 属性：Stacking	43	双 tag，每个 PON 口规划同一外层 VLAN(规则：2400+EPON 端口 ID)内层 VLAN 统一为 43
BTV	3	MVLAN：3201～3205 目前使用 3990 VLAN 类型：Smart VLAN	—	每个 OLT 规划同一组播 VLAN，与 VoD 共业务通道
ITMS	5	2601～2800 VLAN 类型：SmartVLAN VLAN 属性：QinQ	46	双 tag，每个 PON 口规划同一外层 VLAN(规则：2600+EPON 端口 ID)内层 VLAN 统一为 46

5. IP 地址规划

IP 地址规划遵循以下分配原则：

(1) 综合考虑 IP 网的地址分配，充分利用私网地址，节省公网 IP 地址资源，按业务类型分配 IP 地址段，并充分考虑网络安全性能。

(2) OLT 设备应分配静态私网 IP 地址。需保证同一业务路由器(Service Router，SR)下通过带内管理的设备网管 IP 地址在同一网段，且默认 IP 配置原则网关为 SR。

(3) ONT、各用户终端设备 IP 地址可根据相应业务需要，选择动态分配(由 BRAS 或 DHCP Server 分配)，且需要给同一 SR 下属于同一个 VLAN 的终端分配相同网段的 IP 地址，以便于部署安全策略和进行路由规划。

(4) 上网业务：通过 PPPoE 方式动态获取公网 IP 地址。

(5) VoIP 业务：采用 DHCP 动态获取私网 IP 地址。

(6) VoD/BTV 业务：通过 DHCP 动态获取私网 IP 地址，在 BRAS 上为 VoD/BTV 业务分配专门的私网地址池。

4.3 用户侧终端设备简介

4.3.1 用户侧终端设备(光猫或 ONU)

本节均以市面上比较常见的 ONU 型号为例进行说明。

1. 某电信 ONU 设备

某 ONU 设备实物图如图 4-5 所示,终端提供 2 个 POTS 口、4 个以太口。在用户只受理开通一个电话号码的情况下,默认话机接在 TEL1 口。默认情况下,用户宽带上网 PC 连接在 LAN1 口、IPTV 机顶盒连接 LAN2 口。

(a) 某电信 ONU 设备正面　　　　　　　　　(b) 某电信 ONU 设备背面

图 4-5　某电信 ONU 设备实物图

某 ONU 设备的额定电压为 12 V,额定电流为 2.0 A。各指示灯含义如表 4-6 所示。

表 4-6　指示灯说明

指示灯名称	颜色	通用标识文字	通用中文标识文字	显 示 功 能
电源 状态灯	绿色	POWER	电源	熄灭:表示系统未上电
				常亮:表示系统正常上电
PON 状态 灯	绿色	PON	网络 E	熄灭:表示 ONU 未开始注册流程
				常亮:表示 ONU 已经注册
				闪烁:表示 ONU 正在进行注册
光信号 状态灯	红色	LOS	光信号	熄灭:表示 ONU 接受光功率正常
				常亮:表示 ONU PON 口光模块电源关断
				闪烁:表示 ONU 接收光功率低于接收机 灵敏度
告警灯	绿色	ALARM	设备告警	熄灭:设备运行正常
				常亮:设备存在故障
				闪烁:设备软件下载或升级过程中

续表

指示灯名称	颜色	通用标识文字	通用中文标识文字	显 示 功 能
以太网口 状态灯	绿色	LAN1	网口 1	熄灭：表示系统未上电或网口未连接网络设备
		iTV	iTV 口	常亮：表示网口已连接，但无数据传输
		LAN3	网口 3	闪烁：表示有数据传输
		LAN4	网口 4	
语音 状态灯	绿色	POTS1	语音口 1	熄灭：表示系统未上电或者无法注册到软交换/IMS
		POTS2	语音口 2	常亮：表示已经注册到软交换/IMS，但无业务流
				闪烁：表示有业务流传输
USB 口 状态灯	绿色	USB	USB	熄灭：表示系统未上电或 USB 口未连接
				常亮：表示 USB 口已经连接且工作于 Host 方式，但无数据传输
				闪烁：表示有数据传输
WLAN 口 状态灯	绿色	WLAN	无线	熄灭：表示系统未上电或无线接口被禁用
				常亮：表示无线接口已启用
				闪烁：表示数据传输
WPS 状态灯	绿色 或多 色	WPS	无线对码	黄色闪烁：进行中
				红色闪烁：错误、检测到会话重叠
				绿色常亮：成功

2. 中兴 F460

中兴 F460 实物图如图 4-6 所示。

(a) F460 正面

(b) F460 背面

图 4-6　中兴 F460 实物图

　　终端提供 2 个 POTS 口和 4 个以太口。在用户只受理开通一个电话号码的情况下，默认话机接在 TEL1 口。默认情况下，用户宽带上网 PC 连接在 LAN1 口、ITV 机顶盒连接在 LAN2 口。各指示灯如表 4-7 所示。

表 4-7　指 示 灯 说 明

指示灯名称	颜色	通用标识文字	通用中文标识文字	显 示 功 能
电源状态灯	绿色	POWER	电源	熄灭：表示系统未上电
				常亮：表示系统正常上电
PON状态灯	绿色	PON	网络 E	熄灭：表示 ONU 未开始注册流程
				常亮：表示 ONU 已经注册
				闪烁：表示 ONU 正在进行注册
光信号状态灯	红色	LOS	光信号	熄灭：表示 ONU 接收光功率正常
				常亮：表示 ONU PON 口光模块电源关断
				闪烁：表示 ONU 接收光功率低于光接收机灵敏度
告警灯	绿色	ALARM	设备告警	熄灭：设备运行正常
				常亮：设备存在故障
				闪烁：设备软件下载或处于升级过程中
以太网口状态灯	绿色	LAN1～LAN4	网口 1	熄灭：表示系统未上电或网口未连接网络设备
			iTV	常亮：表示网口已连接，但无数据传输
			网口 3	闪烁：表示有数据传输
			网口 4	闪烁：表示有数据传输
语音状态灯	绿色	POTS1	语音 1	熄灭：表示系统未上电或者无法注册到软交换/IMS
			语音 2	常亮：表示已经注册到软交换/IMS，但无业务流
				闪烁：表示有业务流传输
USB 口状态灯	绿色	USB	USB	熄灭：表示系统未上电或 USB 口未连接
				常亮：表示 USB 口已经连接且工作于 Host 方式，但无数据传输
				闪烁：表示有数据传输
WLAN 口状态灯	绿色	WLAN	无线	熄灭：表示系统未上电或无线接口被禁用
				常亮：表示无线接口已启用
				闪烁：表示数据传输
WPS状态灯	绿色或多色	WPS	无线对码	黄色闪烁：进行中
				红色闪烁：错误、检测到会话重叠
				绿色常亮：成功

3. 某电信华为 ONU 设备

某电信华为 ONU 设备实物图如图 4-7 所示。终端提供 2 个 POTS 口和 4 个以太口。在用户只受理开通一个电话号码的情况下，默认话机接在 TEL1 口。默认情况下，用户宽带上网 PC 连接在 LAN1 口、ITV 机顶盒连接在 LAN2 口。各指示灯如表 4-8 所示。

(a) 某电信华为 ONU 设备正面

(b) 某电信华为 ONU 设备背面

图 4-7　某电信华为 ONU 设备

表 4-8　指示灯说明

指示灯名称	颜色	通用标识文字	通用中文标识文字	显 示 功 能
电源状态灯	绿色	POWER	电源	熄灭：表示系统未上电
				常亮：表示系统正常上电
PON状态灯	绿色	PON	网络 E	熄灭：表示 ONU 未开始注册流程
				常亮：表示 ONU 已经注册
				闪烁：表示 ONU 正在进行注册
光信号状态灯	红色	LOS	光信号	熄灭：表示 ONU 接收光功率正常
				常亮：表示 ONU PON 口光模块电源关断
				闪烁：表示 ONU 接收光功率低于光接收机灵敏度
告警灯	绿色	ALARM	—	熄灭：设备运行正常
				常亮：设备存在故障
				闪烁：设备软件下载或处于升级过程中

续表

指示灯 名称	颜色	通用标识 文字	通用中文 标识文字	显 示 功 能
以太网口 状态灯	绿色	LAN1～ LAN4	网口 1	熄灭：表示系统未上电或网口未连接网络设备
			iTV	常亮：表示网口已连接，但无数据传输
			网口 3	闪烁：表示有数据传输
			网口 4	
语音 状态灯	绿色	POTS1	语音 1	熄灭：表示系统未上电或者无法注册到软交换/IMS
			语音 2	常亮：表示已经成功注册到软交换/IMS，但无业务流
				闪烁：表示有业务流传输
USB 口 状态灯	绿色	USB	USB	熄灭：表示系统未上电或 USB 口未连接
				常亮：表示 USB 口已经连接且工作于 Host 方式，但 无数据传输
				闪烁：表示有数据传输
WLAN 口 状态灯	绿色	WLAN	无线	熄灭：表示系统未上电或无线接口被禁用
				常亮：表示无线接口已启用
				闪烁：表示有数据传输
WPS 状态灯	绿色 或多 色	WPS	无线对码	黄色闪烁：进行中
				红色闪烁：错误、检测到会话重叠
				绿色常亮：成功

4.3.2 FTTH 的数据配置

1. 数据规划

1) 网管服务器数据规划

网管服务器数据规划如表 4-9 所示。

表 4-9　网管服务器规划

参　　数	参　数　说　明
IP 地址	10.20.30.10/24
SNMP 参数	模板名称：eponv1 SNMP 协议版本：V1 读团体：eponpublic 写团体：eponprivate Trap 主机名：u2000 Trap 参数名：u2000 其他参数取默认值

2) OLT 数据规划

OLT 数据规划如表 4-10 所示。

表 4-10 OLT 数据规划

参　数	参　数　说　明
管理通道参数	管理方式：由网管通过 SNMP 直接管理带外管理 IP 地址为 10.10.10.2/24
业务 VLAN (外层 VLAN)	对于 ITMS 业务、PPPoE 业务、VoIP 业务和 VoD 业务，均根据 EPON 端口来划分 SVLAN 本示例以此为例： EPON 端口 0/1/1，SVLAN 分别为 ITMS：2601 PPPoE：2001 VoIP：2201 VoD：2401 对于 BTV 业务： 根据 OLT 来区分，每 OLT 分配一个 MVLAN，和 VoD 业务共通道，取值为 3201～3205(目前使用 3990 为例)
组播业务	组播 VLAN：3990 IGMP 模式：OLT 使用 IGMP snooping IGMP 协议版本：V2 组播节目：239.93.0.1-239.93.1.254
上行端口 ID	0/19/0
HG8245 接入 IPTV 机顶盒端口	ETH2
IP 流量模板	HG824x：模板名称为 DEFAULT_NOCOS(PPPoE)、EFAULT_SCOS6_CCOS6 (VoIP)、DEFAULT_SCOS5_CCOS5(ITMS)、DEFAULT_SCOS3_CCOS3(VoD)，其中保证速率：PPPoE 不限速(在 BRAS 上限速)，VoD 不限速
	上行优先级策略：分别指定优先级为 0(PPPoE)、6(VoIP)、5(ITMS)、3(VoD) 下行优先级策略：Local-Setting(根据流量模板中指定的 802.1p 优先级进行调度)
DBA 模板	模板名称：FTTH 类型：type4，即"最大带宽"，"最大带宽"为 38 400 kb/s
业务模板	模板名称：HG8245 POTS 端口数：2 ETH 端口数：4
线路模板	模板名称：HG8245-30M，FEC 开关：打开，加密类型：Triple-Churining
模板集	模板名称：HWHG8245(注意该模板需要与同步工单系统一致)

3) ONU 数据规划

ONU 数据规划如表 4-11 所示。

表 4-11　ONU 数据规划

配　置　项	数　　据
管理通道参数	管理方式：由 IMTS 通过 TR069 管理 认证方式：LOID 认证
VLAN	上网业务 VLAN：1001 VoD 业务 VLAN：3990 语音业务 VLAN：45(E8-C 终端出厂默认配置) ITMS 业务 VLAN：46(E8-C 终端出厂默认配置) BTV 业务 VLAN：在 OLT 上配置，ONT 不涉及
ONT ID	2
LOID	CD1343210087

2. OLT 数据配置

1) 配置 EPON ONT 模块

EPON ONT 模块包括 DBA 模板、线路模板和业务模板。DBA 模板：描述 EPON 的流量参数，LLID 通过绑定 DBA 模板进行动态分配带宽，提高上行带宽利用率；线路模板：主要描述 LLID(Logic Link ID)和 DBA 模板的绑定关系；业务模板：为采用 OMCI 方式管理的 ONT 提供业务配置渠道。

(1) 配置 DBA 模板。

可以先使用“display dba-profile”命令查询系统中已存在的 DBA 模板。如果系统中现用的 DBAM 模板不能满足需求，则需要执行“dba-profile add”命令来添加。模板的索引号为 20，类型为 Type4，最大带宽为 100 Mb/s。配置为：

```
Huawei(config)#dba-profile add profile-id 20 type4 max 102400
```

(2) 配置 ONT 线路模板。

模板 ID 为 10，LLID 的 DBA 模板 ID 为 20。去使能 FEC 功能(默认)不能进行流量限速(默认)。配置为：

```
Huawei(config)#ont-lineprofile epon profile-id 10

Huawei(config-epon-lineprofile-10)#llid dba-profile-id 20

Huawei(config-epon-lineprofile-10)#commit

Huawei(config-epon-lineprofile-10)#quit
```

(3) 配置 ONT 业务模板。

业务模板需要与实际 ONT 类型保持一致，本例以 ONU 为例，包括 4 个 ETH 端口和 2 个 POTS 端口。配置为：

```
Huawei(config)#ont-srvprofile epon profile-id 10

Huawei(config-epon-srvprofile-10)#ont-port eth 4 pots 2
```

配置完成后使用 commit 命令使配置的参数生效，配置为：

```
Huawei(config-epon-srvprofile-10)#commit

Huawei(config-epon-srvprofile-10)#quit
```

2) 在 OLT 上添加 ONT

ONT 通过光纤连接到 OLT 的 PON 接口，需要先在 OLT 上成功连接 ONT 后，才能进行业务配置。ONT 接在 EPON 端口 0/1/1 下，ONT ID 为 1 和 2，MAC 地址为 001E-E3F4-0473 和 0016-ECC5-4B80。管理模式为 OAM，绑定 ONT 线路模板 ID 为 10，ONT 业务模板 ID 为 10。

增加 ONT 有两种方式，请根据实际情况进行选择。

(1) 离线方式添加 ONT。在已经获悉 ONT 的密码或者 MAC 地址的情况下，可以使用"ont add"命令离线增加 ONT。

通过离线方式增加 ONT 的配置如下：

    Huawei(config)#interface epon 0/1
    Huawei (config-if-epon-0/1)#ont add 1 1 mac-auth 001E-E3F4-0473 oamont-lineprofile-id 10 ont-srvprofile-id 10
    Huawei (config-if-epon-0/1)#ont add 1 2 mac-auth 0016-ECC5-4B80 oamont-lineprofile-id 10 ont-srvprofile-id 10

(2) 自动发现方式添加 ONT。在 ONT 的密码或 MAC 地址未知的情况下，先在 EPON 模式下使用"port ont-auto-find"命令使能 EPON 端口的 ONT 自动发现功能，然后使用"ont confirm"命令确认 ONT。

通过自动发现方式增加 ONT 的配置如下：

    Huawei(config)#interface epon 0/1
    Huawei(config-if-epon-0/1)#port 1 ont-auto-find enable
    Huawei(config-if-epon-0/1)#display ont autofind 1   //该命令会显示通过分光器接入到该 EPON
                                        端口的所有 ONT 的信息
    Huawei(config-if-epon-0/1)#ont confirm 1 ontid 1 mac-auth 001E-E3F4-0473 oamont-lineprofile-id 10 ont-srvprofile-id 10
    Huawei(config-if-epon-0/1)#ont confirm 1 ontid 1 mac-auth 0016-ECC5-4B80 oamont-lineprofile-id 10 ont-srvprofile-id 10

3) 确认 ONT 状态为正常

配置如下：

    Huawei(config-if-epon-0/1)#display ont info 1 10
    ·······························
    F/S/P:0/1/1
    ONT-ID:1
    Control flag:active   //说明 ONT 已经激活
    Run state:online   //说明 ONT 已经正常在线
    Config state:normal   //说明 ONT 配置恢复状态正常
    Match state:match   //说明 ONT 绑定的能力模板与 ONT 实际能力一致

(1) 当出现 ONU 配置状态失败、ONU 无法 up、ONU 不匹配等情况时，如果"Controlflag"为"deactive"，则需要在 GPON 端口模式下使用"ont activate"命令激活 ONU。

(2) 如果出现 ONU 无法 up，即"Run state"为"offline"，则可能是物理线路中断，也可能是光模块损坏，需要从设备和线路两方面排查。

(3) 如果出现 ONU 配置状态失败，即"Config state"为"failed"，则说明配置的 ONU 能力集超出了 ONU 实际支持的能力，需要在诊断模式下使用"display ont failed-configuration"命令查看配置失败项及原因，根据具体情况进行修改。

(4) 如果出现 ONU 不匹配，即"Matchstate"为"mismatch"，则说明配置的 ONU 的端口类型和数目小于 ONU 实际支持的端口类型和端口数。可使用"display ont capability"命令查询 ONU 的实际能力，然后选择下面的其中一种方式修改 ONU 的配置。

① 依据 ONU 实际能力新建合适的 ONU 模板，并使用"ontmodify"命令修改 ONU 的配置数据。

② 依据 ONU 实际能力修改 ONU 模板并保存，ONU 会自动配置恢复成功。

4) 配置业务

(1) 配置上网业务。

① 创建业务 VLAN 并配置上行口：VLANID 为 2001，VLAN 类型为 Smart。将上行端口 0/19/0 加入到 VLAN2001 中。配置为：

　　　Huawei(config)#vlan2001 smart

　　　Huawei(config)#port vlan2001 0/19 0

② 配置流量模板：可以使用"display traffic table ip"命令查询系统中已存在的流量模板。如果系统中现有的流量模板不能满足需求，则需要执行"traffic table ip"来添加。模板 ID 为 8，保证信息速率为 4 Mb/s，优先级为 1，按照报文中所带的优先级进行调度。配置为：

　　　Huawei(config)#traffic table ip index 8 cir 4096 priority 1 priority-policy tag-In-Package

③ 创建业务流：业务流索引为 1 和 2，ONTID 为 1 和 2，业务 VLAN 为 2001，用户 PC 连接到 ONT 上 ID 为 1 的 ETH 端口，使用索引为 8 的流量模板。配置为：

　　　Huawei(config)#service-port 1 vlan2001epon 0/1/1 ont 1 eth 1 multi-service user-vlanuntatagged inbound traffic-table index 8 outound traffic-table index 8

　　　Huawei(config)#service-port 2 vlan2001epon 0/1/1 ont 2 eth 1 multi-service user-vlanuntatagged inbound traffic-table index 8 outound traffic-table index 8

(2) 配置语音业务。

① 创建业务 VLAN 并配置其上行口 VLANID 为 2201，VLAN 类型为 Smart，将上行端口 0/19/0 加入到 VLAN2201 中。配置为：

　　　Huawei(config)#vlan 2201 smart

　　　Huawei(config)#port vlan 2201 0/19 0

② 配置流量模板：可以使用"display traffic table ip"命令查询系统中已存在的流量模板。如果系统中现有的流量模板不能满足需求，则需要执行"traffic table ip"来添加。模板 ID 为 9，上下行均不限制速度，优先级为 6，按照报文中所带的优先级进行调度。配置为：

　　　Huawei(config)#traffic table ip index 9 cir off priority 6 priority-policy tag-In-Packag

③ 创建业务流索引为 3 和 4，业务 VLAN 为 2201，用户侧 VLAN 为 45，用户话机连接到 ONT 上的 POTS 端口，使用索引为 9 的流量模板。注意：对于 EPBA 单板，业务 VLAN

与用户侧 VLAN 需要设置成相同的 VLAN。配置为：

Huawei(config)#service-port 3 vlan 2201 epon 0/1/1 ont 1 multi-service user-vlan 45 inbound traffic-table index 9 outbound traffic-table index 9

Huawei(config)#service-port 4 vlan 2201 epon 0/1/1 ont 2 multi-service user-vlan 45 inbound traffic-table index 9 outbound traffic-table index 9

(3) 配置 IPTV 业务。

① 创建业务 VLAN 并配置其上行口：VLANID 为 2401，VLAN 类型为 Smart，将上行端口 0/19/0 加入到 VLAN2401 中。配置为：

Huawei(config)#vlan 2401 smart

Huawei(config)#port vlan 2401 0/19 0

② 配置流量模板：可以使用 "display traffic table ip" 命令查询系统中已存在的流量模板。如果系统中现有的流量模板不能满足需求，则需要执行 "traffic table ip" 来添加。模板 ID 为 10，上下行均不限制速度，优先级为 4，按照报文中所带的优先级进行调度。配置为：

Huawei(config)#traffic table ip index 10 cir off priority 4 priority-policy tag-In-Package

③ 创建业务流，配置为：

Huawei(config)#service-port 5 vlan 2401 epon 0/1/1 ont 1 eth 2 multi-service user-vlan 2 inbound traffic-table index 10 outbound traffie-table index 10

Huawei(config)#service-port 6 vlan 2401 epon 0/1/1 ont 2 eth 2 multi-service user-vlan 2 inbound traffic-table index 10 outbound traffie-table index 10

④ 创建组播 VLAN 并选择 IGMP 模式、组播 VLANID 为 2401,使用 IGMPproxy 模式。配置为：

Huawei(config)#multicast-vlan 2401

Huawei(config-mvlan2401)#igmp mode prox

Are you sure to change IGMP mode ? (y / n) [n] :y

⑤ 配置 IGMP 版本：设置组播 VLAN 的 IGMP 版本为 IGMPV2。配置为：

Huawei(config-mvlan2401)#figmp version v2

⑥ 配置上行端口：IGMP 上行端口号 0/19/0；组播上行端口模式为 default，协议报文向项目所在 VLAN 包含的所有组播上行端口发送。配置为：

Huawei(config-mvlan2401)#igmp uplink-port 0/19/0

Huawei(config-mvlan2401)#btv

Huawei(config-btv)#igmp uplink-port-mode defaul

Are you sure to change the uplink port mode?(y / n) [n]:y

⑦ 配置项目组播 IP 地址为 224.1.1.10，项目名称为 programl，项目源 IP 地址为 10.10.10.10。配置为：

Huawei(config-btv)#multicast-vlan2401

Huawei(config-mvlan2401) #igmp program add name programl ip 224.1.1.10 sourceip 10.10.10.10

⑧ 配置权限模板：模板名称 profile0，可观看项目 programl。配置为：

Huawei(config-mvlan2401)#btv

Huawei(config-btv)#igmp profile add profile-name profile0

Huawei(config-btv)#igmp profile profile-name profile0 program-name programl watch

⑨ 配置组播用户：将索引号为 5 和 6 的业务流添加为组播用户，并绑定权限模板 profile0。配置为：

Huawei(config-btv)#igmp policy service-port 5 normal

Huawei(config-btv)#igmp policy service-port 6 normal

Huawei(config-btv)#igmp user add service-port 5 auth

Huawei(config-btv)#igmp user add service-port 6 auth

Huawei(config-btv)#igmp user bind-profile service-port 5 profile-name profile0

Huawei(config-btv)#igmp user bind-profile service-port 6 profile-name profile0

Huawei(config-btv)#multicast-vlan2401

Huawei(config-mvlan2401)#igmp multicast-vlan member service-port 5

Huawei(config-mvlan2401)#igmp multicast-vlan member service-port 6

⑩ 保存数据，配置为：

Huawei(config-mvlan2401)#quit

4.4 用户侧终端设备数据配置

4.4.1 配置计算机 IP 地址

完成硬件连接后，使用 IE 浏览器登录终端进行配置。登录终端前，必须保证计算机的 IP 地址为 192.168.1.0 网段。获取 IP 地址的方法有两种，一种是让计算机连接到终端后通过 DHCP 的方式自动获取 IP 地址；另一种是手动配置电脑的 IP 地址。

1. 自动获取 IP 地址操作

在"网络和 Internet"中打开连接页面，找到电脑网卡以太网，点击鼠标右键选择"属性"，如图 4-8 所示。

图 4-8　网络设置(1)

　　进入"属性"后双击"Internet 协议"，这里需要注意，目前国内还是在 Ipv4 网段。在弹出的对话框中选择"自动获取 IP 地址"，如图 4-9 所示。

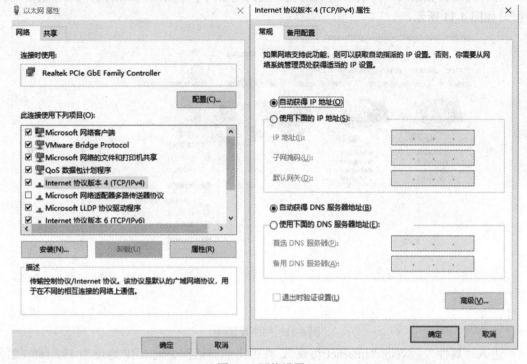

图 4-9　网络设置(2)

　　逐层确定后，系统会通过 DHCP 方式向终端请求 IP 地址，完成交互后，计算机会获得一个 IP 地址，如图 4-10 所示。

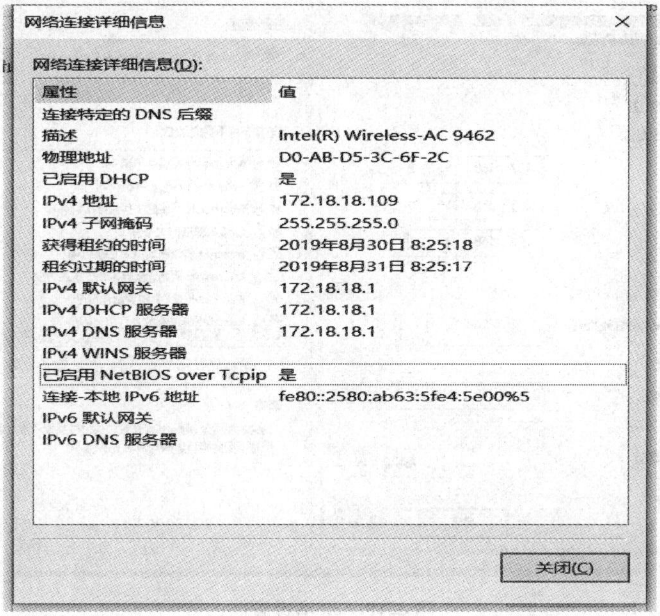

图 4-10　网络设置(3)

2. 手动指定 IP 地址操作

在"网络和 Internet"中打开连接页面，找到电脑网卡以太网，点击鼠标右键选择"属性"，如图 4-11 所示。

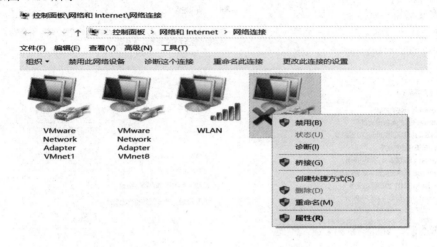

图 4-11　网络设置(4)

进入"属性"后双击"Internet 协议"，在弹出的对话框中输入 IP 地址为 192.168.1.2，子网掩码为 255.255.255.0，默认网关为 192.168.1.1，如图 4-12 所示。

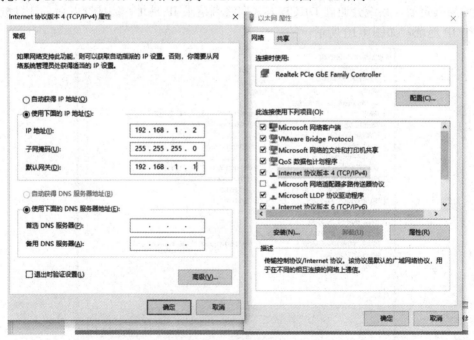

图 4-12　网络设置(5)

完成上述操作后，即可登录到终端，进行注册和配置。

4.4.2　自动配置流程

1. 如何打开注册页面

下面以移动某型号光猫为例,其他品牌 ONU 操作方法类似。

用电脑连接光猫(LAN1 口)并打开浏览器,可以选择 IE、Firefox、Chrome、360 浏览器、搜狗浏览器、遨游浏览器等。在地址框中输入"192.168.1.1/login.html"回车,进入管理员账户登录界面,如图 4-13 所示。

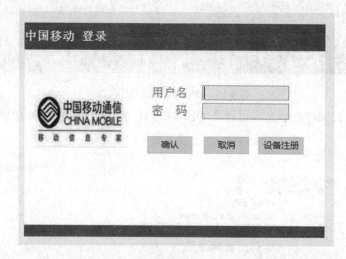

图 4-13　管理员账户登录界面

2. 注册开通过程及状态

在注册开通前,先执行 PON 激活的步骤,待收到 PON 激活成功的短消息后开始注册开通。

在管理员账号页面点击右下角"设备注册"按钮,会直接弹出"Password 注册"界面,如图 4-14 所示。在"Password"处填写用户业务受理单对应的密码,点击"确定"按钮,光猫会自动向 OLT 及 RMS 平台发起注册,用户对应业务完成后自动下发。

图 4-14　"Password"注册界面

在 Password 处输入需要的号码,点击"注册"后出现如图 4-15 所示的进度条,当进度条到 20%的节点时表示光猫向 OLT 进行注册。

图 4-15　ONU 注册流程图(1)

当进度条到 25%时表示光猫已经在 OLT 注册成功，正在获取管理 IP 地址，如图 4-16
所示。

图 4-16　ONU 注册流程图(2)

当进度条到 40%时表示光猫已经获得管理 IP 地址，并向 RMS 平台进行注册，RMS
平台准备下发业务，如图 4-17 所示。

图 4-17　ONU 注册流程图(3)

当进行业务下发后进度条会在 60%处停留一下，等待业务下发完成，如图 4-18 所示。

图 4-18　ONU 注册流程图(4)

业务下发完成后，进度条会行进到 100%，表示业务下发成功，如图 4-19 所示。

图 4-19　ONU 注册流程图(5)

如遇到注册失败，可对 HGU 做恢复出厂操作(在设备开启上电后进入超级用户管理界面，选择"管理"→"设备管理"，点击"恢复出厂设置"，清除设备之前的垃圾数据后再重新开通)再次注册，重复注册界面，如图 4-20 所示。

图 4-20　ONU 注册流程图(6)

3. RMS 下发数据、ONU 调试、开通挂测结果

(1) RMS 下发数据：RMS 平台注册成功后，需要再进入光猫进行数据确认。选择"状态→网络信息"，会发现包含 3 个 VLAN 信息(36、41、37)。41VLAN 由原手动配置的桥接模式,在自动下发数据后改为路由模式。在光猫"网络"→"宽带设置"中选择 41VLAN,能够查看宽带账号和宽带密码,现阶段需要将宽带密码重新填写一遍,再保存应用,即可上网,无须使用拨号客户端拨号登录。后续 RMS 平台升级后,下发 41VLAN 数据将不用再手写宽带密码。光猫设置为路由模式后(光猫自动拨号连接网络),所有网络设备连接光猫上网时,网络连接都要改为自动获取(DHCP)才能上网。若网络连接成功,则"INTERNET"灯常亮。ONU 设备如图 4-21 所示。

图 4-21　中国移动某型号 ONU

(2) 37VLAN 的 ONU 专用设置:由 RMS 注册平台自动下发,开放光猫 LAN2 口给魔百和使用,宽带上网成功后可将魔百和的网线直连在光猫 LAN2 口上,进行魔百和调试,如图 4-22 所示。

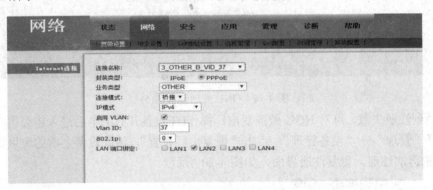

图 4-22　ONU 激活流程(1)

光猫、电视连接好后,选择信号输入接口模式,就会进入如图 4-23 所示界面。对于有线网络设置,选择"DHCP"即可连接使用。

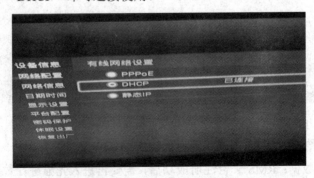

图 4-23　ONU 激活流程(2)

注：此配置数据仅做示例，具体操作时，请更改为当地规划。图 4-24 所示为连接成功界面。

图 4-24　ONU 激活流程(3)

4. 常见故障处理部分

(1) 光猫在开通或使用过程中，出现插上光纤后 LOS 红灯闪烁现象。

问题分析：LOS 红灯闪烁表示光功率过低。

解决方法：需使用光功率计检查光纤收光功率是否符合要求，若不达标则建议更换光纤头或调整光路强度(推荐光功率为 −10～−25 dB)。

(2) 光猫在开通时进度条卡在 20%，无法注册，OLT 提示错误。

问题分析：主要原因为 PON 口错误或者 Password 错误导致。

解决方法：

① 检查输入的 Password 与工单是否一致，注意区分大小写以及数字；

② 检查光纤跳线是否正确，是否接在正确的 PON 口下。

(3) 光猫开通时注册进度卡在 25%。

问题分析：该问题为可以注册到 OLT，但无法获取 TR069 管理地址。

解决方法：

① 联系网络部或运维室检查 OLT 上的业务数据和 VLAN 是否正确，若没有对应数据或数据错误，则需重新配置；

② 若数据无问题，考虑能否从 OLT 网管上观察到光猫的 MAC，若能看到 MAC，则重点排查上层 BRAS 环境问题；若无法看到光猫 MAC，则重新核查数据及 VLAN 是否正确。

(4) 在设备开通过程中(或使用其他设备进行替换时)，提示"已经注册成功，无须再注册"或业务下发失败。

问题分析：该问题主要原因为 RMS 平台对应工单未解绑或未绑定导致。

解决方法：联系网络部或运维室通过 RMS 平台对该 Password 进行解绑(若为已经使用过的光猫，则需做恢复出厂后再注册使用)，在解绑后重新注册。

(5) 前期正常开通使用的设备，使用一段时间后宽带无法使用。

问题分析：可能原因为用户拨打 10086 号码修改了宽带账号密码。

解决方法：

① 向用户确认是否通过客服电话修改过密码；

② 联系网络部或运维室通过 RMS 平台将用户修改后的新密码重新下发到光猫里。

(6) 在开通设备时，使用电脑连接光猫后无法打开注册页面。

问题分析：该问题与 IE 浏览器的版本及浏览器有关。

解决方法：

① 确保电脑连接网关采用的是自动获取 IP 地址方式，且电脑正常获得 IP 地址；

② 可尝试清除 IE 浏览器的历史记录(缓存)后再登录注册页面；

③ 更换其他 IE 浏览器或电脑进行登录；

④ 尝试重启设备，再进行登录。

(7) 对于已经使用过的设备重新二次放装使用，工单自动下发后出现业务无法使用的情况。

问题分析：因设备之前使用时已有历史(垃圾)数据，二次使用前需做恢复出厂操作，清理以前的用户数据。

解决方法：在设备上电正常启动完毕后(LOS 红灯闪烁状态)，使用"CMCCAdmin/aDm8H%MdA"命令，选择"光猫管理界面"→"管理"→"设备管理"，点击"恢复出厂设置"即可完成恢复出厂设置操作。

5. ONU 管理页面登录

(1) 使用 IE 浏览器在地址栏输入"192.168.1.1/login.html"，打开登录界面，如图 4-25 所示。

图 4-25　登录网址

(2) 在管理员账户页面输入管理员账号和密码，即"CMCCAdmin"和"aDm8H%MdA"，点击"登录"进入设备管理页面，如图 4-26 所示。

图 4-26　ONU 内部设置(1)

(3) 依次点击"状态"→"网络侧信息"，可以查看宽带、语音、OTT 业务的下发状态，如图 4-27 所示。

图 4-27　ONU 内部设置(2)

(4) 依次点击"网络"→"宽带设置"，可以修改或设置对应业务的相关参数，还可以修改对应下发的几种业务模式，分别如图 4-28、图 4-29 所示。

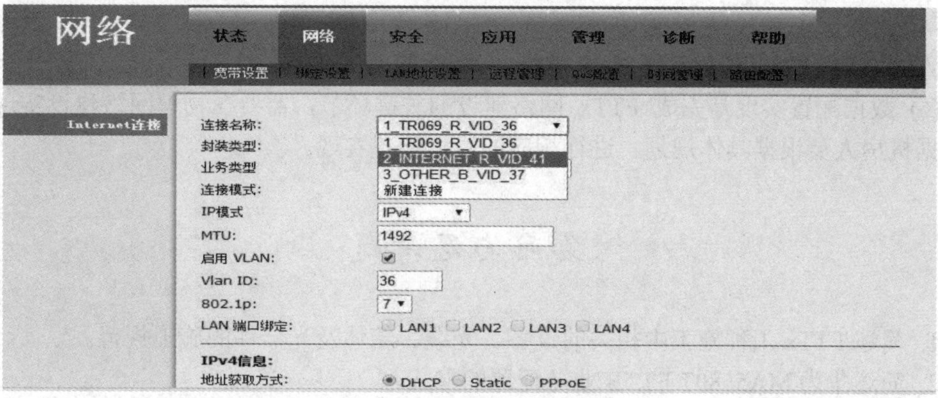

图 4-28　ONU 内部设置(3)

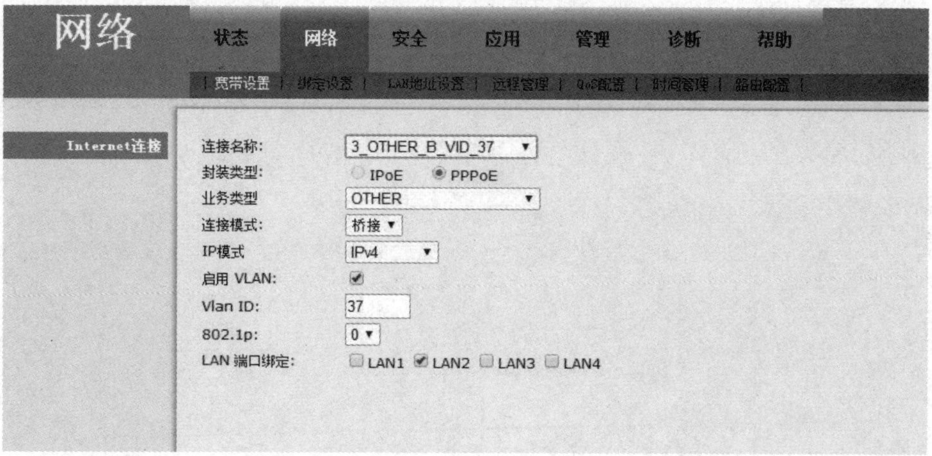

图 4-29　ONU 内部设置(4)

4.5 实 做 项 目

【实做项目一】在 FTTx 实训软件中查看资源池中的 ONU 设备和 OLT 设备。
目的要求：了解各设备的规格和用途。
【实做项目二】在 FTTx 实训软件中选择"工厂模式"注册开通 ONU。
目的要求：熟悉 FTTx 网络业务下发流程与注册开通流程。

本 章 小 结

(1) ONU 设备详细规格。

(2) ONU 设备用户侧线缆的连接。

(3) 网络侧 FTTB 网络 OLT 的网络配置、数据规划、管理数据配置实现、上网业务等。

(4) 网络侧 FTTH 网络 OLT 的组网规划、设备管理、业务规划、VLAN 规划、IP 地址管理等。

(5) 用户侧 ONU 配置计算机 IP 地址、ONU 的调试开通等。

(6) 数据配置实现是完成 FTTx 网络建设的关键环节，需要在物理网络建设实现后，由数据机房人员根据具体规划，进行相应的数据配置实现。

复 习 与 思 考 题

1. 简述 FTTx 工程施工中相关的设备、光缆、箱体及光器件的施工规范。

2. 简述华为 MA5680T FTTB 业务配置的方式。

3. 简述华为 MA5680T FTTH 业务配置的方式。

第 5 章　FTTx 工程设备与线缆施工规范

 本章内容

- FTTx 工程设备施工规范
- FTTx 工程线缆施工规范
- FTTx 网络测试验收规范

 本章重点、难点

- 岗位职责、技能、工作流程、任务内容及要求
- FTTx 网络建设中的工程设备和线路施工规范
- 沟通、协调和团队协作能力

 本章学习目的和要求

- 能够依据图表完成网络建设
- 能够掌握设备施工方法
- 能够掌握线缆施工方法
- 软件操作与课堂学习结合
- 自学与探讨结合

 本章学时数

- 建议 4 学时

5.1　设备施工规范

1. OLT 安装施工

OLT(Optical Line Terminal)即光线路终端。在 PON 技术应用中，OLT 设备是重要的局端设备，目前常用的 OLT 设备分别是华为 MA5680T 设备、中兴 ZTEC220 设备、烽火

AN5516 设备等。在 OLT 安装施工中,施工人员需要了解和熟悉工程设计文件的相关内容,以便进行施工。

　　OLT 机架安装的位置、方向应严格按照设计要求,并且结合实际情况,安装于合适的位置和方向。安装时应端正牢固,列内机面平齐,机架间隙不得大于 3 mm,垂直偏差不应大于机架高度的 1‰。机架必须采用膨胀螺栓对地加固,机架底部要有防雷垫片(与走线梯结合处也需要使用防雷垫片),用"L"字铁做好上固定。

　　在抗震烈度为 7 度以上的地区施工时,机架安装必须进行抗震加固,其加固方式应符合 YD5059—2018《电信设备安装抗震设计规范》中的相关要求。对于子架在机架中的安装位置需根据设计要求操作,子架与机架的加固需符合设备装配要求。另外,子架安装应牢固、排列整齐,依照设计要求排列机盘型号及设备面板,插接件接触良好。对于壁挂式设备,安装后设备应牢固、横平竖直,底部距地面高度也必须符合设计要求。机架标识做到统一、清楚、明确,位置适当。OLT 设备的电源线、尾纤和网线需按照安装规范布放,在设备端要求使用热缩管保护电源线,尾纤在机架内必须用缠绕管缠绕,盘留曲率半径应大于 30 mm,网线做好水晶头,必须用五类线对线器测试。最后,安装完毕后要保持机架内外整洁。安装设备如图 5-1、图 5-2 所示。

图 5-1　OLT 机架安装

图 5-2　OLT 设备安装

OLT 安装施工必须严格按照设计要求,同时也需要结合实际情况合理调整。

2. ODF 安装施工

ODF 架即为光纤配线架,用于光纤通信系统中局端主干光缆的成端和分配,可方便地实现光纤线路的连接、分配和调度。

在 ODF 架的安装施工过程中需遵循以下要求：

(1) 根据设计要求确定 ODF 架安装位置和朝向，安装时垂偏差应不大于机架高度的 1%。

(2) 相邻机架应紧密靠拢，机架间隙应小于 3 mm；列内机面平齐，无明显凹凸。

ODF 架的光纤连接线敷设需遵循以下要求：

(1) 根据设计文件选择光纤连接线的型号规格，光纤余长不宜超过 1 m。

(2) 光纤连接线在布放时应整齐，架内与架间应分别走线。

(3) 光纤连接线的静态曲率半径应不小于 30 mm。

图 5-3 所示为 ODF 架防雷接地示意图。在实际操作过程中，应符合跳纤标签按照规定格式打印、字体清晰、统一方向粘贴的要求，以方便查看标签。标签距离尾纤头的长度应大致相等。

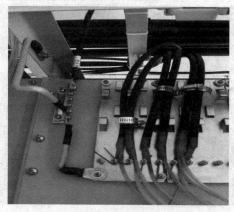

(a) ODF 架防雷接地实物图

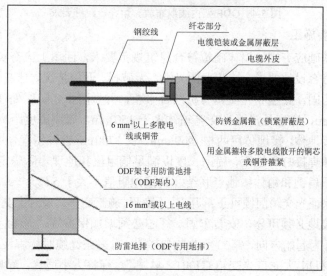

(b) ODF 架防雷接地示意图

图 5-3　ODF 架防雷接地示意图

ODF 架内线缆内放、熔纤、跳纤要求如图 5-4 所示。

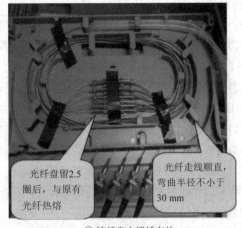

① 裸纤套保护管在ODF内侧走线　　　　　② 熔纤盘内裸纤布放

③ 跳纤布放规范　　　　　　　　　　　　④ 尾纤标签粘贴

图 5-4　ODF 架内线缆布放、熔纤、跳纤要求

3. 光交箱安装施工

光交箱地基基础应夯实，墙体砌筑符合建筑规范要求，回填土应夯实无塌陷。墙体及底座砌筑高度应符合设计要求，抹灰表面光滑，无破损、开裂情况，抹灰强度应符合标准。光交箱地角螺丝稳固，底座和光交箱有机结合平整，并做防水、防腐处理。箱体安装后垂直偏差不大于 3 mm，底座外沿距光交箱箱体大于 150 mm，底座高度距离地面 300 mm。

按设计安装接地体，接地体用两根 $\Phi60$ mm、长 1700 cm 镀锌钢管，并用 40 mm× 4 mm 接地扁钢与接地体焊接打入地下，扁钢长度以满足低阻值和地理实际确定。用大于 10 mm^2 多股软铜线分别于扁钢和箱体接地点联结，其接地阻值不大于 5 Ω。

安装完毕后保证光交箱门锁可正常开启，不变形，施工完毕后及时上交光交箱全部钥匙。

光缆布放时接地必须可靠，安装牢固。纤芯必须增加保护管，光缆标签准确。标牌内容为两行：第一行为起始方向，第二行为光缆芯数，有多条光缆时标牌应错开，绑扎整齐。标签举例："县局机房-大龙口光交箱 GJ001-144 芯"。标签大小适宜，粘贴牢固。

光交箱宜采用 2 m 长的尾纤插接，排列整齐，多余部分盘放在盘纤盘内，不可以交叉，层次分明。

安装完毕后的光交箱整洁，无破损、脱皮、生锈、凹陷等外观问题。

4. 光分纤箱施工

安装光分纤箱时，需要确保箱体的稳固性，箱内应留有足够的接续区，并能满足接续时光缆的存储、分配要求。不同类的线缆应留有相对独立的进线孔，孔洞容量应满足满配时的需求。光纤在机箱内应做适当的预留，预留长度以方便二次接续的操作为宜，线缆引入孔处应用防火泥密封。

5. 光分路箱施工

进行光分路箱施工时需要使用到的工具和材料有熔接机、酒精、OTDR、尾纤、剥线钳、光纤切割刀、斜口钳、水平尺、冲击钻、螺丝刀、波纹管、黄色胶带、黑色胶带、软塑带、戒子刀、防火泥、铁皮钳、光功率计、红光笔等。

1) 安装环境的检查

进入箱体安装之前需要检查安装环境，并且挂墙安装时，选择的环境和安装位置有一定要求，总结如下：

(1) 光缆分纤箱的安装地点需根据设计文件选定。一般在楼宇内，尽量选择物业设备间、车库、楼道、竖井、走廊等合适的地点安装。

(2) 在安装分纤箱时，需要考虑好路由以便光缆的敷设。特别是薄覆盖项目，需要考虑二次施工时蝶形光缆如何布放入户的问题。

(3) 以下位置不宜挂墙安装：不稳固的、年久失修的墙壁；装饰外墙、女儿墙等非承重墙；临时设施的外墙；影响市容市貌、影响行人交通及其他不宜挂墙的位置；空间狭窄不利于打开箱门、维护操作的弱电竖井。

(4) 在实际安装位置周围还要注意设计文件要求安装箱体位置的上方是否存在水管漏水的隐患，是否有高压线经过，是否容易阻碍行人通过等。

(5) 户内安装光缆分纤箱/盒、光分路箱/框时，要求箱/框底部距地面适宜高度为 $1.2\sim2.5\,m$，具体结合现场情况而定。

(6) 户外安装光缆分纤箱/盒、光分路箱/框时，要求箱/框底部距地面适宜高度为 $2.8\sim3.2\,m$，具体结合现场情况而定。

(7) 竖井中安装光缆分纤箱/盒、光分路箱/框时，要求箱/框底部距地面适宜高度为 $1.0\sim1.5\,m$，具体结合现场情况而定。

(8) 如果发现设计文件中的安装位置存在问题，则要及时通知监理单位或建设主管，不要盲目施工。

2) 光分路器箱的施工

(1) 箱体安装位置需要符合设计要求，并且结合实际情况进行安装；箱体安装需用水平尺定位，利用箱体配件固定箱体。安装完毕之后，箱体必须达到稳固和水平的要求。光分纤箱安装高度要高于 $1.5\,m$，尽量安装在不妨碍人员上下楼梯的安全位置，以防夜间无照明时碰伤行人。

(2) 确定光缆进入箱体的位置。室内安装时，光缆可以从箱体的上方进入，在箱体的上方盘留 $3\sim5\,m$，固定后套波纹管保护。室外安装时，光缆必须从箱体的下方进入，并且在箱体的左上方或者右上方盘留 $3\sim5\,m$，固定后套波纹管保护，光缆在箱体的下方形成一个较大弧度的滴水弯，以防止雨水顺着光缆进入箱体。光缆进入箱体后在光缆固定位缠绕多圈胶布并箍紧，在光缆的入孔处封堵防火泥。

3) 光缆和尾纤的熔接与盘留

在箱内布放光纤时，不论在何处转弯，光纤的曲率半径应不小于 30 mm，可以根据具体厂家箱体的实际情况选择较大弧度的转弯。下面以某厂商的箱体为例说明光缆和尾纤熔接与盘留的走线方式，如图 5-5、图 5-6 所示。

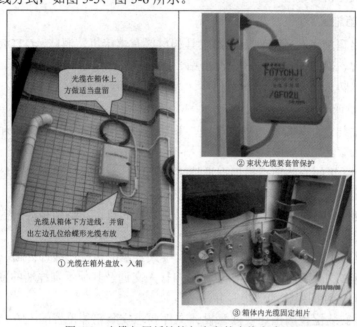

图 5-5　光缆与尾纤熔接与盘留的走线方式(1)

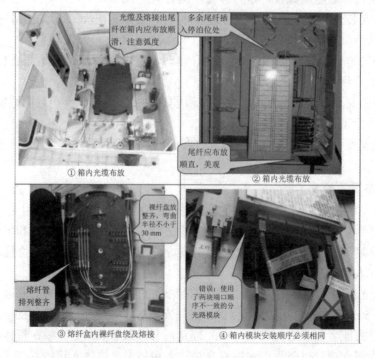

图 5-6　光缆和尾纤熔接与盘留走线方式(2)

　　光缆进入箱体之后，打开缆套纤芯保护管，选择较大弧度的走线方式进入熔纤盘，在与尾纤熔接之前需要确定好尾纤的走线方式和长度，确定时需要注意以下几点：

　　(1) 尾纤熔接后出熔纤盘的位置需要与进熔纤盘的光缆在同一侧，尽量不选择对角处，这样便于光纤在熔纤盘内熔接和有较大弧度盘留，避免损伤光纤。

　　(2) 尾纤熔接完毕出熔纤盘后，需要选择较大弧度的走线方式，使尾纤插入光分路器和停泊位处。

　　(3) 走线方式确定后，需要注意光分路器框打开和关闭时是否对尾纤产生挤压，如果出现挤压的情况，则可以修改走线方式，最大限度地减少对光纤的损害。

　　因此，确定完尾纤的走线方式和长度之后，光缆才可在熔纤盘内盘留后与尾纤熔接。另外需要注意的是，尾纤的绑扎必须用软塑带而不能用扎带，以免损伤光纤。

　　4) 掏接光缆的施工方式

　　掏接光缆从箱体下方进入，盘留一圈后从箱体的上方出来，分别在掏接光缆上下固定位做好标记，在上下固定位往内 3 cm 处切两个小口，在上面固定位开口处向内纵切 8 cm，找到需要成端的纤芯并剪断。从下固定位开孔处把光缆外皮往上提开，小心抽出纤芯，整理好纤芯套(纤芯保护管)，在纤芯保护管连接处缠绕胶布。在上固定位开口处缠绕好胶布封住开口，在上下固定位对束状光缆缠绕多圈胶布箍紧。掏接光缆的施工方式如图 5-7 所示。

　　① 光缆进出　　　　　　② 在上固定位做标记　　　　③ 在下固定位做标记

　　④ 上下标记处往内 3 cm 处横切　　⑤ 上标记处往内纵切 8 cm　　⑥ 纵切口打开

　　⑦ 找到需要成端的纤芯　　　　⑧ 剪断需要成端的纤芯　　　　⑨ 下固定位外皮往上移开

⑩ 小心抽出纤芯　　　　　⑪ 抽出纤芯　　　　　⑫ 整理外皮,抽出纤芯套纤芯保护管

⑬ 在纤芯保护管连接处缠绕胶布　　　　　⑭ 上固定位开口处缠绕胶布

⑮ 光缆固定,固定位缠绕胶布　　　　　⑯ 熔接后在熔纤盘内整理好

图 5-7　掏接光缆的施工方式

对掏接出来的纤芯进行熔接,同样选择较大弧度的走线方式进入熔纤盘,在与尾纤熔接前也需要确定尾纤的走线方式和长度。另外,注意掏接光缆在箱体之外全程需要套管保护。

5) 皮线光缆的施工方式

对于全覆盖,皮线光缆布放入户后需要用红光笔确定用户房间号,一般皮线光缆从箱体的下方接出,并且在出口处有皮线光缆的固定位。箱体内有盘留位设计的,皮线光缆可以在盘留位盘留一圈后做好冷接头插入分光器。皮线光缆在出箱体后进入线槽前需要套波纹管保护,并且封堵防火泥。

如果是薄覆盖项目,引入蝶形光缆暂不布放,在有具体业务需求时,则应根据需求布放。在分光器上抽取一个端口进行全程光衰减测试,确保性能指标符合要求,完成蝶形光缆布放后用红光笔进行连通性和对应性测试,并填写相对应的测试表格。皮线光缆的施工方式如图 5-8 所示。

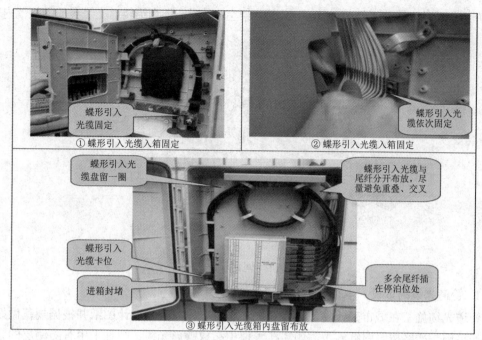

图 5-8　皮线光缆的施工方式

6. ONU 施工

如果用户装有综合信息箱，ONU 设备可以安装在综合信息箱内，另外可以根据实际情况把 ONU 安装在用户门口的天花板上。对于有明钉线槽的用户，需要考虑线槽的走线美观以及不损害到其他设施。

综上所述，ONU 的安装需要根据用户的实际情况而定，在满足用户的要求下，做到安全、美观，不影响其他设备。

7. 箱体内资源标签

关于设备标签，在箱体内应粘贴面板成端图，需要显示分光器的数量、分光器的端口对应关系以及排列方式。薄覆盖需要写明覆盖范围，全覆盖需要写明用户所对应的端口。而在尾纤上同样需要粘贴尾纤标签，一级分光的尾纤标签需要显示光路编码、上联的 OLT 端口、局端机房 ODF 位置、本端一级分光路器编码；一级至二级的尾纤标签上则需要显示光路编码以及一级至二级的光缆名称；备用标签需要注明两端的光分路器箱编码，并且写上"备用"两字。

全覆盖建设时，皮线光缆布放入户，需要在户内挂好指示牌。在开通用户时，需要在皮线光缆的两端，即光分路器端和 ONU 端都粘贴皮线光缆标签。

在使用掏接光缆时，有的纤芯不需要使用标签，但考虑到以后抢修维护方便，需要在箱门内贴一张纤芯备用说明的贴纸。

5.2　通信线路施工规范

在 FTTH 工程建设中，光缆布放质量直接影响项目交付的质量，如图 5-9 所示。本节除了介绍传统的光缆施工规范如管道、直埋、架空光缆外，还介绍楼道光缆布放的规范内容。

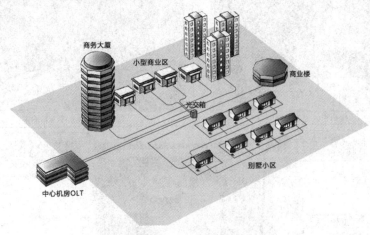

图 5-9　网络示意图

1. 管道光缆的敷设

管道光缆施工在城市建设中较为常见。在施工前，需带齐设计图纸并根据规范做好安全防护措施，严格按照图纸施工，如需在管道中布放蝶形光缆，则宜采用有防潮层的管道型蝶形引入光缆，并加强保护。

在施工中还需要遵循以下要求：

(1) 在孔径 90 mm 及以上的水泥管道、钢管或塑料管道内，在条件允许的情况下，应根据设计规定在两人(手)孔间一次性敷设 3 根或 3 根以上的子管。

(2) 子管不得跨人(手)孔敷设。子管在管道内不得有接头。

(3) 子管在人(手)孔内伸出长度 200～400 mm；本期工程不用的管孔及子管管孔应及时按照设计要求安装塞子封堵，如图 5-10 所示。

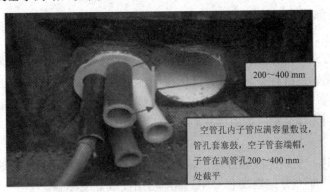

图 5-10　子管施工

(4) 光缆在各类管材中穿放时，管材的内径应不小于光缆外径的 1.5 倍。

(5) 人工敷设光缆不得超过 1000 m。光缆气流敷设单向一般不超过 2000 m。

(6) 敷设后的光缆应平直，无扭转、无交叉、无明显刮痕和损伤。敷设后应按设计要求做好固定。

(7) 光缆出管孔 150 mm 以内不得做弯曲处理。

(8) 光缆占用的子管或硅芯管应用专用堵头封堵管口。

(9) 光缆接头处两侧光缆布放预留的重叠长度应符合设计要求。接续完成后，光缆余长应在人孔内按设计要求盘放并固定整齐，如图 5-11 所示。

(10) 管道光缆接入需要按设计要求进行中间人孔预留。

(11) 光缆在人孔内需增加悬挂光缆标识牌，标识光缆的规格程式、用途等具体要求，如图 5-11 所示。

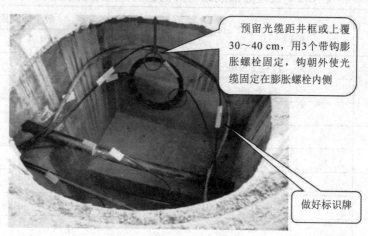

预留光缆距井框或上覆 30～40 cm，用3个带钩膨胀螺栓固定，钩朝外使光缆固定在膨胀螺栓内侧

做好标识牌

图 5-11　人井内光缆敷设

2. 埋式光缆的敷设

直埋光缆埋深应满足通信光缆线路工程设计要求的有关规定，具体埋设深度应符合表 5-1 的要求。光缆在沟底应呈自然平铺状态，不得有绷紧腾空现象；人工挖掘的沟底宽度宜为 400 mm。

表 5-1　直埋光缆埋深标准

敷设地段或土质		埋深/m	备　注
普通土		≥1.2	
半石质、砂砾土、风化石		≥1.0	从沟底加垫 100 mm 厚的细土或沙土，此时光缆的埋深可相应减少
全石质		≥0.8	
流沙		≥0.8	
市郊、村镇		≥1.2	
市区人行道		≥1.0	
公路边沟	石质(坚石、软石)	边沟设计深度以下0.4	边沟设计深度为公路或城建管理部门要求的深度
	其他土质	边沟设计深度以下0.8	
公路路肩		≥0.8	
穿越铁路、公路		≥1.2	距路基面或距路面基底
沟、渠、水塘		≥1.2	
农田排水沟(沟深 1 m 以内)		≥0.8	
河流			应满足水底光(电)缆要求

同时，埋地光缆敷设还应符合以下要求：

(1) 直埋光缆的曲率半径应大于光缆外径的 20 倍。

(2) 光缆可同其他通信光缆或电缆同沟敷设，同沟敷设时应平行排列，不得重叠或交叉。缆间的平行净距应大于等于 100 mm。

(3) 直埋光缆与其他设施平行或交越时，其间距不得小于表 5-2 的规定。

表 5-2　直埋通信线路与其他建筑物间最小净距表

设施名称	种　类	最小间隔距离/m	
		平行时	交越时
给水管	直径 300 mm 及以下	0.5	0.5
	直径 300～500 mm	1.0	0.5
	直径 500 mm 以上	1.5	0.5
排水管		1.0	0.5
热力管		1.0	0.5
煤气管	压力小于或等于 300 kPa	1.0	0.5
	压力大于 300 kPa	2.0	0.5
通信管道		0.75	0.25
建筑红线		1.0	—
排水沟		0.3	0.5
室外大树		2.0	—
室内大树		0.75	—
电力电缆	35 kV 以下	0.5	0.5
电力电缆	35 kV 及以上	2.0	0.5

(4) 光缆在地形起伏较大的地段(如山地、梯田、干沟等处)敷设时，应满足规定的埋深和曲率半径的要求。

(5) 在坡度大于 20°且坡长大于 30 m 的斜坡地段宜采用"S"形敷设。坡面上的光缆沟有受到水流冲刷的可能时，应采取堵塞加固或分流等措施。在坡度大于 30°的较长斜坡地段敷设时，宜采用特殊结构光缆(一般为钢丝铠装光缆)。

(6) 直埋光缆穿越保护管的管口处应封堵严密。

(7) 直埋光缆进入人(手)孔处应设置保护管。光缆铠装保护层应延伸至人孔内距第一个支持点约 100 mm 处。

(8) 应按设计要求装置直埋光缆各种标识。

(9) 直埋光缆穿越障碍物时的保护措施应符合设计要求。

如图 5-12 所示，将光缆放入沟底回填土时，应先填细土，后填普通土，小心操作，不得损伤沟内光缆及其他管线。市区或市郊埋设的光缆在回填 300 mm 厚的细土后，盖红砖保护。每当回填土达到约 300 mm 厚时需夯实一次，并及时做好余土清理工作。如图 5-13 所示，回土夯实后的光缆沟，在车行路面或地砖人行道上应与路面平齐，回土在路面修复前不得有凹陷现象；土路可高出路面 50～100 mm，若在郊区则土路可高出路面的 150 mm 左右。

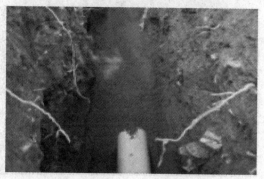

图 5-12　先填细土，后填普通土，且不得损伤沟内光缆及其他管线

图 5-13　回土夯实后的光缆沟，在车行路面或地砖人行道上应与路面平齐

需要用到路面微槽光缆时，光缆沟槽应切割平直，开槽宽度应根据敷设光缆的外径确定，一般应小于 20 mm；槽道内最上层光缆顶部距路面高度宜大于 80 mm，槽道总深度宜小于路面厚度的 2/3；光缆沟槽的沟底应平整、无硬坎(台阶)，不应有碎石等杂物；沟槽的转角角度应满足光缆敷设后的曲率半径要求。同时，还需要遵循下列要求：

(1) 在敷设光缆前，宜在沟槽底部铺 10 mm 厚细沙或铺放一根直径与沟槽宽度相近的泡沫缓冲，如图 5-12 所示。

(2) 光缆放入沟槽后，应根据路面恢复材料特性的不同在光缆的上方放置缓冲保护材料。

(3) 路面的恢复应符合道路主管部门的要求，修复后的路面结构应满足相应路段服务功能的要求。

3. 架空光缆的敷设

架空光缆多用于农村、田地、空旷地区等，施工难度较大，特别要注意施工作业的安全。登高作业人员必须经过相关部门组织的登高培训学习，并通过考核取得特种作业操作证，才可以进行登高作业。高空作业按要求佩戴安全帽、安全带，竹梯要有防滑勾，穿防滑鞋，工具要放在密封好的工具袋内。采用竹梯作业时，下面要有人扶梯，防止竹梯左右滑动，同时设置作业区域，用围带或施工警示牌围蔽，如图 5-14 所示。

图 5-14　架空光缆敷设

架空光缆敷设后应自然平直，并保持不受拉力、应力，无扭转，无机械损伤。架空光缆最低点距地面以及与其他建筑物的最小空距与隔距应符合表 5-3、表 5-4 的要求。

表 5-3　架空光缆与其他建筑物的最小垂直净距

名称	与线路平行时		与线路交越时	
	垂直净距/m	备注	垂直净距/m	备　注
市区街道	4.5	最低线缆到地面	5.5	最低线缆到地面
胡同(里弄)	4.0	最低线缆到地面	5.0	最低线缆到地面
铁路	3.0	最低线缆到地面	7.5	最低线缆到地面
公路	3.0	最低线缆到地面	5.5	最低线缆到地面
土路	3.0	最低线缆到地面	5.0	最低线缆到地面
房屋建筑			距脊 0.6 距顶 1.5	最低线缆距屋脊或平顶
河流			通航河流 2.0 不通航河流 1.0	最低线缆距最高水位时最高桅杆顶
市区树木			1.0	最低线缆到树枝顶
郊区树木			1.0	最低线缆到树枝顶
通信线路			0.6	一方最低线缆与另一方最高线缆

表 5-4　架空光缆与其他设施的空距与隔距

名称	最小水平净距/m	备注
消火栓	1.0	指消火栓与电杆的距离
地下管线	0.5～1.0	包括通信管、线与电杆间的距离
火车铁轨	地面杆高的 4/3 倍	
人行道边石	0.5	
市区树木	1.25	
房屋建筑	2.0	至房屋建筑的水平距离
郊区树木	2.0	

架空光缆施工时,应根据设计要求选用光缆的挂钩程式。光缆挂钩的间距应为 500mm,允许盘查 ±300mm。挂钩在吊线上的搭扣方向应一致,挂钩托板应安装齐全、整齐。在电杆两侧的第一只挂钩应各距电杆 500mm,允许偏差 ±20mm,如图 5-15 所示。

图 5-15　架空光缆挂钩程式

布放吊挂式架空光缆应在每 1～3 根杆上做一处预留弯。预留弯在电杆两侧的扎带间下垂 200mm,并套保护管。预留弯安装方式应符合图 5-16 的要求。光缆经十字吊线或丁字吊线处亦应安装保护管,如图 5-17 所示。

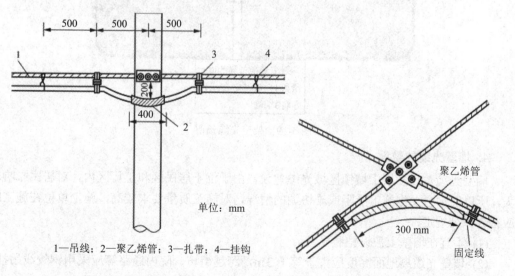

1—吊线;2—聚乙烯管;3—扎带;4—挂钩

图 5-16　光缆在杆上预留弯示意图　　　　图 5-17　光缆在十字吊线处保护示意图

不同情况下，架空光缆在吊线接头处的吊扎方式应符合图 5-18 的要求。

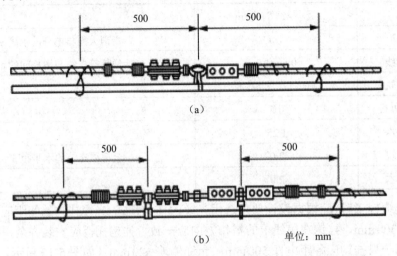

（a）

（b）

单位：mm

图 5-18　架空光缆在吊线接头处的吊扎方式

架空光缆每隔 500 m(或 10 根电杆)需要预留，预留规范如图 5-19 所示。

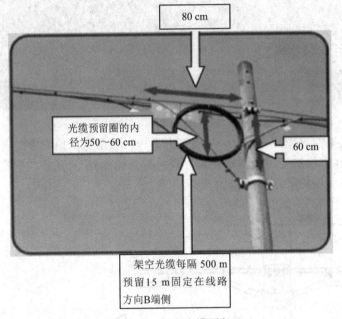

80 cm

光缆预留圈的内
径为50～60 cm

60 cm

架空光缆每隔 500 m
预留 15 m 固定在线路
方向B端侧

图 5-19　架空光缆预留

4. 墙壁光缆的敷设

墙壁光缆敷设多用于城镇区域光缆建设，由于位于居民区和工厂区内，对居民影响较大，所以经常会发生施工受阻或难协调的情况，对施工质量要求较高，施工单位在施工时应符合下列规定：

(1) 不宜在墙壁上敷设铠装光缆。

(2) 墙壁光缆离地面高度应大于等于 3 m，跨越街坊、院内通路等应采用钢绞线吊挂。

(3) 墙壁光缆与其他管线的最小间距应符合表 5-5 的规定。

表 5-5　墙壁光缆与其他管线的最小间距

管线种类	平行净距/m	垂直交叉净距/m
电力线	0.20	0.10
避雷引下线	1.00	0.30
保护地线	0.20	0.10
热力管(不包封)	0.50	0.50
热力管(包封)	0.30	0.30
给水管	0.15	0.10
煤气管	0.30	0.10
电缆线路	0.15	0.10

　　如果需要敷设吊线式墙壁光缆，那么吊线式墙壁光缆使用的吊线程式应符合设计要求。墙上支撑的间距应为 8～10 m，终端固定物与第一只中间支撑的距离不应大于 5 m。对于吊线在墙壁上的水平敷设，其终端固定、吊线中间支撑应符合图 5-20 的要求。

(a) 终端固定

(b) 吊线中间支撑

图 5-20　吊线式墙壁光缆

吊线在墙壁上的垂直敷设，其终端应符合图 5-21 的要求。

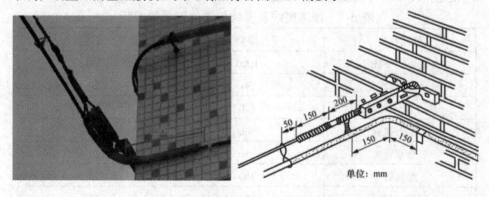

图 5-21　吊线墙壁垂直敷设的终端要求

敷设卡钩式墙壁光缆应符合下列要求：

(1) 光缆以卡钩式沿墙敷设应在光缆上套塑料保护管予以保护。

(2) 应根据设计要求选用卡钩。卡钩必须与光缆、同轴电缆、保护管外径相配套。

(3) 光缆卡钩间距为 500 mm，允许偏差 ±50 mm。转弯两侧的卡钩距离为 150～250 mm，两侧距离须相等。

5. 楼道光缆的敷设

与其他传统光缆项目相比，FTTH 项目在居民小区内布放光缆场景较多，特别是楼道内皮线光缆的施工难度较大，这点已在第二章中提及，本章主要介绍普通光缆或束状光缆在楼道里布放的施工规范。如设计要求在楼道中预埋线槽或暗管，应符合下列规定：

(1) 敷设线槽和暗管的两端宜用标识表示编号等内容。

(2) 如果是电信自建线槽，需要在线槽表面喷上电信标识。

(3) 敷设暗管宜采用钢管或阻燃聚氯乙烯硬质管。布放 4 芯以上光缆时，直线管道的管径利用率应为 50%～60%，弯管道应为 40%～50%。暗管布放 4 芯及以下光缆时，管道的截面利用率应为 25%～30%。

在线槽中布放光缆时，应自然平直，不得产生扭绞、打圈、接头等现象，光缆敷设不允许超过最大的光缆拉伸力和压扁力，在布放过程中，光缆外护层不应有明显损伤。2 芯或 4 芯水平光缆的弯曲半径应大于 20 mm，其他芯数的水平光缆、主干光缆和室外光缆的弯曲半径应至少为光缆外径的 10 倍。

楼道光缆不宜与电力电缆交越，若无法满足时，则必须采取相应的保护措施如用套保护管等。光缆不得布放在电梯或供水、供气、供暖管道竖井特别是强电竖井中。

楼道光缆与其他机房、管线间的最小净距应符合下列要求：

(1) 楼道缆线与配电箱、变电室、电梯机房、空调机房之间最小净距要符合表 5-6 的规定。

表 5-6　楼道缆线与其他机房最小净距

名称	最小净距/m	名称	最小净距/m
配电箱	1	电梯机房	2
变电室	2	空调机房	2

(2) 楼道内缆线暗管敷设与其他管线最小净距要符合表 5-7 所示的规定。

表 5-7　楼道缆线及管线与其他管线的间距

管线种类	平行净距/mm	垂直交叉净距/mm
避雷引下线	1000	300
保护地线	50	20
热力管(不包封)	500	500
热力管(包封)	300	300
给水管	150	20
煤气管	300	20
压缩空气管	150	20

同时要特别注意的是，当光缆进出竖井的出入口和穿越墙体、楼板及防火分区的孔洞处时，应采用防火泥封堵。

6. 光缆接续与成端

光缆接续应包括光纤接续、金属护层、加强芯的连接和接头衰减的测量。光缆接头安装位置应符合设计要求，余缆盘留长度应符合设计规定。人手井内余缆应盘成 O 形圈，并用扎线固定。光缆固定后的曲率半径应不小于光缆直径的 10 倍。

光缆接续成端流程如图 5-22 所示。

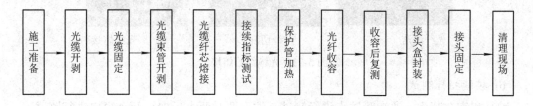

图 5-22　光缆接续成端流程

1) 施工准备

(1) 接续环境要做好防尘、防水、防震处理，最好选在平面，并设置工作台、工作椅。

(2) 安排接续点和测试点人员到位。

2) 光缆开剥

(1) 剥前检查所接光缆是否存在损伤或挤压变形情况。

(2) 理顺光缆，按规定做好预留。

(3) 将光缆的端头 3000 mm 长度用棉纱擦洗干净，剪掉 200～300 mm 光缆的端头。

(4) 套上合适光缆外径的热可缩套管。

(5) 确认光缆的 A、B 端。

(6) 做屏蔽线。

(7) 清理油膏。

(8) 用绝缘摇表测试光缆金属构件的对地绝缘。

(9) 注意进刀深度。

3) 光缆固定

(1) 保证光缆不会产生松动，紧固螺丝直到加强芯有弯曲现象为止。

(2) 固定时要注意加强件的长度，应使固定光缆的夹板与固定加强件螺丝之间的距离与所留长度相当。

4) 光缆束管开剥

(1) 确定束管开剥位置，注意理顺。

(2) 切割束管，注意用刀。

(3) 去掉束管，注意保持匀速。

(4) 擦净油膏，注意保持干净。

(5) 把束管放入容盘内，两端用尼龙扎带固定，注意扎带不要拉得过紧。

(6) 预盘光纤，使接续后的接头点能放在光纤保护管的固定槽内，剪去多余光纤。

5) 光缆纤芯熔接

光缆纤芯熔接见图 5-23。

(1) 接续的整个过程中保持工作台和熔接机的清洁。

(2) 光纤接续要按照顺序——对应,不得交叉错接。

　　　光纤清洁　　　　　　　　　光纤切割　　　　　　　　　光纤熔接

图 5-23　光缆纤芯熔接

6) 接续指标测试

(1) 测完 2 芯后,通知测试点进行测试,注意要对两个反向、两个窗口进行测试。

(2) 测试指标合格后通知接续点将 2 芯光缆逐一进行热熔保护。

7) 保护管加热

将保护管移至光纤接头中间位置,待保护管冷却后取出保护管并确保其无气泡。按照上述方法逐一进行后续光纤的熔接和热熔。

8) 光纤收容

(1) 分布收容,注意每接一管即刻收容。

(2) 光纤保护管的固定注意安全牢固。

(3) 收容后检查,注意弯曲半径、挤压、受力。

(4) 盖上盘盖后,通知测试点复测。

9) 接头盒封装

接头盒封装见图 5-24。

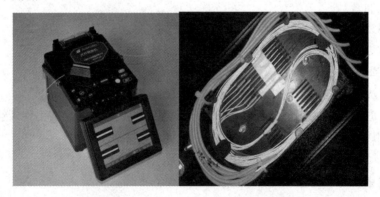

　　　接续指标　　　　　　　　　　　　　　光纤收容

图 5-24　接头盒封装

当项目中采用掏接(分支型光缆接续)时,应符合下列要求:

(1) 宜采用室内束状光缆或分支型光缆进行掏接。

(2) 掏接时,光缆统一按照 TIA/EIA-598-B 标准色谱顺序(见表 5-8)或数字顺序依次掏接。

表 5-8　光 缆 色 谱 表

序号	1	2	3	4	5	6	7	8	9	10	11	12
颜色	蓝	橘	绿	棕	灰	白	红	黑	黄	紫	粉红	天蓝

(3) 采用掏接方式,需按接续的纤芯剪断后的位置进行加强保护。

(4) 不得对直通光纤造成损伤。直通光纤在光缆接续处需预留时,宜与分支接续的光纤分开盘留。

5.3　FTTx 网络测试验收规范

1. 测试规范

对光缆线路的测试分分段损耗测试和全程损耗测试两个部分。

采用 OTDR 对每段光链路进行测试。测试时将光分路器从光线路中断开,分段对光纤逐根进行测试,测试内容包括在 1310nm 波长中的光损耗和每段光链路的长度,并将测得数据记录备案,作为工程验收的依据。

全程损耗测试采用光源、光功率计,对光链路在 1310nm、1490nm 和 1550nm 波长中进行测试,包括活动连接器、光分路器、接头的插入损耗。同时将测得数据记录备案,作为工程验收的依据。测试时应注意方向性,即上行采用 1310nm 波长测试,下行采用 1490nm 和 1550nm 波长进行测试。

1) 测试仪表介绍

由于 FTTH 工程属于光缆工程中涉及设备调测的工程,所以测试所需仪表除了平时光缆用到的测试仪表外,还包括测试设备性能的仪器,如图 5-25、图 5-26 所示。

测试用到的仪表工具有光猫、PON 光功率计、机顶盒、红光笔、PC、OTDR 等。

图 5-25　FTTH 测试仪表

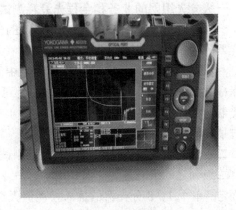
图 5-26　OTDR

2) 测试步骤

(1) 测试前的准备。

项目完工后将竣工图纸发给施工单位，由施工单位出版对应的竣工资料。由网络部将竣工图纸录入光路调度系统，然后由网络部配置相应的光路，并下发给施工单位，以做跳纤使用。施工单位根据竣工图纸、光路调单等信息，就可以将整份资料做好并提交到资源中心进行录入。然后，由电信部门出具相应的测试工单并进行测试。

带齐光路调单，准备相关的测试工具和测试工单，就可以在现场进行相关业务和指标的测试。

(2) 测试过程。

首先，在需要测试节点的上联 OLT 机房做好布放尾纤、张贴标签等工作。这两项工作准备好后，用 PON 功率计进行一次 OLT PON 口光功率测试，波长选择下行 1490 nm。ODF 架侧的测试结果范围为 ±2～+7 dB，如图 5-27 所示。

图 5-27　OLT PON 口光功率测试

ODF 架侧测试 PON 的发光功率在合理范围后，再到对应的节点进行相关的光功率、业务的测试。由于 FTTH 组网方式的不同，现就目前使用较多的两种方式，即一级分光和二级分光两种情况进行具体测试步骤的讲解。

一级分光组网的业务和全程光衰耗测试。

一级分光的组网方式一般使用 1∶64 的分光器，即一个 PON 口对应一个分光器。1∶64 分光器的插入损耗值大约在 21 dB 左右，在这种模式下，分光器端口测试的光功率(全程光衰耗测试)范围应该为 −16～−21 dB(算上中间跳接的损耗)，但根据相关的要求和设备的性能指标，光功率在 −8～−24 dB 时光猫都可以稳定工作，这点是需要大家注意的。在测试分光器时，抽取 10% 的端口进行抽测，即 1∶64 的分光器需抽取 7 个端口测试，以此类推，通过抽样测试来判断分光器端口的性能。

二级分光组网的业务和全程光衰耗测试。

二级分光的组网方式一般使用 1∶8+1∶8 或 1∶8+1∶4 的分光器，按运营商部署情况而定。单个 1∶8 分光器的插入损耗值大约在 11 dB 左右。在二级分光的模式下，二级分光器端口测试的光功率范围(全程光衰耗测试)应该为 −18～−22 dB(算上中间跳接的损耗)，但根据相关的要求和设备性能指标，光功率在 −12～−24 dB 时光猫都可以稳定工作，这点是需要大家注意的。在测试分光器时，抽取 10% 的端口进行抽测，即 1∶8 的分光器抽取 1

个端口测试，以此类推，通过抽样测试来判断分光器端口的性能。下面以某种光猫为例，详细介绍业务测试的过程(PITV 为选测项目)。

① 在测试合格的分光器端口下，将光猫连上，在笔记本电脑上设置本机 IP 地址为"192.168.1.X"(X 不能为 1)，然后点击"确定"。

② 打开计算机浏览器输入"192.168.1.1"，弹出对话框，如图 5-28 所示。

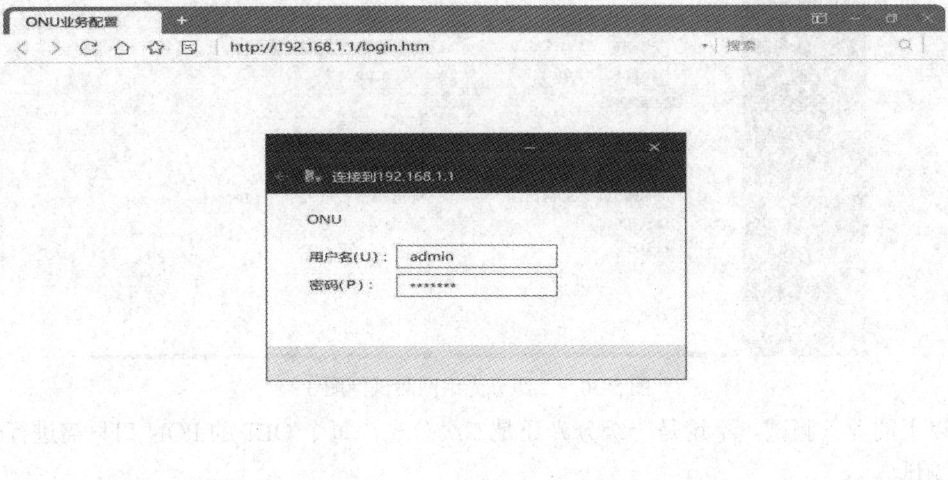

图 5-28 二级分光组网测试例图 1

③ 在用户名和密码处填"admin"(用户名和密码相同)，进到 ONU 界面，如图 5-29 所示。

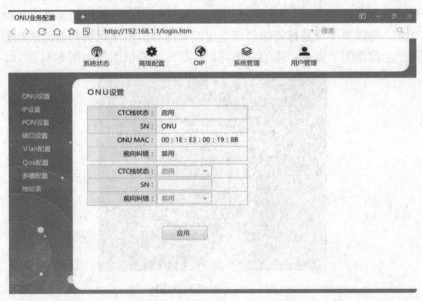

图 5-29 二级分光组网测试例图 2

④ 点击"高级配置"，再点击"ONU 设置"，在 SN 处输入测试工单的 SN 号，最后点击"应用"。根据测试工单提供的相应配置数据一一进行填写，再点击"应用"。若数据配置没有问题，则宽带测试结果也与测试工单相一致，如图 5-30 所示。

图 5-30　二级分光组网测试例图 3

以上的业务测试，不论是一级分光还是二级分光，每个 OLT 的 PON 口只需进行一次业务测试。

除一级分光的业务测试和全程光衰耗测试外，若是全覆盖的节点(工程阶段布放皮线光缆)，对于从分光器引入用户段的皮线光缆，还需进行红光笔的通光测试，来证明皮线光缆的完好性。测试方法很简单，在分光器一侧将成端好的皮线光缆插到红光笔上，再到相应的用户处观察是否有红光出现，若有红光出现，则证明该皮线光缆的质量没有问题；若没有观察到红光，则需要排查是标签错误还是皮线光缆布放后出现折断而无法观察到红光。这个测试对于全覆盖的节点是必须的，请切记。红光笔测试图例如图 5-31 所示。

图 5-31　红光笔测试图例

(3) 测试表格。

测试表格的作用主要是记录测试过程中各个测试阶段的指标值，如 OLT 的发光功率、一级分光的功率、二级分光的功率、光猫接收的光功率等，都需要详细地记录下来，作为工程竣工测试完成的依据。表 5-9 是某个地市的测试报告样板，供大家参考。

表 5-9　FTTH 光分路器测试报告样板

xx 电信 FTTH 工程光分路器端口测试记录表

工程名称				测试日期			
施工单位				监理单位			
节点名称				是否放皮缆		是否成端	
序号	光分路器地址编码	端口号	用户地址	接收光功率大小/dBm	上联 OLT 及对应 PON 口	PON 口发光功率/dBm	下行全程光衰/dB	红光笔测试
1								
2								
3								
4								
5								
6								
7								
8								
9								
10								
11								
12								
13								
14								
对应 PON 口				上网速率			

测试方法：

(1) 全覆盖时，蝶形光缆布放入户，需 100%进行红光笔测试。

(2) 全覆盖和薄覆盖情况下，都需要在二级分路器上抽取 10%的端口进行全程光衰检查。

(3) 对应每个 OLT PON 口抽取任意一个二级分光器端口进行业务测试。

测试指标：

(1) 蝶形光缆红光笔测试对应性和连通性正常。

(2) 蝶形光缆如在用户端成端光衰应不大于 −24 dB，如在光分路器端口侧应不大于 −22.5 dB

(3) 业务测试中，上网速率必须大于等于签约带宽。

测试结论：

监理单位签字：　　　　　　　　　　　　　　　　　施工单位签字：

2. 验收规范

1) 单点验收要求

单点验收时，建设单位会对设备安装工艺和 ODN 安装工艺进行抽查，对系统主要指标进行复测，对工程的竣工图纸、资源录入、现场标签的准确性和完整性进行检查。单点验收通过后，网络发展部、网络运营部、监理单位、设计单位、施工单位应在单点验收文档上签字确认，并将该批节点交付建设单位相关部门使用。

2) 验收流程步骤、抽验比例

新建项目中单个楼盘(甚至单栋楼完成施工)，改造项目中单个薄覆盖小区完成施工，经工程、监理单位预验收合格后，向建设单位提交单点验收申请和单点验收文件，建设单位组织单点验收工作。施工单位应根据建设单位要求提交单点验收工程文件。建设单位会抽取该批单点信息的 60% 与相关的系统信息进行核对。

3) 竣工所需步骤、资料、抽验比例

工程项目基本通过单点验收后，根据建设单位的要求，提交竣工文件，申请竣工验收。建设单位组织设计、监理和施工单位对工程进行竣工验收。

施工单位提交的竣工技术文件应包括：开工说明、开工报告、安装工程量总表、已安装的设备明细表、工程设计变更单、重大工程质量事故报告、停(复)工报告、随工签证记录、交(完)工报告、交接书、竣工测试记录、竣工图。

竣工验收时，建设单位对工程质量、档案及投资决算进行综合评定，评出质量等级，并对工程设计、施工、监理和相关管理部门的工作进行总结，给出书面评论。衡量施工质量等级的标准如下：

(1) 优良：主要工程项目全部达到施工质量标准，其余项目施工质量标准稍有偏差，但不影响设备和器材的使用寿命。

(2) 合格：主要工程项目基本达到施工质量标准，但不会影响设备和器材的使用寿命。施工单位应根据建设单位的要求提交单点验收文件，包括竣工资料、测试资料、资源系统文件等。

5.4 实 做 项 目

【实做项目一】 在 FTTx 仿真软件小区场景中实际操作学习施工管理"质量控制"模块。

目的要求：学习与认知各场景的施工规范。

【实做项目二】 在 FTTx 仿真软件写字楼场景中实际操作学习施工管理"光缆成端施工"模块。

目的要求：通过软件操作光缆成端的仪器、步骤、工序的学习，了解如何使用熔接机。

本 章 小 结

(1) 了解认知 FTTx 网络中设备安装施工规范。

(2) 了解认知 FTTx 网络各种通信线路的施工规范。

(3) 当一个完整的 FTTx 网络建成后，需要进行相关测试，学习了解相关测试的仪表、规范步骤等。

(4) 测试完毕后进行整个网络工程的验收。需要了解认知工程验收的流程与所需相关资料。

复 习 与 思 考 题

1. 工程竣工需提交的文件有哪些？

2. 管道光缆的敷设规定有哪些？

3. ODF 架安装施工规范有哪些？

4. FTTH 工程的 ONU 接收光功率在什么范围内合格？

第 6 章　FTTx 通信工程监理

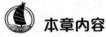 **本章内容**

- 通信工程项目管理
- 工程监理依据
- 工程监理工作范围、内容及目标
- 项目监理机构组织结构
- 工程监理控制管理

 本章重点、难点

- 通信建设工程监理的性质、工作方式、控制原则
- 通信工程项目的不同分类
- 通信工程建设基本程序

 本章学习目的和要求

- 掌握通信工程项目的基本理论知识
- 熟悉工程项目管理有关内容
- 掌握通信工程建设程序
- 掌握通信工程监理相关概念
- 掌握通信工程监理的工作方式、控制原则

 本章学时数

- 建议 4 学时

6.1　通信工程项目管理

6.1.1　通信工程项目

1. 通信工程项目的相关概念

项目是指特定的组织机构在一定的约束下，为完成某种特定目标而进行的一次性专门任务。其基本特征包括一次性、临时性、系统性、目标性和约束性。

工程项目是指为达到预期目标，投入一定量的资本，在一定的约束下，经过决策与实施的必要程序而形成固定资产的一次性事业。其基本特征包括建设目标的明确性、工程项目的综合性、工程项目的长期性、工程项目的风险性等。

从管理角度来看，一个工程项目是在一个总体设计或总概算范围内，由一个或几个互有联系的单项工程组成的，这些工程在建设时统一核算、统一管理，建成后在经济上可独立核算经营，在行政上又可以统一管理的工程单位。

通信工程项目是工程项目的一类，其具体建设范围包括电信部门的房屋、管道、构筑物的建造、设备安装、线路建造、仪器、工具等。

2. 通信工程项目的特点

通信工程项目作为工程项目中的一类，具有自己的特点，主要包括如下内容：

(1) 电信具有的全程全网联合作业特点决定了通信工程必须适应通信网的技术要求，工程所用通信设备和器材必须有"入网证"。同时，在通信工程项目建设中必须满足统一的网络组织原则和技术标准，解决工程建设中各个组成部分的协调配套，以期获得最大的综合通信能力，更好地发挥投资效益。

(2) 通信线路和通信设备繁杂。通信技术发展快，更新换代不断加速，新技术、新业务层出不穷，而且通信手段多样化，这些都决定了通信线路和通信设备种类的多样化。

(3) 通信工程项目点多、线长、面广。一个通信工程项目包括许多类型的点，如线路局站、基站、中继站、转接站等，线路可能较长，如跨省线路工程，全程达上千公里，有的还要经过地形复杂、地理条件恶劣地段、工地十分分散，形成比较广的面，从而造成工程建设难度加大。

(4) 目前的通信工程项目往往是对原有通信网的扩充与完善，也是对原有通信网的调整与改造，因此必须处理好新建工程与原有通信设施的关系，处理好新旧技术的衔接和兼容，并保证原有运行业务不能中断。

3. 通信工程项目分类

可以从不同角度对通信工程项目进行分类，主要包括如下几种分类方法。

1) 按照投资的性质分类

按照投资性质的不同，通信工程项目可分为基本建设项目和更新改造项目两类。其中，基本建设项目是指利用国家预算内基建拨款投资、国内外基本建设贷款、自筹资金及其他专项资金进行的，以扩大生产能力或增加工程效益为主要目的建设的各类工程及有关工作,如通信工程中的长途传输、卫星通信、移动通信、电信用机房等建设项目。其具体工程项目包括:新建项目、扩建项目、改建项目、迁建项目、重建项目、更新改造项目、技术改造项目、技术引进项目、设备更新项目。

2) 按建设规模分类

按建设规模不同,通信工程项目可划分为大型、中型和小型项目,根据各个时期经济发展水平和需要会有所变化。对于技术改造项目,则又可分为限额以上项目和限额以下项目。

通信固定资产投资计划项目的划分标准分为基建大中型项目和技改限上项目、基建小型项目和技改限下项目两类。

(1) 基建大中型项目和技改限上项目。其中,基建大中型项目是指长度在 500 km 以上的跨省、区长途通信电缆、光缆,长度在 1000 km 以上的跨省、区长途通信微波以及总投资在 5000 万元以上的其他基本建设项目。技术改造限上项目是指限额在 5000 万元以上的技术改造项目。

(2) 基建小型项目和技改限下项目(即统计中的技改其他项目)。其中,基建小型项目是指建设规模或计划总投资在大中型以下的基本建设项目。技术改造限下项目是指计划投资在限额以下的技术改造项目。

3) 按照工程的构成层次分类

根据工程项目的组成内容和构成层次,通信工程项目从大到小可划分为单项工程、单位工程、分部工程和分项工程。

单项工程一般是指具有独立文件、可以独立施工、建成后可独立发挥生产能力或效益的工程。从施工角度看,单项工程就是一个独立的系统,如一个生产车间、一栋办公楼等。一个工程项目可以是一个建筑工程或一项设备与安装工程。若干个单位工程可构成单项工程。

分部工程是单位工程的组成部分,是单位工程的进一步分解。它是以安装工程部位、设备种类和型号、主要工种工程为依据所做的分类。

分项工程是分部工程的组成部分,一般按照工种工程划分,分项工程是形成建筑产品基本构件的施工过程。

4) 按单项工程分类

通信建设工程按专业分为通信线路工程、通信管道建设工程和通信设备安装工程,再具体又细分为多个单项工程,单项工程划分如表 6-1 所示。

表 6-1　通信建设单项工程项目划分

专业类别	单项工程名称	备　注
通信线路	(1) xx 光、电缆线路工程; (2) xx 水底光、电缆工程(包括水线房建筑及设备安装); (3) xx 用户线路工程(包括主干及配线光、电缆、交接及配线设备、集线器、杆路等); (4) xx 综合布线系统工程	进局及中继光(电)缆工程可按每个城市作为一个单项工程

专业类别	单项工程名称	备　注
通信管道建设工程	通信管道建设工程	
通信传输设备安装工程	(1) xx 数字复用设备及光、电设备安装工程； (2) xx 中继设备、光放设备安装工程	
微波通信设备安装工程	xx 微波通信设备安装工程(包括天线、馈线)	
卫星通信设备安装工程	xx 地球站通信设备安装工程(包括天线、馈线)	
移动通信设备安装工程	(1) xx 移动控制中心设备安装工程； (2) 基站设备安装工程(包括天线、馈线)； (3) 分布系统设备安装工程	
通信交换设备安装工程	xx 通信交换设备安装工程	
数据通信设备安装工程	xx 数据通信设备安装工程	
供电设备安装工程	xx 电源设备安装工程(包括专用高压供电线路工程)	

5) 按类别分类

通信建设工程按类别可划分为一类工程、二类工程、三类工程和四类工程，如表 6-2 所示。

表 6-2　通信建设工程类别表

工程类别	单项工程名称	备　注
一类工程	(1) 大、中型项目或投资额在 5000 万元以上的通信工程项目； (2) 省际通信工程项目； (3) 投资额在 2000 万元以上的部定通信工程项目	
二类工程	(1) 投资额在 2000 万元以下的部定通信工程项目； (2) 省内通信干线工程项目； (3) 投资额在 2000 万元以上的省定通信工程项目	具备条件之一即成立
三类工程	(1) 投资额在 2000 万元以下的省定通信工程项目； (2) 投资额在 500 万元以上的通信工程项目； (3) 地市局工程项目	
四类工程	(1) 县局工程项目； (2) 其他小型项目	

6.1.2　通信工程项目管理

有建设就有项目，有项目就有项目管理，实践证明，实行项目管理的通信工程，在安全控制、投资控制、质量控制和进度控制等多方面均可以收到良好的效果，能使综合效益均得到极大的提高。

1. 工程项目管理的概念

工程项目管理是指应用项目管理的理论、观点、方法,为把各种资源应用于项目,实现项目的目标,对工程建设项目的投资决策、施工建设、交付使用及售后服务的全过程进行全面的管理。

工程项目资源包括一切具有现实和潜在价格的东西,如自然资源和人造资源、内部资源和外部资源、无形资源,如人力、材料、机械、设备、资金、信息、科学技术及市场等。

2. 工程项目管理的主要任务

工程项目管理要实现工程项目的全过程管理,以便能够在约束条件下实现项目的目标。不同类型项目具体的管理任务也不同,目前通信类工程项目管理的任务主要包括造价控制、进度控制、质量控制、安全管理、合同管理、信息管理、协调,即"三控三管一协调"。

3. 工程项目管理流程

工程项目管理的一般流程如图 6-1 所示。

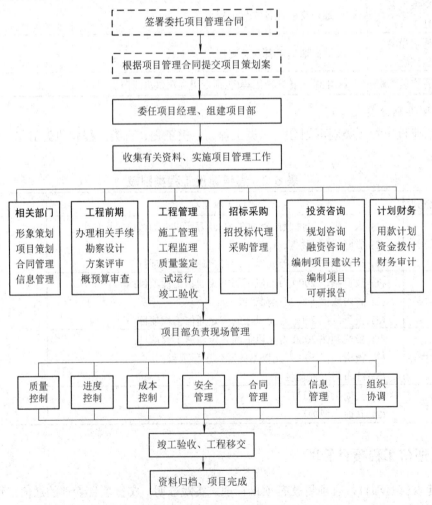

图 6-1　工程项目管理流程图

注:图 6-1 中虚线框表示该步骤不是必需的,可以省略。

6.1.3　通信工程建设基本程序

　　以通信工程的大中型和限额以上的建设项目为例，从建设前期工作到建设、投产，期间要经过立项、实施和验收投产 3 个阶段，如图 6-2 所示。

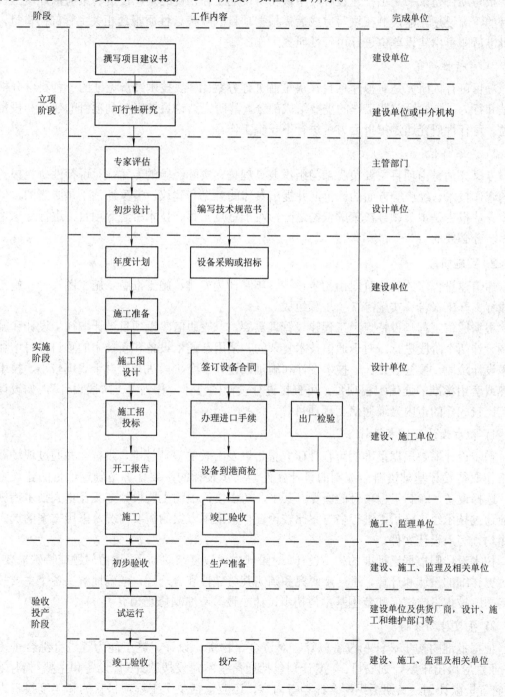

图 6-2　通信工程项目基本建设程序图

1. 立项阶段

立项阶段是通信工程建设的第一阶段,包括撰写项目建议书、可行性研究和专家评估。

1) 撰写项目建议书

撰写项目建议书是工程建设程序中最初阶段的工作,目的是在投资决策前拟订该工程项目的轮廓设想。建议书在撰写完成后需根据项目的规模、性质报送相关主管部门审批,获批准后即可由建设单位进行可行性研究工作。

2) 可行性研究

项目可行性研究是对拟建项目在决策前进行方案比较、技术经济论证的一种科学分析方法和行为,是建设前期工作的重要组成部分,其研究结论直接影响到项目的建设和投资效益。可行性研究通过审批后方可进行下一步工作。

3) 专家评估

专家评估是由项目主要负责部门组织兼具理论、实际经验的专家,对可行性研究报告的内容作技术、经济等方面的评价,并提出具体的意见和建议。专家评估不是必需的,但专家评估报告是主管领导决策的依据之一,对于重点工程、技术引进等项目,进行专家评估是十分必要的。

2. 实施阶段

通信建设程序的实施阶段由初步设计、年度计划安排、施工准备、施工图设计、施工招投标、开工报告、实施等 7 个步骤组成。

根据通信工程建设特点及工程建设管理需要,一般通信建设项目设计按初步设计和施工图设计两个阶段进行。对于通信技术复杂的、采用新通信设备和新技术的项目,可增加技术设计阶段,按初步设计、技术设计和施工图设计 3 个阶段进行;对于规模较小、技术成熟或套用标准的通信工程项目,可直接进行设计图设计,称为"一阶段设计",如设计施工比较成熟的市内光缆通信工程项目等。

1) 初步设计及技术设计

初步设计书是根据批准的可行性研究报告以及有关的设计标准、规范,并通过现场勘查工作取得设计基础资料后编制的设计文件。初步设计的主要任务是确定项目的建设方案,选择设备,编制工程项目的概算。其中,初步设计中的主要设计方案及重大技术措施等应通过技术经济分析,进行多方案比较论证,未采用方案的扼要情况及采用方案的选定理由均须写入设计文件。

技术设计则根据已批准的初步设计,对设计中比较复杂的项目、遗留问题或特殊需要,通过更详细的设计和计算,进一步研究和阐明其可靠性和合理性,准确地解决各个主要技术问题。技术设计深度和范围基本与初步设计一致,应编制修正预算。

2) 年度计划安排

根据批准的初步设计和投资概算,对资金、物资、设计、施工能力等进行综合平衡后,业主应做出年度计划安排。年度计划包括通信基本建设拨款计划、设备和主要材料(采购)储备贷款计划、工期组织配合计划等内容,还应包括单个工程项目目的和年度投资进度计划。

经批准的年度建设项目计划是进行基本建设拨款或贷款的主要依据，是编制保证工程项目总进度要求的重要文件。

3) 建设单位施工准备

施工准备是通信基本建设程序中的重要环节，主要包括征地、拆迁、"三通一平"、地质勘察等，此阶段以建设单位为主进行。

为保证建设工程的顺利实施，建设单位应根据建设项目或单项工程的技术特点，适时组建建设工程的管理机构，并做好以下具体工作：

(1) 制定本单位的各项管理制度和标准，落实项目管理人员。

(2) 根据批准的初步设计文件汇总拟采购的设备和专用主要材料的技术资料。

(3) 落实项目施工所需的各项报批手续。

(4) 落实施工现场环境的准备工作，如完成机房建设，包括水、电、暖等。

(5) 落实特殊工程验收指标审定工作。

特殊工程验收指标包括应用在工程项目中的(没有技术标准的)新技术、新设备的指标；由于工程项目的地理环境、设备状况的不同，要进行讨论和审定的指标；由于工程项目的特殊要求，需要重新审定验收标准的指标；由于建设单位或设计单位对工程提出特殊技术要求，或高于规范标准要求，需要重新审定验收标准的指标。

4) 施工图设计

建设单位委托设计单位根据批准的初步设计文件和主要通信设备订货合同进行施工图设计。设计人员在现场进行详细勘察的基础上，对初步设计做必要的修正；绘制施工详图，标明通信线路和通信设备的尺寸、安装设备的配置关系和布线；明确施工工艺要求；编制施工图预算；以必要的文字说明表达意图，指导施工。

施工图设计文件是承担工程实施的部门(即具有施工执照的线路、机械设备施工队)完成项目建设的主要依据。同时，施工图设计文件是控制建筑安装工程造价的重要文件，也是办理价款结算和考核工程成本的依据。

5) 施工招标

施工招标是建设单位将建设工程发包，鼓励施工企业投标竞争，从中评定出技术好、管理水平高、信誉可靠且报价合理以及具有相应通信工程施工等级资质的通信工程施工企业中标的行为。推行施工招标对于择优选择施工企业，确保工程质量和工期具有重要意义。

6) 开工报告

经施工招标，签订承包合同，并落实年度资金拨款、设备和主材供货及工程管理组织，于开工前一个月由建设单位会同施工单位向主管部门提出建设项目开工报告。在项目开工报批前，应由审计部门对项目的有关费用计取标准及资金渠道进行审计后方可正式开工。

7) 施工

施工承包单位应根据施工合同条款、批准的施工图设计文件和施工组织设计文件进行施工准备和施工实施，在确保通信工程施工质量、工期、成本、安全等目标的前提下，满足通信施工项目竣工规范和设计文件的要求。

施工单位进行施工的现场准备工作主要是为了给施工项目创造有利的施工条件和物资保证。因项目类型不同其准备工作内容也不尽相同，本章按光(电)缆线路工程、光(电)

缆管道工程和设备安装工程分类叙述准备工作。

(1) 光(电)缆线路工程准备工作的主要内容包括 6 个方面。

① 现场考察：熟悉现场情况，考察实施项目所在位置及影响项目实施的环境因素；确定设施建立地点，电力、水源给取地，材料、设备临时存储地；了解地理和人文情况对施工的影响因素。

② 地质条件考察及路由复测：考察线路的地质情况与设计是否相符，确定施工的关键部位(点)，制定关键点的施工措施及质量保证措施。对施工路由进行复测，如与原设计不符应提出设计变更请求，复测结果要做详细的记录备案。

③ 建立临时设施：包括项目经理部办公场地，财务办公场地，材料、设备存放地，宿舍、食堂设施的建立；防火、放水设施的设置；保安防护设施的设立。建立临时设施的原则是：距离施工现场近；运输材料、设备、机具便利；通信、信息传递方便；人身及物资安全。

④ 建立分屯点：在施工前应对主要材料和设备进行分屯，建立分屯点的目的是便于施工、运输，还应建立必要的安全防护设施。

⑤ 材料与设备进场检测：按照质量标准和设计要求(没有质量标准的按出厂检验标准)，对所有进场的材料和设备进行检验。材料与设备进场检验应有建设单位和监理在场，并由建设单位和监理确认，将测试记录备案。

⑥ 安装、调试施工机具：做好施工机具和施工设备的安装、调试工作，避免施工时设备和机具发生故障而造成窝工，影响施工进度。

(2) 光(电)缆管道工程准备工作的主要内容包括 7 个方面。

① 管道线路实地考察：熟悉现场情况，考察临时设施建立地点，电力、水源给取地，做好建筑构(配)件、制品和材料的储存和堆放计划，了解地理和其他管线情况对施工的影响。

② 考察其他管线情况及路由复测：路由的地质情况与设计是否相符，确定路由上其他管线的情况，制定交叉、重合部分的施工方案，明确施工的关键部位，制定关键点的施工措施及质量保证措施。对施工路由进行复测，如与原设计不符应提出设计变更请求、复测结果要做详细的记录备案。

③ 建立临时设施：包括项目经理部办公场地、建筑构(配)件、制品和材料的储存和堆放场地宿舍、食堂设施，安全设施、防火/防水设施，保安防护设施，施工现场围挡与警示标志的设置，施工现场环境保护设施。

④ 建立临时设施的原则：距离施工现场近；运输材料、设备、机具便利；通信、信息传递方便；人身及物资安全。

⑤ 材料与设备进场检测：按照质量标准和设计要求(没有质量标准的按出场检验标准)，对所有进场的材料和设备进行检验。材料与设备进场检验应有建设单位和监理在场，并由建设单位和监理确认，将测试记录备案。

⑥ 光(电)缆和塑料子管配盘：根据复测结果、设计资料和材料订货情况，进行光、电缆配盘及接头点的规划。

⑦ 安装、调试施工机具：做好施工机具和施工设备的安装、调试工作，避免施工时设备和机具发生故障而造成窝工，影响施工进度。

(3) 设备安装工程准备工作的主要内容包括 6 个方面。

① 施工机房的现场考察：了解现场、机房内的特殊要求，考察电力配电系统、机房走线系统、机房接地系统、施工用电和空调设施。

② 办理施工准入证件：了解现场、机房的管理制度，服从管理人员的安排；提前办理必要的准入手续。

③ 设计图纸现场复核：依据设计图纸进行现场复核，复核的内容包括需要安装的设备位置、数量是否准确有效；线缆走向、距离是否准确可行；电源电压、熔断器容量是否满足设计要求；保护接地的位置是否有冗余；防静电地板的高度是否和抗震机座的高度相符。

④ 安排设备、仪表的存放地：落实施工现场的设备、材料存放地，并确认是否需要防护(防潮、防水、防曝晒)，配备必要的消防设备，仪器仪表的存放地要求安全可靠。

⑤ 在用设备的安全防护措施：了解机房内在用设备的情况，严禁乱动内部与工程无关的设施、设备，制定相应的安全防范措施。

⑥ 机房环境卫生的保障措施：了解现场的卫生环境，制定保洁及防尘措施，配备必要的设施。

(4) 其他准备工作内容包括 4 个方面。

① 做好冬雨期施工准备工作：施工人员的防护措施；施工设备运输及搬运的防护措施；施工机具、仪表安全使用措施。

② 特殊地区施工准备：高原、高寒地区及沼泽地区等地区的特殊准备工作。

③ 施工单位技术准备工作主要内容：施工前应认真审阅施工图设计，了解设计意图，做好设计交底、技术示范，统一操作要求，使施工的每个人都明确施工任务及技术标准，严格按施工图设计施工。

④ 施工实施：在施工过程中，对隐藏工程在每一道工序完成后应由建设单位委派的监理工程师或随工代表进行随工验收，验收合格后才能进行下一道工序。自验合格后方可提交交(完)工报告。

3. 验收投产阶段

为了充分保证通信系统工程的施工质量，工程结束后，必须经过验收才能投产使用。这个阶段的主要内容包括初步验收、试运行以及竣工验收等几个方面。

1) 初步验收

初步验收一般由施工企业在完成承包合同规定的工程量后，依据合同条款向建设单位申请项目竣工验收。初步验收由建设单位(或委托监理公司)组织，相关设计、施工、维护、档案及质量管理等部门参加。除小型建设项目外，其他所有新建、扩建、改建等基本建设项目以及属于基本建设性质的技术改造项目，都应在完成施工调测之后进行初步验收。初步验收的时间应在原定计划工期进行，初步验收工作包括检查工程质量、审查交工资料、分析投资效益、对发现的问题提出处理意见，并组织相关责任单位落实解决。

2) 试运行

试运行是指工程初验后到正式验收、移交之间的设备运行。试运行由建设单位负责组织，供货厂商设计、施工和维护部门参加，对设备、系统功能等各项技术指标以及设计和施工质量进行全面考核。经过试运行，如果发现项目有质量问题，则由相关责任单位负责免费维修。一般试运行期为 3 个月，大型或引进的重点工程项目的试运行期限可适当延长。运行期内，应按维护规程要求检查证明系统已达到设计文件规定的生产能力和传输指标。运行期满后应写系统使用的情况报告，提交至工程竣工验收议程。

3) 竣工验收

竣工验收是通信工程的最后一项任务，当系统试运行完毕并具备了验收交付使用的条件后，由相关部门组织对工程进行系统验收。

竣工项目验收后，建设单位应向主管部门提出竣工验收报告，编制项目工程总决算，系统整理出相关技术资料(竣工图纸、测试资料、重大障碍和事故处理记录)，并清理所有财产和物质等，报上级主管部门审查。竣工项目经验收交接后，应迅速办理固定资产交付使用的转账手续(竣工验收后的 3 个月内应办理完毕固定资产交付使用的转账手续)，技术档案移交维护单位统一保管。

6.2　通信工程监理机构组成范围及目标

通信建设工程监理事业从 1993 年起至今，相继经历了试点推行和稳步发展两个阶段。通信建设工程监理制度的实施是我国通信建设工程领域管理体制的重大改革。这项制度把原来建设工程管理由建设单位和施工单位承担的体制，变由建设单位、施工单位和监理单位三方共同承担的新的管理体制。

6.2.1　通信工程监理工作依据

1. 通信工程监理建设法律、法规

(1) 《中华人民共和国合同法》。

(2) 《中华人民共和国建筑法》。

(3) 《中华人民共和国招标投标法》。

(4) 《建设工程质量管理条例》。

(5) 《建设工程监理规范》。

(6) 《通信工程施工监理暂行规定(试行)》。

(7) 《中华人民共和国安全生产法》。

(8) 《建设工程安全管理条例》。

(9) 《建设项目档案管理规范》。

(10) 《建设工程质量管理条例》。

(11) 国家和地区有关工程建设监理的法律、法规、规章和相应的规定。

2. 工程建设合同及相关文件

(1) 建设方与监理方签订的本工程建设监理合同及补充文件。

(2) 建设方与承包商签订的本工程施工承包合同及补充文件。

(3) 建设方与其他单位签订的、与本工程项目建设有关的合同或协议。

(4) 建设方在监理合同执行过程中发出的有关通知、文件。

3. 通信计价标准

通信计价标准为《通信建设工程量清单计价规范》YD 5192—2009。

4. 能源、环境、职业健康

(1)《通信局(站)节能设计规范》YD/T 5184—2018。

(2)《通信工程建设环境保护技术暂行规定》YD5039—2009。

(3)《职业健康安全管理体系要求及使用指南》GB/T 45001—2020。

5. 通信线路相关规范

(1)《通信线路工程施工监理规范》YD 5123—2010。

(2)《SDH 本地网光缆传输工程设计规范(附条文说明)》YD/T 5024—2005。

(3)《架空光(电)缆通信杆路工程设计规范》YD 5148—2007。

(4)《通信线路工程设计规范》YD 5102—2010。

(5)《光缆进线室设计规定》YD/T 5151—2007。

(6)《光缆进线室验收规定》YD/T 5152—2007。

(7)《通信线路工程验收规范》YD 5121—2010。

6. 通信管道工程相关规范

(1)《通信管道与通道工程设计标准》GB 50373—2019。

(2)《住宅区和住宅建筑内光纤到户通信设施工程设计规范》GB 50846—2012。

(3)《通信线路工程设计规范》GB 51158—2015。

(4)《通信工程设计文件编制规定》YDT 5211—2014。

(5)《光缆进线室设计规定》YD 5151—2007。

(6)《光纤到户(FTTH)体系结构和总体要求》YDT 1636—2007。

(7)《宽带光纤接入工程设计规范》YD 5206—2014。

7. 相关管理要求

(1) 相关部门审批的建设规范。

(2) 建设单位省市公司的相关要求。

(3) 质量管理体系 ISO9001:2008 GB/T19001—2008。

(4) 职业健康安全管理体系 OHSAS18001:2007 GB/T28001—2011。

(5) 环境管理体系 ISO14001:2004 GB/T24001—2004。

6.2.2　监理工作相关知识

1. 监理工作范围

监理工作范围是指监理企业受建设单位委托，依据国家有关建设的法律、法规、规章和标准规范，对通信建设工程项目进行监督管理的活动。

需要注意的是，不能把监理简单地理解为监督管理，监理没有管理的权限，只是一个中间环节，更多的是为业主提供监督的义务，梳理协调项目的管理，使施工单位更快、更准确、更完整地完成项目。

2. 监理工作的内容

(1) 编制工程项目监理规划并交建设单位批准认可，是作为开展工程建设监理的指导性文件和建设单位检查监理方工作的依据。

(2) 参与设计方案会审，并向建设单位提出相关建议，控制工程风险。

(3) 审核施工单位编写的施工组织设计(施工方案)、开工申请报告，检查施工筹备情况，向施工单位进行安全交底，在具备开工条件时下达开工令。

(4) 严格按照制订的进度计划控制工程施工进度，发现偏差及时纠正。根据现场施工情况对工程进度提出监理意见，确保工程工期按要求完成。

(5) 建立健全质量保证体系，督促施工单位严格按设计文件、规范、标准和程序施工，确保工程质量。

(6) 监理人员必须经常巡视工地的各个部位，发现问题后立即督促施工单位整改，并检查其执行情况。每道工序完毕后，监理人员必须及时检查验收，并做好隐蔽工程的签证。关键工序的施工必须进行旁站监理。

(7) 严格审查用于本工程的材料和设备，参加仓库或工地现场开箱、检验全过程并做出书面记录，对于本工程材料的出厂合格证进行核定并存档，对专业性较强的设备，从建设单位确认的专门的检测机构取得合格证明。

(8) 审核施工图设计变更，对设计变更以及施工合同变更，严格要求有关双方按约定程序进行变更，并提出监理意见报建设单位。

(9) 审查工程中出现的质量事故报告，分析事故原因，提出处理意见，督促施工单位采取有效措施及时处理事故，防止事故扩大，并及时向建设单位报告。

(10) 做好安全管理，督促施工单位文明施工，健全安全生产防护措施，及时发现并处理各种安全隐患。

(11) 真实准确地签认工程量的增减、二次搬运情况、相关赔付情况，经建设单位批准后，作为工程结算依据。

(12) 编写监理阶段工程周报、监理月(季、半年)报、监理计划和工程验收后的监理工作总结，及时、真实、完整、准确地做好施工过程记录。

(13) 根据施工单位提出的各阶段、部位工程的检验、验收及整体工程验收申请报告，协助建设单位组织初验，签署施工单位的工程竣工验收报告，参加建设单位组织的工程验收。

(14) 检查工程验收后的遗留问题及整改情况，并以书面报告提交建设单位。

3. 通信建设工程监理的主要任务、目的

监理单位必须严格按照"守法、诚信、公正、科学"的准则开展监理工作，实现建设单位的工程建设目标。监理工作目标包括 4 个方面。

(1) 质量控制目标：工程项目验收合格。

(2) 进度控制目标：施工合同约定的工期目标。

(3) 投资控制目标：经审核批准的施工图设计预算。

(4) 安全管理目标：监理工程师将严格执行《建设工程安全生产管理条例》，按照法律、

法规和工程建设强制性标准实施监理，做好安全管理，督促施工单位文明施工，健全安全生产防护措施，及时发现并处理各种安全隐患。

4. 项目监理机构组织及岗位职责

1) 监理组织机构

监理组织机构图如图 6-3 所示。

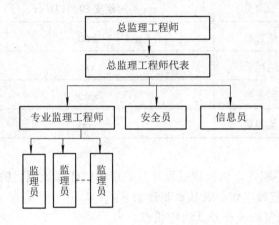

图 6-3 监理组织机构图

2) 现场监理机构

现场监理机构管理示意图如图 6-4 所示。

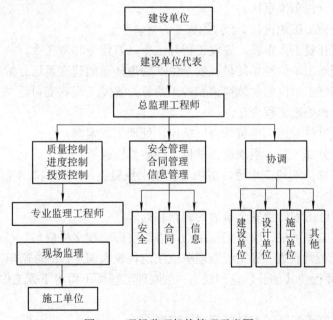

图 6-4 现场监理机构管理示意图

3) 人员配备结构

监理公司将根据工程特点和工程监理的需要，选派经验丰富的监理人员参加本工程监理，拟派监理人员分配表如表 6-3 所示。

表 6-3　拟派监理人员分配表

序号	姓名	监理职务	证书号	备注
1	李一	总监	通信(监)字 xxxxx 信云建安 B(2011)xxxx	
2	王二	监理工程师	通信(监)字 xxxx	
3	孙三	安全员	信川建安 B(2012)xxx	
4	赵四	信息员	xxxx	
5	Xx	监理员	xxx	
6	Xx	监理员	xxxx	
7	Xx	监理员	xxxx	

4) 岗位职责

(1) 总监理工程师职责。总监理工程师是监理单位任命该项目的全权负责人，全面负责和领导整个项目的监理工作。其基本职责如下：

① 确定项目监理机构人员及其岗位职责。

② 组织编制监理规划，审批监理实施细则。

③ 根据工程进展及监理工作情况调配监理人员，检查监理人员工作。

④ 组织召开监理例会。

⑤ 组织审核分包单位资格。

⑥ 组织审查施工组织设计、(专项)施工方案。

⑦ 审查工程开复工报审表，签发工程开工令、暂停令和复工令。

⑧ 组织检查施工单位现场质量、安全生产管理体系的建立及运行情况。

⑨ 组织审核施工单位的付款申请和竣工结算，签发工程款支付证书。

⑩ 组织审查和处理工程变更。

⑪ 调解建设单位与施工单位的合同争议，处理工程索赔。

⑫ 组织验收分部工程，组织审查单位工程质量检验资料。

⑬ 审查施工单位的竣工申请，组织工程竣工预验收，组织编写工程质量评估报告，参与工程竣工验收。

⑭ 参与或配合工程质量安全事故的调查和处理。

⑮ 组织编写监理月报、监理工作总结，组织整理监理文件资料。

(2) 总监理工程师代表。经工程监理单位法定代表人同意，由总监理工程师书面授权，代表总监理工程师行使其部分职责和权力。总监理工程师不得将下列工作委托给总监理工程师代表：

① 组织编制监理规划，审批监理实施细则。

② 根据工程进展及监理工作情况调配监理人员。

③ 组织审查施工组织设计、(专项)施工方案。

④ 签发工程开工令、暂停令和复工令。

⑤ 签发工程款支付证书，组织审核竣工结算。

⑥ 调解建设单位与施工单位的合同争议，处理工程索赔。

⑦ 审查施工单位的竣工申请，组织工程竣工预验收，组织编写工程质量评估报告，参与工程竣工验收。

⑧ 参与或配合工程质量安全事故的调查和处理。

(3) 专业监理工程师岗位职责。在总监的领导下，对本专业监理工作的具体实施负责。具体如下：

① 参与编制监理规划，负责编制监理实施细则。

② 审查施工单位提交的涉及本专业的报审文件，并向总监理工程师报告。

③ 参与审核分包单位资格。

④ 指导检查监理员工作，定期向总监理工程师报告本专业监理工作实施情况。

⑤ 检查进场的工程材料、构配件、设备的质量。

⑥ 验收检验批、隐蔽工程、分项工程，参与验收分部工程。

⑦ 处置发现的质量问题和安全事故隐患。

⑧ 进行工程计量。

⑨ 参与工程变更的审查和处理。

⑩ 组织编写监理日志，参与编写监理月报。

⑪ 收集、汇总、参与整理监理文件资料。

⑫ 参与工程竣工预验收和竣工验收。

(4) 现场监理员的岗位职责如下：

① 检查施工单位投入工程的人力、主要设备的使用及运行状况。

② 进行见证取样。

③ 复核工程计量有关数据。

④ 检查工序施工结果。

⑤ 发现施工作业中的问题，及时指出并向专业监理工程师报告。

(5) 信息员的岗位职责如下：

① 协助总监理工程师做好信息管理工作，处理和统计本专业的各类报表，并将本工程的有关信息与其他相关信息进行汇总、衔接、汇报。

② 做好各参建单位的合同管理工作。

③ 做好信息收集、整理、统计及传达的工作。

④ 做好工程中的相关资料收集的工作。

⑤ 完成总监理工程师交给的其他临时性工作。

(6) 安全管理人员的岗位职责如下：

① 在总监理工程师的主持和组织下，编制安全监理方案，必要时编制安全监理实施细则。

② 审查施工单位的安全生产管理组织机构、安全责任制度、安全生产检查制度、安全生产教育制度和事故报告制度是否健全。

③ 审核施工单位管理人员的安全生产考核合格证书、特种作业(登高、电焊等工种)人员的特种作业操作资格证书。

④ 审查施工单位对施工人员的安全培训记录和安全技术措施的交底情况。

⑤ 审查施工单位对施工图设计预算中的安全生产费使用和执行情况。

⑥ 开工前检查施工单位有关的安全工器具准备情况，施工单位为施工人员进行安全知识教育、宣讲并及时进行本工程的安全交底。

⑦ 对施工现场进行安全巡回检查，对各工序安全施工情况进行跟踪监督，填写安全监理日记，发现问题及时向总监理工程师报告。

⑧ 协助总监主持召开安全生产专题会议，讨论有关安全问题并形成纪要。

⑨ 协助调查和处理安全事故，当施工安全状态得不到保证时，安全监理人员可建议总监理工程师下达"工程暂停令"，责令施工单位暂停施工，进行整改。

5. 监理工作制度

在开展监理工作前，项目监理机构制定了符合本工程建设的监理工作管理制度，要求项目监理机构的所有监理人员严格按照以下制度执行。

(1) 设计文件、图纸审查制度。在设计交底前，总监理工程师应组织监理人员熟悉设计文件，并对图纸中存在的问题通过建设单位向设计单位提出书面意见和建议。

(2) 技术交底制度。监理人员参加建设单位组织的设计技术交底会，技术交底包括设计意图、施工要求、质量标准、技术措施，总监理工程师应对设计技术交底会议纪要进行签认。

(3) 开工报告审批制度。当工程的主要施工准备工作已完成时，施工单位可提交《施工组织设计和进度计划(方案)》及《工程开工报告》，经监理工程师现场核实后，由总监理工程师审批。

(4) 材料、构件检验及复验制度。严格审查用于本工程的材料和设备，参加工地现场开箱商检、检验全过程并作出书面记录，对于本工程材料的出厂合格证进行核对并存档，对专业性较强的设备，应取得招标方确认的专门检测机构出具的合格证明。

(5) 工程变更处理制度。严格按照工程建设监理规范、建设单位的要求及变更流程处理工程变更。

(6) 监理报告制度。按要求编写监理周报及其他专题报告并及时上报建设单位。

(7) 监理日志和会议制度。监理人员应每日将所从事的监理工作写入监理日志，特别是涉及需要返工、改正的事项，应详细记录。监理日志的重点是记录监理人员的工作情况，留下监理管控的痕迹。定期召开监理例会，检查上次例会工作落实情况，部署下一步监理工作。

(8) 对外行文审批制度。监理项目部向工程参与单位提交的报告、通知等文件，必须由相应岗位职责的监理人员签发。

(9) 保密制度。监理项目部对所监理工程的技术资料及施工单位采用的新技术、新工艺应严格保密。在未征得有关单位同意前，监理项目部及监理人员不得以任何形式发布与工程有关的信息资料。

(10) 廉洁自律制度。监理项目部的所有监理人员应严格遵守职业道德、工作纪律和公司员工行为规范，诚实、守信、公正、廉洁，不得向施工单位索取任何钱物，如有违反，按照监理公司纪律严肃查处。

6.3　通信工程监理控制管理

6.3.1　工程进度控制

1. 事前控制

(1) 审查施工单位提交的《施工组织设计(方案)》和进度计划，检查施工机具、器材、物资、施工人员安排情况，如不满足本工程工期要求，则必须要求施工单位重新编制，直至满足要求为止。

(2) 考虑工程实施过程中不可预料因素，要求施工单位在编制工程进度计划及其他施工资源调遣安排时必须留有余地，编制工程进度计划甘特图。

2. 事中控制

(1) 实行工程进度的动态管理，当实际进度与计划进度发生偏差时，应分析产生的原因，并督促施工单位提出进度调整的措施和方案。

(2) 按合同要求，及时进行工程计量审核。

(3) 组织现场协调会，协助建设单位解决现场有关重大事项。

(4) 主动向建设单位报告工程进度情况。

(5) 建立反映工程进度的监理日志，反映每天施工队伍动态、出勤情况、计划任务完成情况、计划任务未完成原因、设备材料到货滞后情况对工程进度的影响。

(6) 要求施工单位制定总工期突破后的补救措施。

3. 事后控制

制定预验收或初验后对工程质量需要进行整改的进度措施，并监督执行。

4. 工程进度管控风险及应对措施

(1) 充分考虑本工程建设中各种因素对工期的影响，根据实际情况，调整施工计划，保证施工进度按时完成。

(2) 在我方审核施工组织计划(方案)时，考虑每年都有的节庆、气候变化对施工的影响，重要节点的施工，可能被外界干扰较多等因素，要求计划工期留有一定可调节工期，施工单位提前做好施工队伍、工程车辆及工器具安排，以应对各种影响进度的因素。

(3) 应考虑设备及材料到货滞后对工程进度的不利影响，当出现材料未及时到货等情况时，应尽可能地调整施工进度计划，先完成具备条件的建设。

(4) 设计单位在编制请购清单时，可能未充分考虑工程实际需要，对工程潜在需求的材料考虑有所遗漏，在设计会审至施工单位核签请购清单期间，对设计单位编制请购清单上的设备及材料的规格、数量型号、请购的完备情况进行认真核实，避免材料请购遗漏或者型号规格错误对工程进度管控的影响。

(5) 工程实施过程中，考虑到建设单位分公司、监理、厂家工程师、三方物流、施工单位、维护单位之间协作可能对工程进度造成的不利影响，应组织召开工程启动会及定期召开工程协调会，将可能预见的问题提出来寻求解决办法，使各方的配合制度化、流程化、合理化，将因工程参建各方协调配合链条断裂对工程进度管控带来的不利影响降至最低。

6.3.2　工程质量控制

监理工程师按照设计、规范监督施工过程，使施工质量做得更好。

监理工程师对工程整体施工质量的控制，要通过事前、事中、事后 3 个阶段的监督检查，最终达到建设的质量目标。

1. 事前控制

(1) 参加建设单位组织的工程启动会，设计单位就本工程质量及相关规范对施工单位进行交底，对施工单位的施工方法、人员配备及资质、工器具配备提出明确要求。

(2) 严格审查施工组织计划方案，核查其专业工器具及专业人员的配备情况，以确保施工单位具有保证本工程质量的基本配备。

(3) 在施工单位进驻现场后，要对其施工所需的技术文件、资料、施工报表、机具和仪表等进行核查并做记录，尤其作为计量工具的仪器仪表必须校正后方能使用。

(4) 对进驻现场的施工人员，应符合施工单位编制的施工组织设计方案中岗位职责的要求，并属于施工组织设计方案中的人员配置，要坚持持证上岗制度。

(5) 对工程所需的器材、构件进行质量控制，对施工中使用的线材进行检查，确定是否符合设计规范的要求，对其中不合格的、无合格证的器材严禁运入现场。

(6) 路由复测、材料检查，具体包括以下几方面：

① 根据施工图设计，对施工路由复测工序全程跟踪，力求路由合理安全。施工单位容易忽视路由复测的重要性，不按正确的方法进行路由复测，造成路由走向不合理，杆位、拉线位置定位不准，影响路由美观，降低杆路机械强度，埋下安全隐患。因此在复测过程中，现场监理全程参与，检查施工单位的路由复测记录，复测光缆路由应符合施工图设计。因特殊情况需改变路由时，督促施工单位按变更流程处理。

② 检查控制进场工程材料质量(规格、型号、数量是否与设计相符，包装、外观有无破损，随货检验证书是否齐全)。

③ 监理工程师应组织供货单位、建设单位和承包单位对已到现场的材料进行开箱清点和外观检查，并转交施工单位。

④ 承包单位作为接受单位和使用单位应做好记录，收集整理装箱文件及合格证书，并填写工程材料/构配件/设备报审表，报送监理工程师签证。

⑤ 材料的规格型号应符合工程设计要求，其数量应能满足连续施工的需要。

⑥ 当发现有受潮、受损或变形的材料时，确定不能满足工程质量要求的，应当要求施工单位将货物运出现场并签发监理工程师通知单。

⑦ 工程建设中不得使用不合格的材料。当材料型号不符合工程设计要求而需要使用替换材料时，承包单位必须及时向监理工程师报告。监理单位向建设单位报告，由建设单位与设计单位商讨是否进行变更设计，否则应作为不合格材料处理。

2. 事中控制

(1) 参加建设单位组织的工程启动会，设计单位就本工程质量及相关规范对施工单位进行交底，对施工单位的施工方法、人员配备及资质、工器具配备提出明确要求。

(2) 严格审查施工组织计划方案，核查其专业工器具及专业人员的配备情况，以确保施工单位具有保证本工程质量的基本配备。

(3) 在施工单位进驻现场后，要对其施工所需的技术文件、资料、施工报表、机具和仪表等进行核查并做记录，尤其作为计量工具的仪器仪表必须校正后方能使用。

(4) 对进驻现场的施工人员，应符合施工单位编制的施工组织设计方案中岗位职责的要求，并符合施工组织设计方案中的人员配置，要坚持持证上岗制度。

(5) 对工程所需的器材、构件进行质量控制，对施工中使用的器材进行检查，确定是否符合设计规范的要求，对其中不合格的、无合格证的器材严禁运入现场。

3. 相关工程质量控制

(1) 光交箱和光分箱的质量控制表如表 6-4 所示。

表 6-4　光交箱和光分箱的质量控制表

检查项目	质 量 控 制 点
光交箱	基座高 30 cm，外延 15 cm；基座贴瓷砖，有 "8" 字也有外斜坡；基座内腔抹灰，对 4 个膨胀螺钉要做防锈处理
	现场无余料，有喷涂编号
	孔洞封堵严实；柜底光缆整齐有序，无盘留
	接地线真实接地；机柜接地线采用 16 mm 铜线
	分光器正确插入插槽
	尾纤绑扎美观，停泊整齐，防尘帽无脱落；标签标识清晰、正确美观
	熔盘尾纤和纤芯无 "8" 字；光纤束管保护，束管硬度好；主干跳纤无过大弯折
	熔纤盘尾纤和纤芯盘留 1.5 圈，尾纤在上，裸纤在下，形成保护，有固定；熔纤盘背板按要求盘 "S" 弯；热缩管一管一芯；尾纤在停泊位，防尘帽无脱落
	光缆入箱一孔一缆，开剥高度一致，用热缩管或黑胶带保护，有挂牌；光缆加强芯接线柱 1.5 cm 呈 n 形，固定牢固，光缆用孔箍固定
光分箱	安装水平垂直，4 个膨胀螺钉固定
	室外环境只能用室外型箱体；皮线左孔进，"几" 字形盘绕
	分光器安装先下后上，先里后外；孔洞封堵严实
	光缆右边进线，加强芯固定；熔纤盘内无 "8" 字，无过渡弯折
	光缆束管有 1 圈盘留；皮线箱体内预留 1 m
	皮线进箱体用槽道卡压牢固；热缩管每芯单独保护
	标签标识、资源表清晰、正确美观

(2) 监理单位 FTTH 工程质量记录表如表 6-5 所示。

表 6-5　监理单位 FTTH 工程质量记录表

工程名称			
监理单位			
施工单位			
建设地点			
主要建设内容			
检查项目	检查内容	检查结果	质量缺陷项整改后复查记录/时间
光交箱安装检查	落地式光交箱基座的基础高度、外延宽度，符合建设单位的要求	合格□　不合格□	
	落地式光交箱基座基础贴有瓷砖、有外斜坡	合格□　不合格□	
	现场无余料，箱体有喷涂编号	合格□　不合格□	
	挂壁式光交安装高度符合要求	合格□　不合格□	
	引出光缆和地线均穿管保护	合格□　不合格□	
	光缆吊牌符合要求	合格□　不合格□	
光交箱内光缆固定区检查	光缆入箱一孔一缆，开剥高度一致，用热缩管或黑胶带保护，有挂牌	合格□　不合格□	
	孔洞封堵严实	合格□　不合格□	
	机柜接地线采用 16 mm 铜线，并用铜鼻子压接	合格□　不合格□	
	光缆加强芯接线柱 1.5 cm 呈 n 形，固定牢固，光缆用孔箍固定	合格□　不合格□	
光交箱内尾纤盘留区检查	尾纤绑扎美观，停泊整齐	合格□　不合格□	
	防尘帽未有脱落	合格□　不合格□	
光交箱的熔纤盘内部检查	热缩管一管一芯	合格□　不合格□	
	熔纤盘背板按要求盘"S"弯	合格□　不合格□	
	熔纤盘尾纤和纤芯无"8"字	合格□　不合格□	
	熔纤盘尾纤和纤芯盘留 1.5 圈，尾纤在上，裸纤在下，形成保护，有固定	合格□　不合格□	
光交箱内分光器安装检查	分光器配置型号、数量符合设计，正确插入插槽	合格□　不合格□	
	标签标识清晰、正确美观	合格□　不合格□	
光交箱底部内检查	基座内腔抹灰，对 4 个膨胀螺钉要做防锈处理	合格□　不合格□	
	接地线连接良好，有效接地	合格□　不合格□	
	柜底光缆整齐有序，无盘留	合格□　不合格□	
	接地线用铜鼻子压接在接地体引入点，并连接牢固	合格□　不合格□	

续表

检查项目	检查内容	检查结果	质量缺陷项整改后复查记录/时间
分纤箱安装检查	室外环境只能用室外型箱体	合格□　不合格□	
	箱体正面有编号	合格□　不合格□	
	安装水平垂直，4 个膨胀螺钉固定或钢带绑扎或抱箍固定	合格□　不合格□	
	引入光缆弯曲半径符合要求	合格□　不合格□	
	光缆吊牌符合要求	合格□　不合格□	
分纤箱内部引入光缆处检查	光缆右边进线，加强芯固定	合格□　不合格□	
	孔洞封堵严实	合格□　不合格□	
分纤箱内引入光缆盘留检查	尾纤盘留规范	合格□　不合格□	
	光缆束管有一圈盘留	合格□　不合格□	
分纤箱的熔纤盘内检查	熔纤盘内无"8"字，光纤弯曲半径符合要求	合格□　不合格□	
	热缩管每芯单独保护	合格□　不合格□	
	裸纤在下，尾纤在上	合格□　不合格□	
分纤箱分光器处检查	分光器安装先下后上，先里后外	合格□　不合格□	
	标签标识和资源表清晰、正确美观	合格□　不合格□	
	尾纤在停泊位，防尘帽无脱落	合格□　不合格□	
引上引下光缆检查	分叉/引上引下/人井/转弯处有挂牌	合格□　不合格□	
	引上引下用钢管，钢管固定稳固、规范，钢管上下封堵严密	合格□　不合格□	
接头盒及两端光缆预留检查	接头盒型号与设计一致，光缆接头盒孔数不小于穿入光缆数	合格□　不合格□	
	光缆接头盒封堵严密	合格□　不合格□	
	接头盒有效固定，每条光缆有吊牌	合格□　不合格□	
	接头盒两端光缆预留长度符合设计要求，盘留固定规范	合格□　不合格□	
预留光缆检查	杆路光缆预留用支架固定	合格□　不合格□	
	管道光缆预留固定在托架上	合格□　不合格□	
	盘留规范，长度符合设计要求	合格□　不合格□	

监理单位检查结果及复查意见：

监理人员：　　　　　　　　　　　　　　　　日期：

(3) 工程隐蔽部分质量控制。

隐蔽工程包括立杆、拉线洞深，直埋光缆沟深、管道沟深等工序。按流程办理《隐蔽工程签证》，对于不合格的内容不予确认，书面告知返工、返修，电杆洞深和拉线洞深、直埋沟深不够，会造成质量风险和潜在安全风险。监理人员要根据设计要求和现场土质情况，检查洞深、沟深是否符合要求，并现场签认合格后，施工单位方可进行立杆和埋设地锚。

(4) 对线路建设的特殊部位进行旁站。

线路跨越交越桥梁、等级公路，过河飞线、水坝、库区、景区、控制区，进出局、分线点、电力线路及设备点等，缆沟内敷设光缆，ODF 机架安装。

监理公司架空光缆敷设质量检查记录表如表 6-6 所示。

表 6-6　架空光缆敷设质量检查记录表

工程名称			
监理单位			
施工单位			
建设地点			
主要建设内容			
检查项目	检查内容	检查结果	质量缺陷项整改后复查记录/时间
光缆单盘测试检查	核定进场光缆的型号、数量与设计是否相符	合格□ 不合格□	
	光缆盘包装完整，光缆外皮、端头封装好，各种随盘资料齐全，A、B 端标签正确明显	合格□ 不合格□	
	测试单盘光缆的光纤传输特性、长度应符合设计要求，测试结果应与出厂检验记录一致	合格□ 不合格□	
架空、墙壁光缆敷设检查	检查道路、宅院、电力线交越施工时，设置警示标志、专人指挥人员、车辆暂停通行	合格□ 不合格□	
	检查是否按设计要求 A、B 端敷设，其曲率半径应大于光缆外径的 20 倍	合格□ 不合格□	
	每 1~3 根杆上应作一处伸缩预留，符合验收规范要求	合格□ 不合格□	
	预留牢靠固定在预留用支架托上，长度是否符合验收规范表要求	合格□ 不合格□	
	引上、引下安装是否符合验收规范图要求	合格□ 不合格□	
	引上、引下、转弯处、接头盒进出光缆挂牌标志安装符合设计要求	合格□ 不合格□	
	架设高度、交越其他电气设施的最小垂直净距符合验收规范表要求	合格□ 不合格□	
	挂钩的间距为 500 mm，允许偏差 ±30 mm，卡挂均匀整齐	合格□ 不合格□	

检查项目	检查内容	检查结果	质量缺陷项整改后复查记录/时间
光缆接续检查	检查光纤接续完成后采用热熔套管保护。光纤的活动接头是否采用成品光纤连接器	合格□　不合格□	
	检查光纤预留在接头盒内的光纤盘片上时，其曲率半径不小于 30 mm，且盘绕方向应一致，无挤压、松动	合格□　不合格□	
	检查两端的光缆加强芯在接头盒内是否固定牢固、铜导线、铝或钢聚乙烯黏结护套的连接是否符合设计要求	合格□　不合格□	
	检查光纤接头的损耗值是否满足设计规范表的规定要求	合格□　不合格□	
光缆接头封装、安装检查	采用热可缩套管封装的外形美观，无烧焦等不良状况；采用开启式接头盒时，安装的螺栓应均匀拧紧，无气隙	合格□　不合格□	
	封装完毕，测试检查并做好记录，需要做地线引出的，符合设计要求	合格□　不合格□	
	直埋光缆接头前应测量光缆金属护层对地绝缘符合设计规定，接头盒封装密封良好。监测缆是否按设计规定引接	合格□　不合格□	
	架空接头盒牢固、整齐安装在电杆附近的吊线上，立式接头盒安装在电杆上。符合验收规范图的要求	合格□　不合格□	
	架空接头预留光缆盘留安装在两侧的邻杆预留支架上，符合验收规范图的要求和设计规范表要求	合格□　不合格□	
	管道接头、预留光缆是否牢靠固定在人孔托架或者孔壁上，预留长度是否符合设计规范表要求	合格□　不合格□	

监理单位检查结果及复查意见：

监理人员：　　　　　　　　　　　　　　　　　　　　　　日期：

（5）光缆敷设质量控制。

施工前检查材料外观、单盘测试、敷设方式、人员组织、机械工具、辅助机具、各种预留设置、绑扎等。施工过程中，光缆敷设不能造成"蛇行弯"。监理人员在该工序管控时，要严格控制施工人员的操作方法，在倒"8"字中，必须使用千斤顶等机械支撑缆盘，先回出光缆，再进行布放，保证光缆布放质量。检查挂钩间距，间距均匀并符合建设规范，预留绑扎规范美观，接头及进出局站防水弯符合要求等。

(6) 管道光缆。

① 光缆所占用的孔位应符合设计要求。

② 敷设管道光缆之前必须清刷管孔口。

③ 在孔径大于等于 9 cm 的水泥管道或塑料管道内，应一次敷足 3 根或 3 根以上的子管。

④ 子管不能跨井敷设。

⑤ 子管在人孔中的余长应符合设计要求。

⑥ 子管在管道中间不得有接头。

⑦ 子管管孔应按设计要求封堵。

⑧ 敷设光缆时的牵引力应符合设计要求，在一般情况下不宜超过 2000 m。

⑨ 按设计要求的 A、B 端敷设光缆。

⑩ 管道光缆的一次牵引长度不得超过 1000 m。

⑪ 敷设管道光缆时应以石蜡油、滑石粉等作为润滑剂，严禁使用有机油脂。

⑫ 以人工方式牵引光缆时，应在井下逐段接力牵引。

⑬ 光缆绕 "8" 字敷设时其内径应不小于 2 m。

⑭ 敷设后的光缆应平直、无扭转、无明显刮痕和损伤。

⑮ 敷设后的光缆接头预留长度应符合设计要求。

⑯ 光缆出管孔 15 cm 以内不应做弯曲处理。

⑰ 人孔内的光缆接头必须安装在人孔正上方的光缆接线盒托架上，接头余缆应紧靠人孔壁或人孔搁架，盘成 "O" 形圈，用扎带绑扎在光缆托板上，并符合下列要求：

a. 尽量安装在人孔内较高的位置，避免雨季时被人孔内积水浸泡。

b. 安装位置不应影响人孔中其他光缆、光缆接头的安放。

c. 预留光缆应有保护措施。

d. 用设计要求的器材堵塞光缆管孔。

e. 人孔内的光缆应有标识，在两端挂上规定的路由牌。

监理公司管道光缆敷设质量检测记录表如表 6-7 所示。

表 6-7　管道光缆敷设质量检测记录表

工程名称			
监理单位			
施工单位			
建设地点			
主要建设内容			
检查项目	检查内容	检查结果	质量缺陷项整改后复查记录/时间
光缆单盘测试检查	核定进场光缆的型号、数量与设计是否相符	合格□　不合格□	
	光缆盘包装完整，光缆外皮、端头封装好，各种随盘资料齐全，A、B 端标签正确明显	合格□　不合格□	
	测试单盘光缆的光纤传输特性、长度应符合设计要求，测试结果应与出厂检验记录一致	合格□　不合格□	

续表

检查项目	检查内容	检查结果	质量缺陷项整改后复查记录/时间
管道光缆敷设检查	检查人孔盖开启后是否按规定设置安全标志，是否在繁华地区设防护栏及安排专人值守	合格□　不合格□	
	下人孔前是否用有毒气体检测仪进行有毒、有害及可燃气体的浓度测定，防止井下作业中毒事故发生	合格□　不合格□	
	检查是否按设计要求 A、B 端敷设，其曲率半径应大于光缆外径的 20 倍	合格□　不合格□	
	检查人孔内光缆挂牌标志安装是否符合设计要求	合格□　不合格□	
	检查上、下人孔是否使用梯子，是否有蹬踩电缆或支架现象发生	合格□　不合格□	
光缆接续检查	检查光纤接续完成后是否采用热熔套管保护。光纤的活动接头是否采用成品光纤连接器	合格□　不合格□	
	检查光纤预留在接头盒内的光纤盘片上时，其曲率半径不小于 30 mm，且盘绕方向应一致，无挤压、松动	合格□　不合格□	
	检查两端的光缆加强芯在接头盒内是否固定牢固、铜导线、铝或钢聚乙烯黏结护套的连接是否符合设计要求	合格□　不合格□	
	检查光纤接头的损耗值是否满足设计规范表的规定要求	合格□　不合格□	
光缆接头封装、安装检查	采用热可缩套管封装的外形美观，无烧焦等不良状况；采用开启式接头盒时，安装的螺栓应均匀拧紧，无气隙	合格□　不合格□	
	封装完毕，测试检查并做好记录，需要做地线引出的，应符合设计要求	合格□　不合格□	
	管道接头、预留光缆是否牢靠固定在人孔托架或者孔壁上，预留长度是否符合设计规范表要求	合格□　不合格□	
监理单位检查结果及复查意见： 监理人员：　　　　　　　　　　　　　　　　　　日期：			

(7) 架空光缆质量。

① 架空光缆杆距市区 35～40 m，郊区 45～50 m。

② 新设杆路应采用钢筋混凝土电杆，杆路应设在较定型的道路一侧，以减少立杆后的迁移。

③ 拉线制作安装工艺控制(安装位置，上把、中把、地锚出土等的安装尺寸、位置)。

拉线制作工艺粗糙, 安设位置不合理, 主要是由于施工人员技术原因和责任心不强造成的, 质量问题主要表现在拉线中把、上把不按标准尺寸缠扎和夹固, 缠扎不紧密、不匀称, 地锚出土位置不在角杆外角平分线上, 拉距不够等。现场监理要加强巡回检查, 发现质量问题时, 应要求施工单位及时返工, 直至符合标准要求为止。

④ 吊线架设质量控制(垂度、吊线接头、杆上固定、终结、特殊地段架设措施等)。

⑤ 光缆吊线规格应符合表 6-8 所示的要求。

表 6-8　光缆吊线规格标准表

杆距 L/m	光缆重量 W/(kg/m)	吊线规格线径(mm) × 股数
$L \leqslant 45$	$W \leqslant 2.11$	2.2×7
$45 < L \leqslant 60$	$W \leqslant 1.46$	
$L \leqslant 45$	$2.11 < W \leqslant 3.02$	2.6×7
$45 < L \leqslant 60$	$1.46 \leqslant W \leqslant 2.182$	
$L \leqslant 40$	$3.08 < W \leqslant 4.15$	3.0×7
$40 < L \leqslant 60$	$2.182 \leqslant W \leqslant 3.02$	

⑥ 挂钩程式应符合设计要求, 按光缆外径选用挂钩程式, 如表 6-9 所示。

表 6-9　挂钩程式选用表

挂钩程式	光缆外径/mm
65	32 以上
55	25～32
45	19～24
35	13～18
25	12 及以下

⑦ 挂间距为 50 cm, 允许偏差不应大于 ±3 cm。电杆两侧的第一只挂钩应各距电杆 25 cm, 允许偏差不应大于 ±2 cm。挂钩在吊线上的搭扣方向应一致, 挂钩托板齐全。

⑧ 光缆敷设后应平直、无扭转、无机械损伤。

⑨ 中负荷区、重负荷区和超重负荷区布放吊挂式架空光缆应在每根杆上做预留, 轻负荷区应每 3～5 杆做一处预留。

⑩ 架空光缆垂度应保证光缆架设过程中和架设后, 受到最大负荷时所产生的伸长率小于 0.2%。工程中应根据光缆结构及架挂方式计算架空光缆垂度, 并核算光缆伸长率, 以确保取定的光缆垂度能保证光缆的伸长率不超过规定值。

⑪ 引上保护管的材质、规格和安装地点应符合设计要求。一般应使用钢管做引上保护管。

⑫ 架空光缆防强电、防雷措施应符合设计要求。吊挂式架空光缆与电力线交越时, 应用保护管对钢绞线做绝缘处理。光缆与树木接触部位应用胶管或蛇形管进行保护。

⑬ 架空光缆应在引上处及拐弯处悬挂规定的路由牌。

⑭ 光缆应采取保护措施(穿越树林保护, 穿/跨越电力线保护, 角杆控制, 直埋光缆穿

越沟渠、河流、场镇保护，地线制作，地线地阻测试)。

⑮ 进局(站)光缆质量控制(进局方式、滴水弯制作、终端支撑物固定、站内光缆的走向、绑扎、吊牌的数量、设置位置、工作地线连接)。

(8) 管理接续质量控制。

① 光缆接续前应核对光缆程式、接头位置、预留长度等要求。

② 光缆接续前应根据端别核对光纤、铜导线，做永久性编号标记。

③ 光缆接续前应检查两端的光纤、铜导线。

④ 光缆接续必须认真执行操作工艺要求。

⑤ 光纤接续严禁用刀片去除涂层或用火焰法制作端面。

⑥ 填充型光缆在接续时应采用专用清洁剂去除填充物，严禁使用汽油。

⑦ 应根据接头套管的工艺尺寸开剥光缆外护层，且不得损伤光纤。

⑧ 接续与测试质量控制(接续器材核查、接续仪器仪表核查、接续检查和测试检查)。

⑨ 施工现场的清理检查。

4. 事后控制

(1) 对竣工图纸和测试记录、工程技术资料等进行全面核查，必须做到准确、完整、图物相符。

(2) 在施工单位自检合格的基础上，对工程进行预验收，对存在的问题以书面形式要求施工单位整改，并及时检查整改情况。

(3) 对初验发现的问题，督促施工单位在初验会议纪要规定的时间内完成整改，并及时组织检查评定。

(4) 在试运行保修期内，若发生由于施工单位原因造成的工程质量问题，监理工程师要监督施工单位予以妥善处理。

6.3.3　工程投资控制

1. 事前控制

(1) 熟悉设计图纸、设计要求，分析合同价款构成的因素，明确工程费用最易突破的部分和环节，从而明确投资控制的重点。

(2) 按合同规定的条件，督促建设单位如期提供施工现场，使施工单位能如期开工、正常施工、连续施工，避免发生工期索赔。

(3) 按合同规定的条件，督促建设单位如期、按质、按量供应由建设单位负责提供的相关设备、材料以及设计文件和相关资料。

2. 事中控制

(1) 依据监理合同的授权，未经监理工程师预审，建设单位不得自行向施工单位支付工程款。

(2) 核定工程预付款时，施工单位要依据《通信工程价款结算办法》的规定，提出预付工程款的申请，经总监理工程师审核签字后，转建设单位预付。

(3) 工程变更、设计修改要慎重，实施前应进行技术经济合理性分析，施工单位必须根据有效文件向监理单位提出申请，总监理工程师要及时核定并报建设单位审批。由建设单位转交设计单位编制设计变更文件，建设单位、设计单位、监理单位和施工单位会签后，施工单位方可按照设计变更的相应内容实施。

(4) 监理人员要严格控制工程过程中产生的二次搬运、赔付等费用，做好现场见证及签证，及时报建设单位。

(5) 缆线布放前，应先到施工现场进行施工测量，再裁料。

3. 事后控制

(1) 竣工资料的审核是投资控制的关键环节。工程完工后，监理单位要督促施工单位及时提交工程竣工资料，监理工程师进行认真审核，核实相关签证是否齐全，核实工程量是否准确、真实，重点审核工程变更和二次搬运费签证。确认准确无误后，在竣工资料上签字盖章。

(2) 工程初验后，监理单位严格按照工程管理规定的竣工结算资料提交时限，督促施工单位提交竣工结算初稿，监理工程师进行审核，核实工程量及相关费用的计算、计取是否符合设计要求及合同约定。

(3) 审核竣工资料和结算时，可重点参照现场监理提供的过程原始资料，本着公正公平的原则认真审核。通过以上控制，确保工程结算审减率控制在规定范围内。

6.3.4　合同管理与信息管理

1. 合同管理

建设单位与施工单位签订的工程施工阶段的质量、进度、投资相关的各种合同，都在监理工程师的合同管理范围之内，业主应当把这些合同文件的副本或复印件提供给监理单位，以便于监理机构实施合同管理。

监理工程师在合同管理工作中的主要责任如下：

(1) 必须熟练掌握所管理的各种合同内容，坚持按合同条款办事，公正地维护建设单位和施工单位双方的合法权益。

(2) 协助建设单位签订与本工程相关的后续合同。

(3) 当合同需要变更时，协助建设单位履行变更手续并做好变更后的各项调整工作；协助建设单位处理违约、索赔、质量事故事宜(监理工程师在合同管理中应当事先预防违约、索赔、质量事故等事件的发生)。

2. 信息管理

监理信息资料及时收集整理，做到真实完整、准确，按时上报。具体内容如下：

(1) 工程信息应包括在监理过程中形成的各种数据、表格、图纸、文字、音像资料等。

(2) 工程开工前建立工程相关人员通信录。

(3) 监理工程师主要负责本工程实施阶段全过程的信息收集、整理。

(4) 总监理工程师组织定期工地会议或监理工作会议，监理工程师负责整理会议记录，并经总监理工程师签认分发。

(5) 专业监理工程师定期或不定期检查施工单位的原材料、构配件、设备的质量状况以及工程质量的验收签认，收集现场监理填写的各类监理表格。

(6) 严格按照《建设单位档案管理规范》《建设单位项目管理实施细则》《关于发布建设单位工程割接规范的通知》及《核心网工程安全管理实施细则》等收集相关资料。

6.3.5　组织协调

沟通管理覆盖工程建设的全过程，有效的沟通管理是实现工程建设目标的可靠保证。针对本工程项目，监理公司需高度重视，做好贴身监理服务，完成建设单位交办的各项工作，体现监理服务的系统性和完整性，及时全方位地响应建设方的服务要求。经过多年的监理工作实践及与工程参建各方的磨合，监理方与建设单位、施工单位、设计单位等相关各方协调配合，对建设单位的相关项目管理流程、管理办法及制度、工作要求及工程参建各方的管理特点掌握领会越来越深入，因此，沟通协调工作显得更有针对性，更有力度，更有效果。在实际操作过程中，通常按以下步骤进行：

(1) 熟悉设计文件和合同文件，利用丰富的监理经验，提前预见各种可能发生的分歧，采取积极的预防措施，确保工程和合同的顺利实施。

(2) 制订合理严密的监理计划和各类工程管理计划，抓住重点、关键环节，预先协调参建各方，保障工程顺利实施。

(3) 建立平等的协商机制，做到以事实为依据，以国家法律、法规及规范为准绳，公正地处理参建各方的矛盾与冲突。

(4) 定期协助建设单位或组织工程建设的参与单位召开工程例会，协调工程相关事宜。

6.3.6　安全生产管理

1. 安全生产管理的一般原则

(1) 预防为主：安全生产管理要贯彻预防为主的原则。在实施监理的过程中，发现存在安全事故隐患的，应当要求施工单位整改，把事故苗头消灭在萌芽状态。

(2) 限期纠正：安全生产管理要实行限期纠正的原则。在实施监理的过程中，对整改期限必须提出明确要求，情况严重的应当要求施工单位立即暂停施工，并及时报告建设单位。

2. 安全生产管理的一般程序

安全生产管理一般可按下列程序进行。

(1) 在审查施工承包单位资质的同时，要审查该单位是否具有安全生产许可证。审查施工项目经理、施工队长和安全员的安全生产考核合格证。

(2) 在审查施工单位的施工组织设计时，要重点审查该施工组织设计中关于安全生产方面的措施是否与所承担的工程任务相符，安全人员是否到位，组织是否完善，安全规章是否健全，安全防护是否有保障，从事特种作业的人员是否具有相对应专业的特种作业资格证书。

(3) 工程开工前，向施工单位提交安全控制要求的书面材料并要求相关负责人签字确认，检查施工单位的安全措施是否落实，针对本工程的安全教育是否完成，未经安全教育及培训者不得上岗。

(4) 工程进行中，随时注意事故苗头，如发现隐患，一般情况以口头形式通知，并将发现的问题、通知内容、整改期限、整改结果记录在监理日志中。口头形式的通知无效，必须以文字形式体现。若为紧急和重要情况时，要尽快通知施工单位采取合理的应急措施。

(5) 如有安全事故发生，要督促施工单位以人为本采取措施，把事故的影响降到最小，随后要对安全事故进行客观公正的调查，并提出实事求是的分析报告。

(6) 工程竣工后，要总结工程监理在安全控制方面的经验和教训并记录在监理报告中。

3. 安全生产管理的相关细则

(1) 安全生产管理的一般原则及基本要求如下：

① 清除"人的不安全行为"，加强各级组织建设和领导，提高对安全生产工作的重要性、紧迫性的认识，各级人员树立以"预防为主、安全第一"的思想。

② 监理项目部成立以总监为领导的安全管理小组，监理工程师为分管负责人，监理项目部层层落实安全生产责任制。各级监理人员不仅是安全工作的检查员、监督员，也是安全工作的宣传员、协调员。

③ 督促施工单位建立和完善安全管理职能机构和各项安全生产制度，如安全生产责任制、设立专职安全员、检查教育制度、例会制度与报告制度等。

④ 严格要求施工单位的专职安全员、特种作业人员必须持证上岗。

⑤ 审查施工单位的自检系统。工程开工前应督促施工单位进行安全教育，建立安全自检系统。

⑥ 严格执行事故处理报告制度和处理程序。

⑦ 开工前参加建设单位组织的设计交底，由设计单位向参建单位进行技术、安全交底；督促并检查施工单位对各级施工人员进行安全技术交底，要求施工单位做好安全交底记录，监理单位检查施工单位的交底记录，并记录检查情况。

⑧ 检查材料的不安全状态，检查保险带、安全帽、登高工具等是否完好、数量是否满足使用。及时发现材料的不安全状态，杜绝和清除机械、设备和材料的安全隐患。以专业监理工程师为主，加强对材料的验收和检查。不合格的材料严禁进入工地现场，检验不合格的设备及器具禁止使用。

(2) 严格审查开工申请，及时发现计划、方案的缺陷，提出对策，妥善解决。实际操作中应做好以下几点：

① 总监理工程师在审查、审批施工组织设计、开工报告时，结合工作经验和国家及地方的安全生产条例、规定等文件，审查安全保障制度、岗位责任制、安全预案、安全措施、安全装备及专项施工方案、特殊施工、重点作业的安全手段和保障等。

② 监理工程师定期对计划、方案中的安全措施和装备进行检查，及时要求施工单位进行必要的补充和加强。

③ 加大监理力度，消除复杂环境的不安全因素。针对复杂多变的环境，监理工程师应协助施工单位重点落实和检查，如施工公告、封闭施工、安全防护、警示标志、安全用电措施、施工排水措施、消防措施等。

④ 掌握新技术、新材料的工艺和标准。监理人员根据工作需要，对新材料、新技术

的应用进行必要的了解与调查，及时发现施工中存在的事故隐患，并发出正确的指令。

⑤ 监理工程师贯彻预防为主的思想，对可能出现的重大安全事故以"监理工程师通知单"的书面形式提醒施工单位注意施工安全。

⑥ 安全生产、文明施工措施的检查。审核、检查"施工组织设计"中相关内容编制、管理机构及人员配制，相关责任人的资质证书。施工现场检查项目过程控制，突发事件应急处置措施、预案，应急物资、器材配制、定位。检查线路施工在岗人员接受安全生产教育情况。

(3) 在城区敷设光缆的安全管理。

在敷设管道光缆前，应使用毒气探测仪对人井内进行探测，检查是否存在有毒有害气体，同时用设备对管井内进行排气。当确定井内无有害气体后，才能下井作业。

(4) 在城区光缆附挂利旧杆路和异网杆路的保护措施。

① 对原有杆路进行保护：

a. 在原有其他通信运营商、广电及电力杆上敷设光缆时，应在施工前向政府部门提出施工申请。待政府部门协调好后，方可实施。

b. 在施工过程中注意保护原有杆路，不得损坏原有电杆、吊线、光(电)缆；不得在施工过程中造成原有线路的中断。

② 敷设光缆的安全要求：

a. 在原有杆路敷设光缆时，应先对原杆路进行验电测试，确定安全后，方可上杆作业。

b. 在原有杆路施工作业的人员，必须戴绝缘手套、穿绝缘鞋，身上不附带金属物，严禁使用金属伸缩梯。

6.3.7　安全生产事故应急预案

1. 预案的基本要求

(1) 预案是发生紧急情况的处理程序和措施。

(2) 预案要结合实际，措施明确、具体，具有很强的可操作性。

(3) 预案应符合国家法律法规的规定。

2. 人员组成

(1) 生产部门安全领导小组机构：由部门经理任组长并明确各应急专业组长，部门经理、部门副经理、总监理工程师、安全专员等相关人员组成。

(2) 事故现场抢险组人员：由项目部安全负责人任组长，由安全员负责人、实际操作等相关人员组成。

(3) 事故现场救护组人员：由项目部领导任组长，由相关人员组成。

(4) 事故现场保护组人员：由项目部骨干任组长，由现场保安人员组成。

(5) 事故现场通信组人员：由项目部行政负责人任组长，由现场其他应急小组负责人组成。

3. 应急指挥及救援组织职责

1) 生产部门安全领导小组职责

(1) 负责指挥处理紧急情况，保证突发事件按应急救援预案顺利实施。

(2) 负责事故现场的抢险、保护、救护及通信工作。

(3) 负责所需工具材料、人员车辆等救援物资的落实。

(4) 负责落实上级下达的有关应急措施指令。

(5) 负责与相邻可依托力量的联络求救。

(6) 负责落实工程项目生产的恢复工作。

2) 抢救小组的职责分工

(1) 事故现场抢险组职责：负责事故现场的紧急抢险工作，包括受困人员、现场贵重物资及设备的抢救、危险品的转移等，保证人员安全和物资以及设备等的完整性。

(2) 事故现场救护组职责：负责事故现场的紧急救护工作顺利开展，及时组织护送重病伤员到就近的医疗中心救治。

(3) 事故现场保护组职责：负责事故现场的保护、人员的清点及疏散工作，并组织现场施工人员和机房维护人员有序地投入到救援中；防止其他紧急情况的发生，控制事故的扩大。

(4) 事故现场通信组职责：负责收集相关单位部门的通信方式，保证各级通信联系畅通，做好联络工作，及时准确向上级安全生产管理部门汇报现场实时情况，以便让上级安全生产部门能更准确地做出相应反应，保证救援的及时性和同步性。

4. 工程安全事故的应急程序

(1) 建设工程发生安全事故，第一发现人或收信息人应当立即向项目总监理工程师报告人员伤害情况或网络运行情况。

(2) 项目总监理工程师应立即将事故情况电话通知建设单位相关负责人，对于人员事故，第一发现人或现场监理应及时通知 120 急救，对于网络安全事故，则应立即通知建设单位维护部门负责人组织人员抢修。

(3) 监理单位根据施工单位提交的事故报告进行调查分析，24 小时内向建设单位、建设行政主管部门出具书面的事故调查报告。

5. 项目部应急救援程序

发生突发事件后，事故现场应急专业组人员应立即开展工作，及时发出报警信号，互相帮助，积极组织自救。在事故现场及存在危险物资的重大危险源内外采取紧急救援措施，特别是突发事件发生初期能采取的各种紧急措施，如紧急断电、组织撤离、救助伤员、现场保护等；及时向项目部安全指挥小组报告，必要时向相邻可依托力量求救，事故现场内外人员应积极参加援救。具体救援程序如下：

(1) 突发事件现场由项目部安全指挥长负责现场指挥，全面负责事故的控制、处理工作，及时启动应急系统，控制事态发展。

(2) 各应急专业组人员要接受项目部安全领导小组的统一指挥，立即按照各自岗位职责采取措施，开展工作。

(3) 事故现场抢险组应根据事故特点，采用相应的应急救援物资、设备开展事故现场的紧急抢险工作。抢险过程中首先要注重人员的救援、事故现场内外易燃易爆等危险品的封存及转移等，其次是贵重物资设备的抢救，并随时与项目部安全领导小组、保护组、救护组、通信组保持联络。

(4) 事故现场救护组应开展事故现场的紧急救护工作，及时组织救治及护送受伤人员到医疗急救中心医治，并随时与项目部安全领导小组、抢险组、救护组、通信组保持联络。

(5) 事故现场保护组应开展保护事故现场、人员的疏散及清点工作。现场保护组人员应指引无关人员撤到安全区，指定专人记录所有到达安全区的人员，并根据现场员工名单表、各宿舍人员登记表，经事发现场人员的证实，确定事发现场人员名单，并与到达安全区人员进行核对，判断是否有被困人员，且随时与项目部安全领导小组、抢险组、救护组、通信组保持联络。

(6) 事故现场通信组应保证现场内与其相关单位及应急救援机构的通信畅通，并随时与项目部安全领导小组、抢险组、救护组、通信组保持联络。

(7) 项目部安全领导小组接到报告后，应立即向上级安全领导小组报告，不得以任何借口隐瞒不报、谎报、拖报，随时接受上级安全领导机构的指令。项目部安全领导小组应根据事故程度确定工程施工的停运，对危险源现场实施交通管制，并提防相应事故造成的伤害。根据事故现场的报告，立即判断是否需要应急服务机构帮助，确需应急服务机构的帮助时，应立即与应急服务机构和相邻可依托力量求救，同时在应急服务机构到来前做好救援准备工作，如道路疏通、现场无关人员撤离、提供必要的照明等，在应急服务机构到来后积极做好配合工作。事后，项目部安全领导小组要及时组织恢复受事故影响区域的正常秩序，根据有关规定及上级指令，确定是否恢复生产，同时要积极配合上级安全领导小组及政府安全监督管理部门进行事故调查及处理工作。

6.4　实做项目

【实做项目】在 FTTx 仿真软件中的工程施工管理模块中实际操作"施工管理模块"。

目的要求：充分学习 FTTx 网络中监理人员岗位职责，相关施工规范、安全、进度、质量控制等。

本 章 小 结

本章主要介绍了有关工程项目管理、工程监理的概念及其发展，具体包括以下内容：

(1) 通信工程项目，包括项目和工程目标的概念及特点、分类，通信工程项目的特点及分类，工程项目管理的概念、工程项目管理的主要任务及流程。

(2) 工程监理机构及目标，通信工程建设相关法律、法规，监理机构组成，监理工程范围，各监理人员相对应的职责和对应岗位的重要性。

(3) 通信工程监理控制管理，包括工程进度控制、工程质量控制、工程投资控制、合同管理与信息管理、安全生产管理等。

复 习 与 思 考 题

1. 简述通信工程项目的特点及分类。

2. 简述通信工程项目管理的任务。

3. 简述工程监理的工作范围及目标。

4. 简述项目机构组织及岗位职责。

5. 简述工程进度管控风险及对应措施。

6. 简述工程质量控制相关管控措施。

7. 简述安全生产管理相关管控措施。

8. 根据本章所学内容绘制安全生产事故应急预案流程图。

第 7 章   通信工程项目组织管理

 本章内容

- 通信工程项目组织管理概述
- 工程项目的组织机构
- 项目经理

 本章重点、难点

- 项目组织机构设置的原则，项目管理组织制定
- 项目甲方组织机构，项目乙方组织机构
- 项目经理的地位和责任制，项目经理素质

 本章学习目的和要求

- 掌握通信工程项目经理组织基本概念
- 熟悉工程项目甲方、乙方组织机构形式
- 掌握项目经理责任制及项目经理素质要求

 本章学时数

- 建议 4 学时

7.1   通信工程项目组织管理概述

项目管理的六要素包括：目的(客户满意度)、范围、组织、质量、时间、成本，如图 7-1 所示。

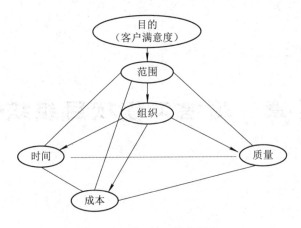

图 7-1　项目管理的六要素

在项目实施中，这六个指标能否达标，关系到项目管理的成败。其中，项目目标的实现要靠组织来完成，而工程项目管理的一切工作也都要依托组织来进行，科学合理的组织制度和组织机构是项目成功建设的组织保证。

项目管理的发展可分为传统项目管理和现代项目管理两个阶段。传统项目管理阶段为 20 世纪 40 年代到 70 年代，其关注重点是项目的范围、费用、时间、质量和采购等方面的管理。

1. 工程项目组织的概念

1) 组织

企业的组织形式是指企业财产及社会化大生产的组织状态，它表明一个企业的财产构成、内部分工协作与外部社会经济联系的方式。项目组织(Project Organization)是指一切工作都围绕项目进行，通过项目创新价值并达成自身战略目标的组织，包括企业、企业内部的部门或其他类似的机构。这种项目组织不同于我们日常所说的项目部，它是指一种专门的组织结构。

在一个持续经营的企业中，往往同时存在着运行管理和项目管理两种主要的管理模式，一些经营管理活动经常采用项目的方式来实现，因此项目管理本身的组织管理方式必然要受到企业组织结构的影响，不同的企业组织结构、不同的项目组织方式在项目管理上都有不同的特点。

2) 工程项目组织

工程项目组织是指工程项目的参加者、合作者为了优化实现项目的目标对所需资源进行合理配置，按一定的规划或规律构成的整体，是工程项目行为主体构成的系统，是一种一次性、临时性组织机构。

组织职能是为实现组织目标，对每个组织成员规定及在工作中形成的合理的分工协作关系，对工程项目来说，就是通过建立以项目经理为中心的组织保证系统来确保项目目标的实现。

2. 项目组织机构设置的原则

项目组织机构设置要遵循一定的原则，主要有如下几方面。

1) 目标任务原则

设置组织机构的根本目的，就是为了实现其特定的任务和目标，组织机构的全部设计工作必须以此作为出发点和归宿点，组织的调整、增加、合并或取消都应以对其实现目标有利为衡量标准。

根据这一原则，在进行组织设计时，首先应当明确该组织的发展方向、经营战略等问题，这些问题是组织设计的大前提。这个前提不明确，组织设计工作将难以进行。

2) 责权利相结合的原则

责任、权力、利益三者之间是不可分割的，而且必须是协调的、平衡的和统一的，权力是责任的基础，有了权力才可能负起责任；责任是权力的约束，有了责任，权力拥有者在运用权力时就必须考虑可能产生的后果，不致于滥用权力；利益的大小决定了管理者是否愿意承担责任以及接受权力的程度，利益大责任小的事情谁都愿意去做，相反，利益小责任大的事情很难有人愿意去做，其积极性也会受到影响。

3) 分工协作原则及精干高效原则

组织任务目标的完成，离不开组织内部的专业化分工和协作，现代项目的管理工作量大、专业性强，分别设置不同的专业部门，有利于提高管理工作的效率。在合理分工的基础上，各专业部门又必须加强协作和配合，才能保证各项专业管理工作的顺利开展，从而达到组织的整体目标。

4) 管理幅度原则

管理幅度又称管理跨度，是指一个主管能够直接有效地指挥下属成员的数量。受个人精力、知识、经验条件的限制，一个上级主管所管辖的人数是有限的，但对于合适的标准则很难有一个确切的数目。一般认为，跨度大小应是有弹性限度的。上层领导的管理跨度为 3～9 人，以 6～7 人为宜；基层领导的管理跨度为 10～20 人，以 12 人为宜；中层领导的管理跨度介于上层领导的管理跨度和基层领导的管理跨度之间。

同时，从管理效率的角度出发，每一个企业不同管理层次上主管的管理幅度也不同。管理幅度的大小同管理层次多数成反比的关系，因此在确定企业的管理层次时，也必须考虑到有效管理幅度的制约。

5) 统一指挥原则和权力制衡原则

统一指挥是指无论对哪一件工作来说，一个下属人员至少应接受一个领导人的命令。权力制衡是指对于任何领导，其权力运用必须受到监督，一旦发现某个机构或职务拥有者有严重损害组织的行为，则可以通过合法程序，制止其权力的运用。

6) 集权与分权相结合的原则

在进行组织设计或调整时，既要有必要的权力集中，又要有必要的权力分散，两者不可偏废。集权是大生产的客观要求，有利于保证企业的统一领导和指挥，有利于人力、物力、财力的合理分配和使用；而分权则是调动下级积极性、主动性的必要组织条件。合理分权有利于基层根据实际情况迅速而准确地做出决策，也有利于上层领导摆脱日常事务，集中精力抓大问题。

3. 项目组织机构设置程序

项目组织机构设置不仅要遵循一定原则，还要按照一定程序，其设置程序如图 7-2 所示。

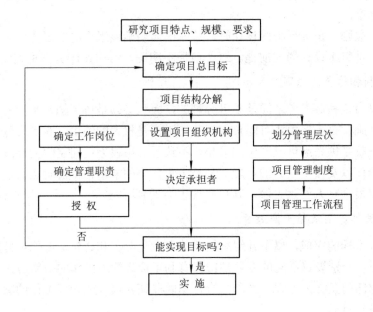

图 7-2　组织机构设置程序

7.2　工程项目的组织机构

7.2.1　项目组织模型及分工

项目组织管理是分层的，不同层次上的管理分工也不同，图 7-3 所示为常见的项目组织模型及分工。

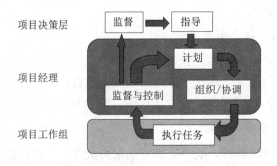

图 7-3　项目组织模型及分工

项目的组织机构是按照一定的活动宗旨(管理目标、活动原则、功效要求等)，把项目的有关人员按工作任务的性质划分为若干层次，明确各层次的管理职能，并使其具有系统性、整体性的组织系统。高效率的组织机构的建立是项目管理取得成功的组织保证。工程项目的组织机构包括项目法人单位(或称建设单位,在合同中称为甲方)的组织机构与承包单位(如施工单位,在合同中称为乙方)的组织机构,双方机构密切配合才能完成项目任务,由于甲、乙双方在项目建设中所处的地位、承担的责任和目标有一定区别,因此组织机构设置是不同的。

7.2.2　项目甲方组织机构

项目甲方的组织机构与我国投资管理体制关系极为密切,目前大部分项目实行的是计划投资管理体制,国家是建设项目的投资主体,属于项目业主。但由于市场经济的发展,工程项目建设已向社会化、大生产化和专业化的客观要求迈进,原来经常采用的建设单位自管方式和工程指挥部管理方式已经基本不再采用。

目前,主要采用的组织机构形式有如下几种。

1. 总承包管理方式

总承包管理方式是指业主将建设项目的全部设计和施工任务发包给一家具有总承包资质的承包商,即将勘察设计、设备选购、工程施工、试运转和竣工验收等全部工作委托给一家大承包公司完成,待工程竣工后即将其启用的方式,这种管理方式也叫全过程承包或交钥匙管理。承担这种任务的承包商可以是一体化的设计公司,也可以是由设计、器材供应、设备制造厂及咨询机构等组成的联合体。总承包管理方式下的组织形式如图7-4所示。

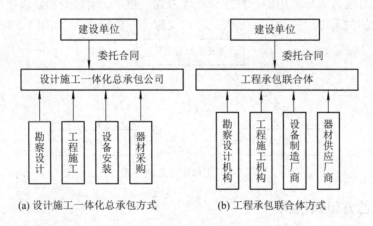

(a) 设计施工一体化总承包方式　　　　　(b) 工程承包联合体方式

图 7-4　总承包管理方式下的组织形式

2. 工程项目管理承包方式

工程项目管理承包方式是指建设单位将整个工程项目的全部工作,包括可行性研究、场地准备、规划、勘察设计、材料供应、设备采购、施工监理及工程验收等全部任务,都委托给工程项目管理专业公司实施的方式。工程项目管理专业公司派出项目经理,再进行招标或组织有关专业公司共同完成整个建设项目。工程项目管理承包方式下的组织形式如图 7-5 所示。

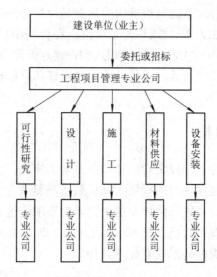

图 7-5　工程项目管理承包方式下的组织形式

3. 工程建设监理方式

工程建设监理方式是指建设单位分别与承包商和监理机构签订合同,由监理机构全权代表建设单位对项目实施管理,对承包商进行监督的方式。建设单位不直接管理项目,而是委托监理机构来全权代表业主对项目进行管理、监督、协调、控制。在这种方式下,项目的拥有权与管理权相分离,业主只需对项目制定目标提出要求,并负责最后的工程验收即可。

工程建设监理方式是常用的一种建设管理方式,业主、承包商和监理单位三者相互制约、互相依赖的关系可用三角形关系来表述,又称"三角管理",如图 7-6 所示。

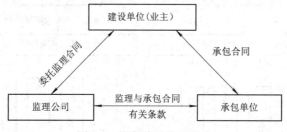

图 7-6　工程建设监理方式

7.2.3　项目乙方组织机构

项目乙方是承担项目的实施并为业主服务的经济实体。为完成承包合同所规定的施工任务及实施项目管理,施工单位必须组建自己的组织机构,制定必要的规章制度,划分并明确各层次、部门、岗位的职责和权力,监理和形成管理信息系统及责任分担系统,并通过规范化的活动和信息流通实现组织目标。乙方组织机构的组织形式包括以下几种。

1. 直线职能制

1) 直线制

直线制又称军队式结构,是一种最早也是最简单的组织形式,其特点是企业各级行政单位从上到下实行垂直领导，下属部门只接受一个上级的指令，各级主管负责人对所属单位的一切问题负责。

直线制组织结构的优点是：结构比较简单，责任分明，命令统一。

直线制组织结构的缺点是：要求行政负责人通晓多种知识和技能，亲自处理各种业务。在业务比较复杂、企业规模比较大的情况下，把所有管理职能都集中到最高主管一人身上，显然是不切实际的。

直线制只适用于规模较小，生产技术比较简单的企业，对生产技术和经营管理比较复杂的企业并不适用。

2) 职能制

职能制又称分职能或分部能，指行政组织同一层级横向划分为若干个部门，每个部门业务性质和基本职能相同，但互不统属、相互分工合作的组织体制。

职能制组织结构的优点是：能适应现代化工业企业生产技术比较复杂、管理工作比较精细的特点；能充分发挥职能机构的专业管理作用，减轻直线领导人员的工作负担。

职能制组织结构的缺点：妨碍了必要的集中领导和统一指挥，形成了多头领导；不利于建立和健全各级行政负责人和职能科室的责任制，在中间管理层往往会出现有功大家抢，有过大家推的现象；另外，在上级行政领导和职能机构的指导和命令发生矛盾时，下级就无所适从，影响工作的正常进行，容易造成纪律松弛，生产管理秩序混乱。由于这种组织结构形式的明显缺陷，现代企业一般都不采用职能制。

3) 直线职能制

直线职能制组织结构是现实中运用得最为广泛的一种组织形态，它将直线制结构与职能制结构结合起来，以直线为基础，在各级行政负责人之下设置相应的职能部门，分别从事专业管理的组织结构形式，直线职能制组织结构形式如图 7-7 所示。

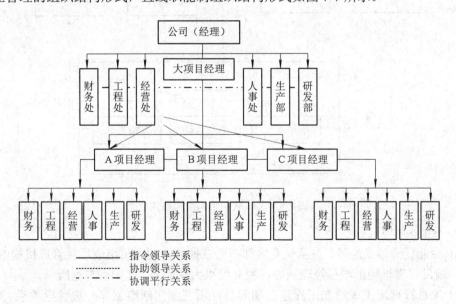

图 7-7　直线职能制组织结构形式

(1) 直线职能制组织结构的概念及主要特征。直线职能制是指以直线为基础，在各级行政负责人之下设置相应的职能部门，分别从事专业管理，作为该级指导者的参谋，实行主管统一指挥与职能部门参谋、指导相结合的组织结构形式。

职能参谋部门拟订的计划、方案及有关指令，由直线主管批准下达；职能部门参谋只起业余指导作用，无权直接下达命令，各级行政领导人之间逐级负责，实行高度集权。

(2) 直线职能制的优缺点。

① 优点：把直线制组织结构和职能制组织结构的优点结合起来，既能保持统一指挥，又能发挥参谋人员的作用；分工精细，责任清楚，各部门仅对自己应做的工作负责，效率较高；组织稳定性较高，在外部环境变化不大的情况下，易于发挥组织的集团效率。

② 缺点：部门间缺乏信息交流，不利于集思广益地做出决策；直线部门与职能部门(参谋部门)之间目标不易统一，职能部门之间横向联系较差，信息传递路线较长，矛盾较多，上层主管的协调工作量大；难以从组织内部培养熟悉全面情况的管理人才；系统刚性大，适应性差，容易因循守旧，对新情况不易及时做出反应。

(3) 直线职能制使用范围。由于直线职能制组织结构形式具有的优点，使得它在机构组织中被普遍采用，而且采用的时间也较长。我国目前大多数企业，甚至机关、学校、医院等一般也都采用直线职能制的结构。

2. 工作队制

工作队制组织结构形式如图 7-8 所示。

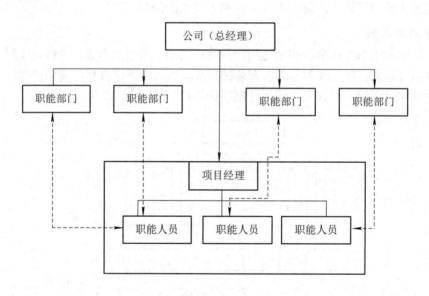

图 7-8　工作队制组织结构形式

1) 工作队制的特征

(1) 企业任命项目经理，并从企业内部招聘或抽调职能人员组成项目管理机构(混合工作队)。项目管理机构由项目经理领导，独立性很大，如图 7-8 中大方框所示。

(2) 项目管理班子成员在工程建设期间与原所在部门断绝领导与被领导关系。原单位负责人员负责业务指导及考察，但不能随意干预其工作或调回人员，如图 7-8 中虚箭线所示。

(3) 项目管理机构与项目同寿命。项目结束后机构撤销，所有人员仍需回到原所在部门和岗位。

2) 工作队制的优缺点

工作队制的优点如下：

(1) 项目经理从职能部门抽调或招聘的人员都是有专业技术特长的，他们在项目管理中互相配合协同工作，可以取长补短，有利于培养一专多能的人才并充分发挥其作用。

(2) 各专业人员集中在现场办公，办事效率高，解决问题快。

(3) 项目经理权力集中，用权干扰少，决策及时，指挥灵活。

(4) 项目与企业的结合部关系弱化，易于协调关系。

工作队制的缺点如下：

(1) 由于人员都是临时从各部门抽调而来的，互相不熟悉，难免配合不好。

(2) 各类人员在同一时期内所担负的管理工作任务可能有很大差别，因此很容易产生忙闲不均的情况，导致人员浪费。特别是稀缺专业人才，难以在企业内调剂。

(3) 人员长期离开原部门，即离开了自己熟悉的环境和工作配合对象，容易影响其积极性的发挥，而且由于环境变化，容易产生临时观点和不满情绪。

(4) 职能部门的优势无法发挥作用。由于同一部门人员分散，交流困难，职能部门难以对他们进行有效的培养、指导，这削弱了职能部门的工作。当人才紧缺或者对管理效率有很高要求时，不宜采用这种项目组织类型。

3) 工作队制适用范围

工作队制项目组织是一种按照对象原则组织的项目管理机构，可独立地完成任务，适用于大型项目、工期要求紧迫的项目，或要求多工种多部门密切配合的项目。它要求项目经理素质高，指挥能力强，有快速组织队伍及善于指挥来自各方人员的能力。

3. 部门控制式

部门控制式是按照职能原则来建立项目组织形式的方式，如图 7-9 所示。

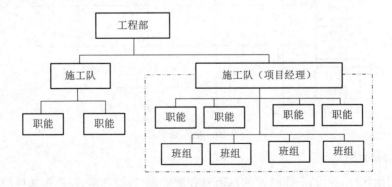

图 7-9　部门控制式形式

1) 部门控制式的特征

部门控制式项目组织机构不打乱企业现行的建制，由被委托的部门(施工队)领导，如图 7-9 中虚线框所示。

2) 部门控制式的优缺点

部门控制式的优点如下：

(1) 人才作用发挥较充分，人事关系容易协调。

(2) 从接受任务到组织运转启动，时间短。

(3) 职责明确，职能专一，关系简单。

(4) 项目经理无须专门培训便容易进入状态。

部门控制式的缺点如下：

(1) 不能适用大型项目管理需要。

(2) 不利于精简机构。

3) 部门控制式的适用范围

部门控制式组织形式适用于小型的、专业性较强，不需涉及众多部门的施工项目。

4. 矩阵制

矩阵制是我国推行项目管理最理想、最典型的组织形式，它把职能原则和对象原则结合起来，在传统的直线职能制的基础上加上横向领导系统，两者构成正如数学上的矩阵结构。项目经理对施工全过程负责，矩阵中每个职能人员都受双重领导，但部门的控制力大于项目的控制力。部门负责人有权根据不同项目的需要和忙闲程度，在项目之间调配部门人员，其形式如图 7-10 所示。利用矩阵组织形式可以进行动态管理，目标控制，节点考核。

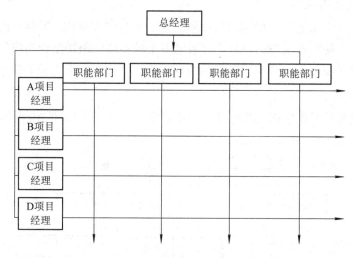

图 7-10　矩阵制形式

1) 矩阵制的特征

(1) 项目组织(作业层)是临时性的，而专业职能部门(管理层)则是永久性的。

(2) 双重领导。一个专业人员可能同时为几个项目服务，可以提高人才利用效率。

(3) 项目经理有权控制、调用职能人员。当感到人力不足或某些成员不得力时，可以向职能部门求援或要求调换。

(4) 项目经理的工作由多个职能部门支持，项目经理没有人员包袱。但矩阵制组织要求项目经理在水平方向和垂直方向都有良好的信息沟通及良好的协调配合，对整个企业组织和项目组织的管理水平和组织渠道畅通提出了较高的要求。

2) 矩阵制的优缺点

矩阵制的优点如下：

(1) 一个专业人员可能同时为几个项目服务，特殊人才可充分发挥其作用，大大提高了人才利用效率。

(2) 有利于人才的全面培养，不同知识背景的人可在合作中互相取长补短，在实践中拓宽知识面；发挥了纵向的专业优势，可以使人才得到深厚的训练。

矩阵制的缺点如下：

(1) 由于人员来自各职能部门，且仍受职能部门控制，故凝聚在项目上的力量减弱，项目组织的作用发挥往往受到影响，同时由于人员在项目中的动态性，互相可能不熟悉，容易发生配合生疏状况。

(2) 管理人员如果身兼多职地管理多个项目，便往往难以确定管理项目的优先顺序，有时难免顾此失彼。

(3) 双重领导。项目组织中的成员既要接受项目经理的领导，又要接受企业中原职能部门的领导。如果双方领导出现观点不一致时，将会使工作人员难以适从。

3) 矩阵制的适用范围

矩阵制组织适用于同时承担着多个需要进行项目管理的工程企业；也适用于大型、复杂的施工项目。

5. 事业部制

事业部制是指以某个产品、地区或顾客为依据，将相关的研究开发、采购、生产、销售等部门结合成一个相对独立单位的组织结构形式。事业部制是直线职能制高度发展的产物，事业部制结构最早起源于美国通用汽车公司。目前，在欧、美、日等地区和国家，这种结构已被广泛采用。事业部制可分为按产品划分的事业部制和按地区划分的事业部制，其组织形式如图 7-11 所示。

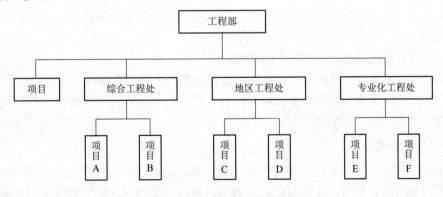

图 7-11　事业部制组织形式

1) 事业部制特征

(1) 各事业部具有自己特有的产品或市场。事业部根据企业的经营方针和基本决策进行管理，对企业承担经济责任。

(2) 在纵向关系上，按照"集中政策，分散经营"的原则处理企业高层领导与事业部之间的关系。实行事业部制，企业最高领导层要摆脱日常的行政事务，集中力量研究和制定企业发展的各种经营战略和经营方针，把最大限度的管理权限下放到各事业部，使他们能够依据企业的经营目标和政策完全自主经营，充分发挥各自的积极性和主动性。

(3) 在横向关系方面，各事业部均为利润中心，实行独立核算。这就是说，实行事业部制，则意味着把市场机制引入到企业内部，各事业部间的经济往来将遵循等价交换原则，结成商品货币关系。

2) 事业部制的优缺点

(1) 优点：事业部制项目组织有利于延伸企业的经营职能，扩大企业的经营业务，开拓企业的业务领域，还有利于企业迅速适应环境变化，加强项目管理。尤其当企业向大型化、智能化发展并实行作业层和经营管理层分离时，事业部制组织可以提高项目应变能力，积极调动各方积极性。

(2) 缺点：由于各事业部利益的独立性，容易滋长本位主义。事业部组织相对来说比较分散，协调难度度较大，应通过制度加以约束，否则容易发生失控。所以，这种形式对公司总部的管理工作要求较高。

3) 事业部制的适用范围

当企业承揽的工程类型较多，工程任务所在地区分散，或经营范围开始出现多样化时，采用事业部制的组织结构有利于提高管理效率。需要注意的是，若一个地区只有一个项目，且没有后续工程时，则不宜设立事业部。事业部与地区市场同寿命，地区没有项目时，该事业部应当撤销。

6. 工程项目组织形式的选择

工程项目的每种组织形式各有优缺点，因此，选择组织形式时需要注意以下几个方面：

(1) 适应施工项目的一次性特点，使项目的资源配置需求可以进行动态的优化组合，能够连续、均衡施工。

(2) 有利于施工项目管理依据企业的正确战略决策及决策的实施能力，适应环境，提高综合效益。

(3) 有利于强化对内、对外的合同管理。

(4) 组织形式要为项目经理的指挥和项目经理部的管理创造条件。

(5) 根据项目规模、项目与企业本部距离及项目经理的管理能力确定组织形式，做到层次简化、分权明确、指挥灵活。

7. 项目组织的应用

在实际应用中，组织系统一般有多种模式，如基于职能的划分方式，即每一职能部门对应一种专业分工；也有基于项目的划分方式，即每一个部门或项目组负责一个或一类项目，其责任随着项目的开始而开始，随着项目的结束而结束，这种模式在通信行业比较常用。在基于职能的组织模式中，也存在项目管理，但其往往只局限在职能部门内，当项目跨越职能部门时，就会出现以下 4 种可能的情况，如表 7-1 所示。

表 7-1　项目跨越职能部门

组织形式	描　述	说　明
项目组织方式	由各职能部门派人参加项目，参加者向本部门领导报告，跨部门的协调在各部门领导之间进行，没有专职的项目经理	这种项目组织方式在基于职能的组织结构中最常见
弱矩阵结构	由各职能部门派协调人参加项目，参加者向本部门领导报告，跨部门的协调在各部门派出的协调人之间进行，没有专职的项目经理	弱矩阵结构是常见的项目组织方式之一，其工作效率较项目组织方式略高，由于没有人对项目负责、项目组织效果有限。但是存在非部门领导的协调人之间的横向沟通
平衡矩阵结构	在弱矩阵结构的基础上，指定其中一名协调人作为项目经理，负责项目的管理，其他各部门委派的协调人不仅要向本部门报告，在项目过程中还要向项目经理报告，项目经理有一定的权利安排参加者的工作	由于项目经理的出现，项目管理得到了一定程度上的保证，会大大提高项目的工作效率
强矩阵结构	在上述平衡矩阵的基础上，增加与各职能部门平行的专门的项目管理办公室，负责企业内的项目管理，专职的项目经理都归项目管理办公室管理	由于有了专门的组织负责项目管理，项目管理得以作为企业内的一项任务长期存在，能够不断地积累、发展，项目经理也并非根据项目临时任命，而成为常设岗位，这样从组织上、人员上都使项目管理得到保障

上述 4 种项目组织方式都可能会出现在基于职能的组织结构中，它们对项目管理的支持程度是不同的。特别是前 3 种矩阵式结构，在这 3 种结构中，跨越部门的项目组织与职能部门之间往往会存在着较大的冲突，主要表现在资源竞争、目标期望等方面。例如，在人员安排上，职能部门内被委派参加项目的人，往往需要同时兼顾原部门和项目两方面的任务，时间得不到保证；在项目目标上，各职能部门总是希望更多地实现自己所期望的目标，而项目组织可能更关注整体最优，甚至会牺牲部分职能部门的局部利益。在工作实践中经常遇到的这类矛盾，从根本上说，应该从项目管理的组织方式上考虑解决办法，在企业内部形成适应项目管理的组织结构、规章制度和企业文化，这是企业高层领导者需要认真考虑解决的问题。

基于项目管理的组织结构是最适应项目管理需要的。由于项目管理的方法被越来越多的企业采纳，甚至有的企业采用项目管理方法来管理企业的运行，特别是在强调成本管理的企业中，工作任务、岗位职责、资源配置、绩效考核等具体明确，使得项目管理的方法更容易得到应用。

企业的运行具有稳定、重复的特点，而项目则具有临时、独特、逐步优化的特点，因此项目管理过程也往往带有其独特性和未知性。这就更需要面向目标的管理，要让项目的参与者都充分了解项目的目标，并为达到共同的目标发挥各自的作用，项目有关信息在项目组中需要充分地共享，这与传统企业的层级组织结构是有很大差异的。如果说军队是传统层级组织的代表，那么项目管理的组织方式就更像乐队，演奏者之间都是平等的，大家都清楚地了解整个乐谱和自己的角色，主动配合整个乐队的演奏，通过出色地完成自己的演奏而为整个乐队添色。这是项目管理在管理文化上与传统层级管理的最大差别。

7.3　项目经理

7.3.1　项目经理概述

1. 项目经理的概述

从职业角度讲，项目经理是指企业建立以项目经理责任制为核心，为对项目实行质量、安全、进度、成本管理的责任保证体系和全面提高项目管理水平设立的重要管理岗位。项目经理是为项目的成功策划和执行负总责的人，项目经理是项目团队的领导者，项目经理首要职责是在预算范围内按时优质地领导项目小组完成全部项目工作内容，并使客户满意。

建设工程项目经理是指受企业法定代表人委托对工程项目施工过程全面负责的项目管理者，是企业法定代表在工程项目上的全权代表人。

在企业内部，项目经理是项目实施全过程及全部工作的总负责人，对外可以作为企业法人的代表在授权范围内负责，处理项目事务，这就决定了项目经理在项目管理中的中心地位，项目经理对整个项目经理部及项目起着举足轻重的作用。

在现代工程项目中，由于工程技术系统更加复杂化，实施难度加大，业主越来越趋向把选择的竞争移至项目前期阶段，从过去的纯施工技术方案的竞争，逐渐过渡到设计方案的竞争，现在又转到以管理为重点的竞争。业主在选择项目管理单位和承包商时十分注重对其项目经理的经历、经验和能力的审查，并将其作为定标授予合同的指标之一，赋予一定的权重。而许多项目管理公司和承包商将项目经理的选择、培养作为一个重要的企业发展战略目标。

2008 年前，项目经理需要通过工程项目经理资格认证，证书由国家交通、水利、通信等专业部门颁发。2008 年后，项目经理资质证书停止使用，建设部发出《关于建筑业企业项目经理资质管理制度向建造师执业资质制度过渡有关问题的补充通知》(建办市[2007]54 号)，其中明确指出，项目经理资质证书将于 2008 年 2 月 27 日开始停止使用，按照注册建造师制度有关规定执行，通过考试取得建造师资格证书的，应当在 3 个月内完成专业注册。

2. 项目经理的任务

项目经理接受企业、建设单位或建设监理单位的检查与监督，及时处理工程施工中的问题，按期汇总和上报报表、资料等。其具体任务主要包括：

(1) 确定项目管理组织机构并配备相应人员，组建项目经理部，项目经理部是项目组织的核心,而项目经理领导项目经理部工作。

(2) 制定岗位责任制等各项规章制度,以有序地组织项目、开展工作。

(3) 制定项目管理总目标、阶段性目标以及总体控制计划,并实施控制,保证项目管理目标的全面实现。

(4) 及时准确地做出项目管理决策,严格管理,保证合同的顺利实施。

(5) 协调项目组织内部及外部各方面关系,履行合同义务,监督合同执行,处理合同变更,并代表企业法人在授权范围内进行有关签证。

(6) 建立完善的内部和外部信息管理系统,确保信息畅通无阻、工作高效进行。

7.3.2　项目经理责任制

1. 项目经理责任制的概念

项目经理责任制是以项目经理为责任主体的工程总承包项目管理目标责任制度。根据我国《建设项目工程总承包管理规范》的要求,建设项目工程总承包要实行项目经理负责制。

实行项目经理负责制,是实现承建工程项目合同目标,提高工程效益和企业综合经济效益的一种科学管理模式。项目经理实行持证上岗制度,对工程项目质量、安全、工期、成本和文明施工等全面负责。

2. 项目经理部

项目经理部是由项目经理在企业的支持下组建并领导、进行项目管理的组织机构。项目经理部也就是一个项目经理(项目法人)和一支队伍的组合体,是一次性的具有弹性的现场生产组织机构。建设有效的项目经理部是项目经理的首要职责。

项目施工是指根据工程建设项目所具有的单件性特点,组建一次性项目经理部,对承建工程实施全面、全员和全过程管理。

项目经理部既然是组织机构,其设置就要遵循组织机构的设置原则,根据建设单位或施工单位选择具体形式,设立的基本步骤如下:

(1) 根据企业批准的项目管理规划大纲,确定项目经理部的管理任务和组织形式。

(2) 确定项目经理部的层次,设立职能部门与工作岗位。

(3) 确定人员、职责、权限。

(4) 项目经理根据项目管理目标责任书进行目标分解。

(5) 组织有关人员制定规章制度和目标责任考核、奖惩制度。

3. 不同建设主体的项目经理

对于任意建设主体,项目经理的基本任务和职责都是有共性的,但不同建设主体的项目经理,因其代表的利益不同,承担工作的范围不同,任务和职责不可能完全相同。这里,主要介绍建设单位和施工单位项目经理的任务及职责。

1) 建设单位项目经理

建设单位项目经理即投资单位领导和组织一个完整工程项目建设的总负责人。一些小型项目的项目经理可由一个人担任,但对一些规模大、工期长且技术复杂的工程项目,则由工程总负责人、工程投资控制者、进度控制者、质量控制者及合同管理者等人员组成项目经理部,对项目建设全过程进行管理。建设单位也可配备分阶段项目经理,如准备阶段项目经理、设计阶段项目经理和施工阶段项目经理等。

建设单位项目经理职责包括:

(1) 确定项目职责目标,明确各主要人员的职责分工。

(2) 确定项目总进度计划,并监督执行。

(3) 负责可行性报告及设计任务书的编制。

(4) 控制工程投资额。

(5) 控制工程进度和工期。

(6) 控制工程质量。

(7) 管好合同,在合同有变动时,及时做出调整和安排。

(8) 制定项目技术文件和管理制度。

(9) 审查批准与项目有关的物资采购活动。

(10) 其他各方面职责,包括协调工作、实现目标等。

2) 施工单位项目经理

施工单位项目经理即施工单位对一个工程项目施工的总负责人,是施工项目经理部最高负责者和组织者。项目经理部由工程项目施工负责人、施工现场负责人、施工成本负责人、施工进度控制者、施工技术与质量控制者、合同管理控制者等人员组成。施工项目经理的职责是由其所承担的任务决定的,施工项目经理应履行以下职责:

(1) 贯彻执行国家和工程所在地政府的有关法律、法规和政策,执行企业的各项管理制度。

(2) 严格维护财经制度,加强财经管理,正确处理国家、企业和个人的利益关系。

(3) 签订和组织履行《项目管理目标责任书》,执行企业和业主签订的《项目承包合同》中由项目经理负责履行的各项条款。

(4) 对工程项目施工进行有效控制,执行有关技术规范和标准,积极推广应用新技术,确保工程质量和工期,实现安全、文明生产,努力提高经济效益。

(5) 组织编制工程项目施工组织设计,并组织实施。

(6) 根据公司年(季)度施工生产计划,组织编制季(月)度施工计划,并严格履行。

(7) 科学组织和管理进入项目工地的人、财、物资源,协调和处理与相关单位之间的关系。

(8) 组织制定项目经理部各类管理人员的职责权限和各项规章制度,定期向公司经理报告工作。

(9) 做好工程竣工结算、资料整理归档,接受企业审计并做好项目经理部解体与善后工作。

3) 项目经理的权限

为了给项目经理创造履行职责的条件,企业必须给项目经理一定的权限,包括:参与企业进行的施工项目投标和签订施工合同权力、用人决策权、现场管理权、协调权、财务决策权、技术质量决策权、物资采购决策权、进度计划控制权。授权的依据主要是"权责一致，权能匹配"。

项目经理有权按工程成本合同的规定，根据项目随时出现的人、财、物等资源变化情况进行指挥调度，对于施工组织设计和网络计划，也有权在保证总目标不变的前提下进行优化调整，以应付施工现场临时出现的各种变化。

7.3.3　项目经理素质和能力

项目经理是以企业法人代理的身份被派驻施工现场的，因此必须具备相应的素质和能力，具体来说包括以下几个方面：

(1) 高尚的职业道德、强烈的使命感和责任感。这是项目能否顺利执行的根本。项目经理独立地负责项目，如果职业道德素质低下，对企业不认同或认同感较差，与企业所提倡的精神背道而驰，或者别有用心，即使他的个人能力很强，那么最终也会给企业造成很大的损失。

(2) 有广泛的理论和科学技术知识。项目经理应具有丰富的知识，包括专业技术知识、管理知识、经济知识和法律知识等。

(3) 项目施工管理能力。项目经理要掌握项目管理的基本原理和知识，熟悉了解项目管理运作方法，掌握财务管理的基本知识及相关技能、相关财务制度和法规，熟悉国家有关宏观政策及经济法规。

(4) 组织领导能力。项目经理是项目实施的最高领导者、组织者、责任者，在项目管理中起到决定性的作用。项目经理必须善于用人，能够凝聚人心。识别、任用、考核评价和激励人才的能力，是项目经理所必须具有的。作为项目经理，要树立以人为本的意识，重视员工、知人善任，充分激发和调动员工的积极性和创造性，发现和挖掘人的潜质并加以培养和使用，使员工的个人发展和项目管理融为一体，最终实现理想的经济和社会效益。

(5) 战略设计和组织实施能力。当前，企业不但面临日益激烈的国内竞争，而且还面临与国外企业的竞争。在这种情况下，如果没有了竞争力，就会随时被市场竞争淘汰出局。企业能否创造出信誉、名牌、知名度等无形资产，将决定企业的前途与命运。因此，项目经理必须具有创新精神和战略预制能力，必须具备战略设计和组织施工能力，并通过干好在建工程，铸造精品工程，创造市场信誉，从而扩大企业的知名度。

(6) 营造企业文化的能力。施工项目是企业的一级组织，是由许多员工组成的团队。因此，项目经理应当是团队组建者、信念的传播者，即能够与员工建立起良好关系，向员工灌输企业忠诚理念。

(7) 较强的协调沟通能力。只有沟通协调好各方面关系，才能拓展企业的生存发展空间。项目经理应与有关各方建立良好的关系，也应经常与项目管理团队进行沟通交流，以增加了解，建立良好的内部工作氛围。

(8) 丰富的实践经验。由于项目经理需要承担相当繁杂的工作，而且现场条件十分艰苦，因此必须具有健康的身体。同时，项目经理要随时处理各种可能遇到的实际问题，所以还应具备丰富的实践经验。

项目经理的素质高低成为一个项目能否顺利完工的关键，通过对项目经理能力素质分析，可以看到一名优秀的施工企业的项目经理必须具备以上素质，只有这样才能在激烈的市场经济竞争中走得更远，从而为企业创造更好的效益。

7.4　实　做　项　目

【实做项目】在 FTTx 仿真软件中实际操作"工程管理"模块。

目的要求：学习施工单位项目经理相关控制点。

本　章　小　结

(1) 通信工程项目组织管理概述：主要包括工程项目组织概念、工程项目组织的管理职能、项目组织机构设置的原则及程序、项目管理组织制度。

(2) 工程项目的组织机构：主要内容包括项目甲方组织机构和项目乙方组织机构，甲方组织机构形式主要有总承包管理方式、工程项目管理承包方式、工程建设监理制；项目乙方组织机构形式主要有直线职能制、工作队制、部门控制式、矩阵制、事业部制等。

(3) 项目经理：主要内容包括项目经理相关概念、项目经理责任制、项目经理素质。

复习与思考题

选择一个通信企业进行调研，画出该企业项目经理部的组织结构图。根据调研分析设计管道工程项目部。

第 8 章 通信工程安全控制管理

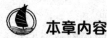

本章内容

- 安全生产
- 安全管理

本章重点、难点

- 危险源的识别
- 生产安全事故调查和处理
- 通信工程安全监督管理的主要工作内容和要求

本章学习目的和要求

- 掌握危险源以及通信工程常见危险源
- 重点掌握危险源的识别以及预防措施
- 掌握事故等级以及对生产安全事故调查和处理的方法
- 熟悉通信工程安全监督管理的主要工作内容和要求
- 了解安全生产责任制

本章学时数

- 建议 4 学时

8.1 安 全 生 产

安全生产是指在生产过程中不发生工伤事故、职业病、设备或财产损失的状态,即指
人不受伤害,物不受损失。安全生产管理,就是针对人们生产过程的安全问题,运用有效
的资源,发挥人们的智慧,通过人们的努力,进行有关决策、计划、组织和控制等活动,

实现生产过程中人与机器设备、物料、环境的和谐，以达到安全生产的目标。安全生产管理的工作内容包括建立安全生产管理机构、配备安全生产管理人员、制定安全生产责任制和安全生产管理规章制度、策划生产安全、进行安全部培训教育、建立安全生产档案等。安全生产管理的目标就是减少和控制危害，减少和控制事故，尽量避免生产过程中由于事故所造成的人身伤害、财产损失、环境污染以及其他损失。

8.1.1　我国的安全生产管理制度

1. 我国的安全生产管理方针

目前，我国安全生产管理的方针是：安全第一、预防为主、综合治理。

安全第一，就是要把安全生产工作放在第一位，无论在干什么、什么时候都要抓安全，任何事情都要为安全让路。各级行政正职是安全生产的第一责任人，必须亲自抓安全生产工作，确保把安全生产列在所有工作的前面。要正确处理安全生产与效益的关系，当两者发生矛盾时，效益应服从安全。安全第一，还应体现在安全生产与政绩考核"一票否决"上，从而真正树立起安全第一的权威。

预防为主是实现安全生产的最好举措，是安全第一的具体表现。要实现安全第一，就必须扎扎实实的从预防抓起。

综合治理是一种新的安全管理模式，是指将整个生产过程看成一个系统，系统中的每个部分都互相影响互相制约。因此必须以系统的观点去治理，才能保证安全生产。

2. 我国的安全生产管理体制

我国目前的安全生产管理体制是：企业负责、行业管理、国家监督、群众监督、劳动者遵章守纪。

3. 我国的安全管理原则

安全生产管理要依据"六个坚持"的原则，具体如下：

(1) 坚持管生产同时管安全。

(2) 坚持目标管理。

(3) 检查预防为主。

(4) 检查全员管理。

(5) 检查过程控制。

(6) 坚持持续改进。

4. 我国安全隐患整改原则及措施

安全隐患的整改检查应遵循"五定"原则，即定整改责任人、定整改完成时间、定整改完成单位、定整改具体人员、定整改验收人。

5. 安全事故调查原则

安全事故调查处理应坚持以下四项原则：

(1) 应坚持"实事求是、尊重科学"的原则。事故调查必须以事实为依据，以法律为准绳，严肃认真地对待，不得有丝毫的疏漏。

(2) 坚持"四不放过"原则，即必须坚持事故原因分析不清不放过、事故责任者和群众没受到教育不放过、事故隐患不整改不放过、事故责任者没受到处理不放过的原则。

(3) 应坚持"公正、公平"的原则，即不打击报复，不冤枉无辜，对事故调查处理的结果要公开，引起全社会重视，让群众受教育，挽回事故影响。

(4) 事故的调查处理应坚持分级管理的原则。

8.1.2　安全生产投入

生产经营单位必须安排适当的资金，用于改善安全设施，更新安全技术装备、器材、仪器仪表以及其他安全生产投入，以保证达到法律、法规、标准规定的安全生产条件，并对由于安全生产所必须的资金投入不足导致的后果承担责任。

1. 安全生产投入使用

安全生产投入主要用于以下方面：

(1) 建设安全技术措施工程。

(2) 增设新安全设备、器材、装备、仪器、仪表等，以及这些安全设备的日常维护。

(3) 重大安全生产课题的研究。

(4) 按国家标准为职工配备劳动保护用品。

(5) 职工的安全生产教育和培训。

其他有关预防事故发生的安全技术措施费用和落实生产安全事故应急救援的预案等。

2. 安全生产投入的资金保障

企业应按照"项目记取、确保需要、企业统筹、规范使用"的原则加强安全生产费用管理。安全生产费用的计费原则有以下规定：

(1) 安全生产费用按照《高危行业企业生产费用财务管理暂行办法》(财企[2006] 478号)规定，以建筑安装工程造价为计取依据。

(2) 通信建设工程以建安工程费的 1.5%计取。

(3) 通信工程提取的 1.5%安全生产费为最低标准。

(4) 安全生产费用在编制概预算时计列。

(5) 招投标文件中，应当单列安全生产费用项目清单。

(6) 投标方应按招标文件中单列的安全生产费用项目清单和主管部门测定的费率单独报价，并且不得删减。投标方未按本规定单独报价的，投标文件应报废处理。

一般来说，安全生产投入资金来源都有确切保证。股份制企业、合资企业等由董事会予以保证；一般国有企业由厂长或经理予以保证；个体工商户等个体经济组织由投资人予以保证。上述保证人应为资金投入不足导致安全事故承担法律责任。

3. 安全生产资金支付期限和支付方式

(1) 建设单位与施工单位应在施工合同中明确安全生产费用的费率、数额、支付计划、使用要求、调整方式等条款。

(2) 建设单位应在合同签订之日起 5 日内预付安全生产费用，合同期在一年以内的，预付安全生产费用不得低于该费用总额的 70%；合同工期在一年以上的，预付安全生产费用不得低于该费用总额的 50%。

(3) 建设单位在申请施工许可证或报批开工时，应当提交安全生产费用预付凭证和安全生产费用支付计划，作为保障工程安全的具体措施。

(4) 在工程量或施工进度完成 50% 时，施工企业负责人应按监理规范要求填写《其余安全生产费用支付申请表》并报给监理企业。监理应审核工程进度和现场安全管理情况，然后其总监方可签署"支付证书"，提交给建设单位及时支付。

(5) 施工过程中出现工程变更情况，应按合同约定办理工程价款变更，并按安全生产费率确定安全生产费用增加费，作为其余安全生产费用同期支付的依据。

(6) 进行竣工验收或办理竣工验收备案手续时，建设单位应向建设主管部门提交安全生产费用支付凭证。

(7) 实行工程总承包，且总包单位依法将工程分包给其他单位的，总包单位应与分包单位在分包合同中明确由分包单位实施的分包工程的安全生产费用。

注意：监理企业应及时提醒建设单位支付安全生产费用。

8.1.3　安全事故及其处理

1. 安全事故及其等级划分

安全事故是指生产经营单位在生产经营活动中(包括与生产经营有关的活动)突然发生的伤害人身安全和健康，或损坏设备设施，或造成经济损失的，导致原生产经营活动(包括与经营活动有关的活动)暂时中止或永远终止的意外事件。

为了规范生产安全事故的报告和调查处理，落实生产安全事故责任追究制度，防止和减少生产安全事故。国务院规定，生产安全事故(以下简称事故)造成人员伤亡或直接损失的等级可分为特别重大事故、重大事故、较大事故、一般事故四级。安全事故等级划分如表 8-1 所示。

表 8-1　安全事故等级划分

安全事故级别	划 分 依 据
特别重大事故	① 30 人以上死亡；② 100 人以上重伤；③ 1 亿元以上直接经济损失
重大事故	① 10 人以上 30 人以下死亡；② 50 人以上 100 人以下重伤；③ 5000 万元以上 1 亿元以下直接经济损失
较大事故	① 3 人以上 10 人以下死亡；② 10 人以上 50 人以下重伤；③ 1000 万元以上 5000 万元以下直接经济损失
一般事故	① 3 人以下死亡；② 10 人以下重伤；③ 1000 万元以下直接经济损失

2. 案例分析

【案例 8-1】　某县城施工队队员触电身亡事故。

◆ 事故经过

2013 年 6 月 17 日，某施工队在一县城内进行管道施工，由于该处水位较高，人孔坑需要抽水，而水流属于中水流，要抽一会儿水挖一会儿土。当时两人作业，抽水时两个人都到了人孔坑上面，其中一人离开了人孔坑，另一人在坑沿上等待。因坑底不平，为了尽可能把积水抽净，需要移动水泵，当看守的人移动水泵时，由于水泵漏电造成触电，另外一人由于远离孔口也没及时发现同事触电，等他发现时，触电人员已经死亡。

◆ 原因分析

该事故直接原因是水泵漏电。使用前未对设备进行安全检查，对另一名施工人员进行询问时，他说水泵原来不漏电，总在水泵运转时用手移动，从未发生过触电事情。间接原因是违反操作规程，移动水泵时没有切断电源，怕麻烦、麻痹大意。

◆ 主要教训

(1) 加强对施工人员的安全教育，一线施工人员必须牢固树立"安全第一"的思想，正确处理好安全与生产的关系。加强对常用设备的安全施工操作规程的教育，提高人员执行安全操作规程的自觉性。

(2) 加大检查力度，凡发现违章作业的必须给予严厉处分，以加强警示，防患未然。克服怕麻烦、麻痹大意的思想。

【案例 8-2】　湖北**通信有限公司"5.29"较大安全事故。

◆ 事故经过

2010 年 5 月 29 日下午 5 点 30 分，武汉东湖高新技术开发区光谷坐标城，11 名某通信有限公司维护人员正在铺设某运营商公司的通信光缆。他们打开了一个管道人孔盖，该井深约 5 米，底下有 30 厘米厚的淤泥，23 岁的张某先行顺着竹梯进入孔内，不到 3 分钟，孔内发出微弱的求救声。大伙朝孔内一看，张某趴在梯子上奄奄一息。45 岁维修队队长朱某第一个沿着竹梯下到孔底，用双手向上推举张某，孰料自己也没力气了。44 岁吴某见状也下孔施救，结果也倒在井底。地面上的段某见状按捺不住，也匆匆下孔，也被熏倒在人孔内。

下午 6 时 07 分，武汉消防 119 指挥中心接到报警后，立即调集高新、关山消防中队 5 辆消防车和 25 名官兵携带抢险救援器材赶往现场，首先用安全绳将两具空气呼吸气瓶吊下，给孔下被困人员供氧。同时采取强迫通风措施，架起消防救援三脚架，选派救援经验丰富、体能充沛的专业人员下孔救人。下午 6 时 40 分，消防员将最后一名被困者救出，并立即送往广州军区武汉总医院。除张某获救外，其余三人均中毒窒息死亡，造成直接经济损失约 145 万元。

◆ 原因分析

(1) 员工缺乏基本的安全常识和基本的自救互救知识和能力，印证了企业安全教育培训工作的严重缺失。

(2) 施工前项目负责人未对现场进行勘察，对危险源未进行认真辨识，安全技术交底不落实。

(3) 作业程序不规范，作业前和作业过程中未对现场有毒有害气体进行检测，反映出安全制度不落实，安全管理混乱。

(4) 未制定应急预案，或制定的应急预案可操作性差，未进行应急演练，导致现场报警时间迟缓、施工人员不能科学进行施救。

◆ 主要教训

(1) 这起事故盲目施救行为所造成的惨痛教训说明，员工缺乏安全知识，必然会在施工中犯低级错误。因此，要全面加强对作业人员安全生产知识和应急知识的培训，使其了解作业场所危险源分布情况和可能造成人身伤亡的危险因素。对教育培训不合格的，不得上岗作业。

(2) 要健全并严格执行安全保障措施和制度。作业人员在进入有可能发生窒息中毒事故的管道人孔等场所进行作业时，必须进行检测后方可作业。必须佩戴必要的防护用品。加强安全交底和检查，及时采取防范措施。

(3) 加大安全生产和应急投入。为从事人孔危险作业的施工队伍，配备有毒有害气体检测仪以及必要的防护装备。

(4) 制定并完善应急预案，开展应急演练，使人员熟悉应急预案内容，掌握逃生、自救、互救知识，提高应急处理能力。

(5) 开展安全隐患排查工作，防范施救不当或盲目施救造成伤亡扩大事故的发生。

【案例 8-3】 某电信公司施工队队员触电身亡事故。

◆ 事故经过

2010 年 8 月 9 日，某电信公司施工队队长李某带领 8 名人员在某市张东村、张西村进行电信接入网工程的施工。在立完电杆后施工队开始布放钢绞线，中间跨越 8 条电源线(电压为 220 V)。按规定在施工中遇电源线路应停电作业，李某交代高某联系停电后，便回到支局拉电缆。高某通知了张西村的四条电路停电后，又到张东村但没找到电工，于是在张东村未停电的情况下开始施工。

当时有 5 人在张西村拉钢绞线，其中一人上杆紧螺丝。在电力线处有一棵槐树，为避免钢绞线落在电源线上，施工人员以槐树为支点，把钢绞线搭在槐树枝上，当用力拉钢绞线时，钢绞线滑落到电源线上。在张西村拉线的 5 人中当即 2 人触电倒地，发现有人触电，有人裸手上前拉钢绞线救人也触电。最终造成 3 人死亡的较大事故。

◆ 原因分析

(1) 施工人员违章作业，在电源线有电、未搭设保护架又未采取其他保护措施的情况下冒险作业是这起事故发生的直接原因。

(2) 施工人员没有佩戴和使用必需的劳动防护用品，如绝缘手套，绝缘鞋等，这是这起事故的间接原因。

(3) 经对大部分现场施工人员调查得知，施工人员均未经过安全知识和安全技术培训，不懂安全知识和救护知识，不会自我保护，发生问题不能正确处理，造成事故扩大。

(4) 安全监督不力。该施工队长兼安全员到现场交代停电事宜后，只让懂得安全生产知识甚少的民工施工，缺乏安全监督，由此也暴露了安全管理上的缺陷。

◆ 经验教训

(1) 线路施工安全管理制度、安全责任制虽已制定，但不落实，安全监督检查不力，应加强施工安全管理。

(2) 现场人员未经安全知识技能及救护技能培训。应强化安全培训，并考核合格后，持证上岗。

(3) 按规定要求，配发劳动防护用品，并定期检查劳动防护用品使用情况。

(4) 施工负责人、安全员、技术人员要亲临现场，查看路由，制定出可靠的施工方案后方可开工。

(5) 施工中架通信线路跨越电力线时，在确定不能停电的情况下应架设安全保护架，将电力线罩住，使用绝缘绳或干燥的麻棕绳牵引。

3. 安全事故的处理

安全事故处理包括从事故发生、事故现场处理及上报、事故调查、事故分析、事故责任认定、事故处罚和整改处罚 7 个环节，处理流程如图 8-1 所示。

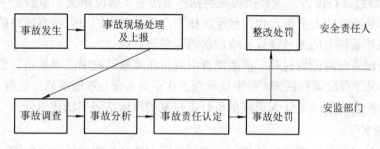

图 8-1　安全事故处理流程

1) 事故现场处理及上报

根据国务院相关规定，在安全事故发生后，现场监理人员应及时、如实地向总监理工程师报告，总监理工程师应及时向建设单位报告，建设单位负责人接到报告后，应当在 1 小时内向事故发生地县级以上人民政府安全生产监督管理部门和负有安全生产监督职责的有关部门报告。情况紧急时，事故现场有关人员可以直接向事故发生地县级以上人民政府安全生产监督管理部门和负有安全生产监督管理职责的有关部门报告。

事故报告应包括以下内容：

(1) 事故发生单位概括。

(2) 事故发生的时间、地点以及事故现场情况。

(3) 事故的简要经过。

(4) 事故已造成或可能造成的伤亡人数(包括下落不明的人数)和初步估计的直接经济损失。

(5) 已经采取的措施。

(6) 其他应当报告的情况。

在事故报告后，又出现新情况时，应及时补救。

事故发生后，项目监理机构和监理人员应妥善保护事故现场以及相关证据，任何单位和个人不得破坏事故现场、毁灭相关证据。因抢救人员、防止事故扩大以及疏通交通等原因，需要移动事故现场物件的，应当做出标志，绘制现场简图并做出书面记录，妥善保存现场重要痕迹、物证。

接到事故报告后，总监理工程师应当立即启动事故应急预案，并应在第一时间赶赴现场，积极协助事故发生单位，组织抢救，并采取有效措施，防止事故扩大，减少人员伤亡和财产损失。

对于接到事故报告后，抱有事不关己态度的，不积极抢救的或不作为的，应承担法律责任。

2) 安全事故调查及事故处理

发生安全事故后，项目监理机构应配合相关部门组织的调查组，对发生的事故进行调查，调查组应履行下列职责：

(1) 查明事故发生的经过、原因、人员伤亡情况及直接经济损失。

(2) 认定事故的性质和事故的责任。

(3) 提出对事故责任人的处理建议。

(4) 提交事故调查报告，调查报告应包括：事故发生单位概况、事故发生经过和事故救援情况、事故造成的人员伤亡和直接经济损失、事故发生的原因和事故性质、事故责任的认定及对事故责任人的处理建议、事故防范和整改措施。

事故调查报告应附证据材料。事故调查组成员在调查过程中应当诚信、公正，遵守事故调查纪律，保守事故调查秘密。对事故调查工作不负责任，致使事故工作有重大疏忽的，或者包庇、袒护负有事故责任人员或借机打击报复的应依法追究法律责任。

3) 事故分析

事故分析的目的是发现事故的原因，事故原因大体分为物的不安全状态、人的不安全行为以及管理监督上的缺陷。每种原因都有两个层次，即直接原因和间接原因。事故原因分析的步骤如下：

(1) 整理和阅读调查材料。

(2) 分析伤害方式，内容包括受伤部位、受伤性质、起因物、致害物、伤害方式、不安全状态、不安全行为。

(3) 确定事故的直接原因。

(4) 确定事故的间接原因。

4) 安全事故责任认定

事故的责任人主要分为直接责任者、主要责任者和领导责任者 3 类。

有下列情况之一时，应由肇事者或有关人员负直接责任或主要责任。

(1) 违章指挥或违章作业、冒险作业造成事故的。

(2) 违反安全生产责任制和操作规程，造成伤亡事故的。

(3) 违反劳动纪律，擅自开动机械设备或擅自更改、拆除、毁坏、挪用安全装置和设备，造成事故的。

有下列情况之一时，有关领导应负领导责任：

(1) 由于安全责任制、安全生产规章和操作规程不健全，职工无章可循，造成伤亡事故的。

(2) 未按照规定对职工进行安全教育和技术培训，或职工未经过考试合格上岗操作造成事故的。

(3) 机械设备超过检修期限或超负荷运行，或因设备有缺陷又不采取措施，造成伤亡事故的。

(4) 作业环境不安全，又未采取措施，造成伤亡事故的。

(5) 新建、改造、扩建工程项目的尘毒处理和安全设施不与主体工程同时设计、同时施工、同时投入生产和使用，造成伤亡事故的。

5) 安全事故处理

对于发生安全事故的项目，需要进行整改。整改应从安全技术整改措施、安全管理整改措施、安全教育安全培训 3 个方面考虑。

根据施工责任的大小，对事故责任者可进行不同程度的处罚，处罚的形式有行政处罚、经济处罚、刑事处罚。处罚条款详见国家安全生产监督管理总局令第 77 号《生产安全事故罚款处罚规定(试行)》。

【案例 8-4】 案例 8-2 的事故调查处理样例。

湖北**通信有限公司"5.29"较大安全事故

◆ 事故经过

2010 年 5 月 29 日 18 时许，事故单位湖北**通信有限公司 1 名施工人员在武汉市视频监控系统项目"光谷长城坐标城"工地的一个信息网络人井内，进行光缆布放施工时发生晕倒，下井施救的 3 名工友因施救不当造成死亡，造成直接经济损失约 145 万元。

◆ 施工主要原因和性质认定

湖北省武汉市省人民政府批复的对事故发生认定的直接原因为：作业人员安全意识薄弱，在进入地下有限空间作业前，未进行检查，未佩戴防护用品，施救人员盲目下井施救，最终均因缺氧昏倒在井内污水里，造成事故伤亡扩大，酿成较大事故。

◆ 间接原因

(1) 湖北**通信有限公司对有限空间作业的安全管理不到位。

(2) 作业人员安全培训教育不到位。

(3) 湖北**通信有限公司对施工现场的安全管理不到位。

(4) **监理有限公司对井下有限空间作业的安全监理工作不到位。

(5) 设计单位无安全交底记录，针对安全注意事项未详细注明。

(6) 中国**武汉市分公司对施工单位的施工现场安全生产检查不到位。

◆ 事故性质认定

该事故是施工人员违章下井作业，井上人员盲目施救，企业安全生产规章制度落实不力，安全管理工作不到位而造成的较大责任事故。

◆ 相关部门的处理意见

湖北武汉人民政府批复的对湖北**通信有限公司"5.29"较大安全事故处理意见为：给予湖北**通信有限公司经济处罚 20 万元；对该项目的项目经理建议给予开除处分；对法人代表处一年收入 40%的罚款，并作出深刻书面检查；对**监理有限公司现场监理建议给予行政记过处分。对**设计单位负责人建议给予行政记过处分；对中国**武汉市分公司负责该项目的项目经理建议给予行政警告处分。

8.2 安 全 管 理

通信工程施工的特点是点多、线长、面广，遍布大街小巷，地形、环境十分复杂。杆路、管道、墙壁、槽道、水底等线路纵横交错，各种设备、管线种类繁杂；市区内交通频繁，商业、入口密集，所有这些都给通信工程施工带来了很多困难。因此，通信工程施工作业必须把安全放在首位。

8.2.1　通信工程各方责任主体的安全责任

为了加强安全生产的监督管理，减少和防止生产安全事故，保障人民生命和财产安全，促进经济和社会的协调发展，国务院相关规定指出："建设单位、勘察单位、设计单位、施工单位、工程监理单位及其他与建设工程安全生产有关的单位，必须遵守安全生产法律、法规的规定，保证建设工程安全生产，依法承担建设工程安全生产责任。"

1. 建设单位(运营企业)的安全生产责任

为了避免安全事故发生，建设单位作为出资方和工程项目的使用方，在工程项目的建设实施过程中应当注意以下几点：

(1) 建立完善的通信建设工程安全生产管理制度，并确定责任人。

(2) 在工程预算中明确通信建设工程安全生产费用，不得打折。

(3) 不得对设计单位、施工单位及监理单位提出不符合安全生产法律、法规和强制性标准规定的要求，不得压缩合同约定的工期。

(4) 建设单位在通信工程开工前，要明确相关单位的安全生产责任。

(5) 建设单位在对施工单位进行资格审查时，应对施工企业三类人员进行安全考核审查。

(6) 建设单位应向施工单位提供现场地下管线、气象、水文、地质等相关资料，并保证资料真实、准确、完整。

2. 勘察单位的安全生产责任

勘察成果的深度、精度和广度直接影响工程项目的安全实施，因此勘察单位责任重大，主要责任如下：

(1) 勘察单位应依照法律、法规和工程建设强制性标准进行勘察，提供的勘察文件应当真实、准确，满足建设工程安全的需要。

(2) 勘察单位在勘察作业时，应当严格执行操作规程，保证安全。

3. 设计单位的安全生产责任

设计单位的安全生产责任主要有以下几点：

(1) 设计单位和有关人员对其设计安全性负责。

(2) 设计单位编制工程概算时，应全额列出安全生产费用。

(3) 设计单位应当按照法律、法规和工程建设强制性标准进行设计。

(4) 设计单位应当考虑施工安全操作和防护的需要，对防范安全事故提出指导意见。

(5) 设计单位应参与与设计有关的安全生产事故分析，并承担相应责任。

(6) 对于采用新结构、新材料、新工艺的建设工程和采用特殊结构的建设工程，设计单位应当在设计中提出保障施工作业人员安全和预防生产安全事故的措施。

4. 施工单位的安全生产责任

通信施工企业必须具备以下基本安全条件才能进行施工：施工单位必须取得行政部门颁发的《安全生产许可证》；总包单位、分包单位都应持有相关资质证书；必须建立专门的安全生产管理机构和安全管理制度；各类人员应经过培训持证上岗；特殊工种作业人员，应经相关部门培训，持证上岗；对事故隐患要确定整改责任人；必须把握好安全生产的措施关；必须建立安全生产值班制度。

在施工过程中，施工单位应负的安全生产责任主要如下：

(1) 施工单位从事建设工程的新建、扩建、改建和拆除等活动时，应当具备国家规定的注册资本、专业技术人员、技术装备和安全生产等条件，依法取得相应等级的资质证书，并在其资质等级许可的范围内承揽工程。

(2) 施工单位应设立安全生产管理机构，健全责任制度，制定安全生产规章制度、操作规程和紧急预案。

(3) 建立安全生产费用预算，保证安全生产费用专款专用。

(4) 建设工程实施施工总承包的，由总承包单位对施工现场的安全生产负总责，并与分包单位承担连带责任。分包单位不服从管理导致生产安全事故的，由分包单位承担主要责任。

(5) 特种作业人员必须按照国家有关规定经过专门培训，持证上岗。

(6) 建设工程施工前，施工单位应逐层进行安全技术交底，并由双方签字确认。

(7) 施工单位应在有危险存在的场所设置明显的安全警示标志。施工现场暂时停止施工的，施工单位应做好现场防护，所需费用由责任方承担。

(8) 施工单位应保证施工现场的安全。

(9) 施工单位应保证与其相邻建筑物的安全，并采取各项环保措施。

(10) 施工单位应在施工现场建立消防安全责任制度，并确定消防安全责任人。

(11) 施工单位应向作业人员提供安全防护用具和安全防护服装，并书面告知危害性。

(12) 作业人员应遵守安全施工的强制性标准、规章制度和操作规程。

(13) 施工单位采购、租赁的安全防护用具应有"三证"，即产品生产许可证、产品合格证、安全鉴定证。

(14) 施工单位的主要负责人、项目负责人、专职安全生产管理人员应经培训考核合格后方可任职。

(15) 作业人员进入新的岗位或新的施工现场前，应接受安全生产教育培训。

(16) 要依法参加工伤社会保险。

(17) 施工单位应为施工现场从事危险作业的人员办理意外伤害保险。

5. 监理单位的安全生产责任

监理单位作为专业的第三方项目管理检查者，主要的安全责任如下：

(1) 按照法律、法规、强制性标准实施监理，并对工程建设生产安全承担监理责任。

(2) 要完善安全生产管理制度，明确监理人员的安全监理责任，建立监理人员安全生产教育培训制度。

(3) 审查施工单位施工组织设计中的安全技术措施或者专项施工方案是否符合工程建设强制性标准要求。

(4) 工程监理单位在实施监理过程中，发现存在安全事故隐患的，应当要求施工单位整改。

监理单位的安全管理措施主要有：做好安全监理人员的培训和安全教育工作；建立、

健全安全监理制度和现场全生产监理组织；落实监理人员的安全。

8.2.2　通信工程常见危险源

通信工程的特点是点多、线长、面广，专业性强、技术复杂，危险源相对较多，风险程度也比较高。通信工程项目在室外作业时，周边环境、天气状况在不断变化，对安全施工影响很大，增加了安全风险。

通信工程是一项技术劳务密集型的项目，人的不安全行为常常是工程的主要危险源，在工程实施监理时，监理工程师必须高度重视。人的不安全行为主要分为：指挥、操作错误；使用不安全的设备；手工代替工具操作；物体存放不当；冒险进入危险场所；攀坐不安全的物体；在起吊物下作业、停留；机械设备运转时加油、修理、检查、调整、清扫等；作业时分散注意力；在必须使用防护用品、用具的作业或场合中未使用；施工人员着不安全防护装束；对易燃、易爆等危险品处置错误等。

通信工程中，一般常见的危险源有以下几类。

1) 通信线路

(1) 直埋光(电)缆工程：挖沟时，地下有电力电缆或燃气管道等危险物而未在施工图纸上标出或提示；施工路由附近靠近电力线；施工路由经过陡坎、河流、湖泊等不利地形；路边开挖电杆沟坑时没有设置施工圈围隔离标识或标识不全；在高温、低温、雷雨、山洪等恶劣天气下作业；在较深的、时有塌方的沟坑中施工；在高速公路上或交通繁忙地段施工；施工车辆在公路上随时停车时，没有按规定摆放停车的警示标志；行驶的工程车辆上堆放着固定不稳的施工材料、机具等物品；吊车、绞盘、抽水机、电机等施工机具带"病"作业；在水流过急、围堰不牢固的河道围堰区域内进行敷设管线作业等。

(2) 架空杆路工程：运杆和立杆时未设专人统一指挥；施工人员佩戴的劳保用品不符合要求，攀登电杆的工具和安全带有损坏；施工人员上杆、立杆、紧线、挂缆未按操作规程进行；工程设备、材料，如电杆、钢绞线、线挡等有缺陷；紧线工具不结实；钢绞线未加装绝缘子；滑轮不牢固；杆洞、拉线坑在立杆前未做防护；工程材料堆放过高，未采取保护措施；绷紧的钢绞线由于夹板等原因突然松弛；钢绞线穿越电力线时，未采取防护措施或在电力线上摩擦；钢绞线过紧，未留垂度，造成电杆折断；缆线地锚坑挖深不够，拉线松弛；架空缆线过河时，施工操作保护措施不当等。

(3) 管道光缆工程：吹放管道光缆的吹缆机气压超过标准；在打开的人(手)孔内施工时，孔面没有设置圈围标志；进入地下通道、人井作业时未检测或充分换气；人孔内牵拉光缆的拉力环不结实或损坏；管道内拉光缆的钢丝绳或绳索被摩擦而断裂等。

2) 通信管道工程

在市区进行管道施工时，行人较多、交通繁忙，施工圈围和标志不明显或有缺陷；盲目开挖沟槽，对地下电力、通信线路、自来水管、排水管、燃气管道和其他地下设施位置未调查清楚；开挖的土方堆放位置不当；坑槽支护不结实；在沟槽上搭设的人行临时过桥不牢固；沟坑附近，夜间未设置警示灯或警示灯不亮；沟坑的污水不按规定排放；购置的水泥、钢筋材料未检验，现场浇注的上覆厚度和强度不够；安装浇注的上覆厚度和强度不够；安装的井盖不结实等。

3) 通信设备安装工程

使用漏电的电钻、切割机、电焊机、电烙铁等电器工具；开拆带铁钉的设备包装箱板放置不当；安装设备时焊渣、金属碎片遗漏在设备机架内；放置在机架上的工具坠落；在带电的电源架上接线或割接电源用的工具未做绝缘处理；电源线中间有接头；测试人员未佩戴防静电手环；机盘插接不规范；布线不规则，电源正、负极性接错；电路割接方案不完善；设备接地线不牢固，接地电阻未测试，接地电阻不符合设计要求等。

4) 铁塔和天馈线安装工程

施工用安全帽、安全带没有经过劳动鉴定部门检查；高处作业安全防护措施不完善，安全设施投入不足；高处安装的紧固件不牢固；塔上的零部件、施工工具坠落；安装在铁塔的螺栓未拧紧；吊装用滑轮和吊绳安全系数不够；起重吊装设备制动失灵；施工现场周围靠近强电线路，天气恶劣，附近地区有雷雨；施工圈围设施和安全警示标志有缺陷；高处施工人员没有取得特种作业上岗证；上塔人员身体抱恙，勉强上塔作业；施工人员不按规定路由上塔或不按规定携带工具上塔；地面人员违规指挥等。

注意：在实际监理工作中，要熟悉掌握通信建设工程常见危险源，做好安全事故的预防工作，将安全隐患消灭在摇篮里。

8.2.3　安全管理人员

安全管理人员主要包括企业负责人、项目负责人和专职安全生产管理人员。据相关文件规定，企业负责人、项目负责人和专职安全管理人员必须经安全生产考核、取得安全生产合格证书后，方可担任相应的职务。

1. 企业负责人

企业负责人对企业安全生产工作负全面责任，其主要安全职责有：

(1) 认真贯彻执行国家、行业有关安全生产的法律、法规、方针和政策，掌握本企业的安全生产动态，定期研究安全工作。

(2) 建立、健全本单位安全生产责任制。

(3) 组织制定本单位安全生产规章制度和操作规程。

(4) 保证本单位安全生产投入的有效实施。

(5) 督促、检查本单位的安全生产工作，及时消除生产安全事故隐患。

(6) 组织制定并实施本单位的生产安全事故应急救援预案。

(7) 一旦发生事故，要做到妥善处理，配合调查组调查。

(8) 及时、如实报告生产安全事故。

2. 项目负责人

项目负责人是项目安全生产的第一负责人，直接领导项目的实施，其安全职责有：

(1) 落实安全生产责任制度、安全生产规章制度和操作规程。

(2) 确保安全生产费用的有效使用。

(3) 根据工程的特点组织制定安全施工措施。

(4) 消除安全事故隐患。

(5) 及时、如实报告生产安全事故。

3. 专职安全员

专职安全员是施工项目部派到作业现场的专门负责安全生产的专职人员。安全员主要任务为在施工现场进行安全生产巡查；巡查作业人员在生产过程中是否遵规守纪、是否按操作规程施工、有无不安全的行为，施工作业设备是否带病运转，施工作业环境有无安全隐患，施工作业中有无险情等。

专职安全员职务虽然不高，但肩负的责任重大，规章制度的制定，操作规程的制定，法律、法规在施工生产中的贯彻都与专职安全员密切相关。因此，专职安全员的选拔必须特别重视，专职安全员应具备的素质主要有：

(1) 专职安全员必须具备良好的品德和素质。

(2) 安全员必须对自己的工作有深刻的理解和认识。

(3) 安全员必须有敢说、敢管、敢于负责的精神。

(4) 安全员应有承受较大压力的心理素质。

(5) 安全员应具备一定的法律知识。

(6) 安全员应具备一定的专业知识。

(7) 安全员应做到"五勤"，即腿勤、嘴勤、脑勤、手勤、眼勤。

(8) 安全员在单位应当有良好的群众基础。

专职安全员责任重大，因此必须给予足够授权，一般专职安全员的权力有：

(1) 深入施工现场检查权。

(2) 发现违规操作纠正权。

(3) 作业机具检查权。

(4) 临时用电检查权。

(5) 安全资料检查权。

(6) 发现隐患要求整改权。

(7) 安全防护设施检查权。

(8) 要求紧急避险权。

(9) 工作汇报权。

专职安全员在行使权力的同时，必须承担相应的义务，具体如下：

(1) 安全员必须学习好相关的法规，掌握本专业的专业知识和安全操作规程。

(2) 安全员必须遵章守纪，遵守企业的各种规章制度，为员工做好表率。

(3) 安全员有义务在施工现场对作业人员进行安全指导。

(4) 安全员应对分包单位的安全工作进行业务指导。

(5) 安全员有义务检查分包单位的相关安全工作。

(6) 安全员有参与事故分析的义务。

8.2.4　通信工程安全监理

1. 安全监理人员

安全监理人员在生产中的安全管理职责如下：

(1) 在总监理工程师的主持和组织下，编制安全监理方案，必要时编制安全监理实施细则。

(2) 审查施工单位的营业执照、企业施工资质等级和安全生产许可证，查验承包单位安全生产管理人员的安全生产考核合格证书和特种作业(登高、电焊等工种)人员的特种作业操作资格证书。

(3) 审查施工单位提交的施工组织设计中有关于安全技术措施和专项施工的方案。

(4) 审查施工单位对施工人员的安全培训教育记录和安全技术措施的交底情况。

(5) 审查施工单位成立的安全生产管理组织机构、制定的安全生产责任制度、安全生产检查制度、安全生产教育制度和事故报告制度是否健全。

(6) 审查施工单位对施工图设计预算中的安全生产费使用计划和执行情况。施工单位必须专款专用，用于购置安全防护用具、安全设施和改善现场文明施工、安全生产条件，不得挪作他用。

(7) 审查采用新工艺、新技术、新材料、新设备的安全技术方案及安全措施。

(8) 定期检查施工现场的各种施工机械、设备、材料的安全状态，严格禁止已损坏或需要保养的机具在工地继续使用。

(9) 对施工现场进行安全巡回检查，对各工序安全施工情况进行跟踪监督，填写安全监理日记，发现问题及时向总监理工程师或总监理工程师代表报告。

(10) 协助总监理工程师主持召开安全生产专题监理会议，讨论有关安全问题并形成纪要。

(11) 下达有关工程安全的《监理工程师通知单》，编写监理周、月报中的安全监理工作内容。

(12) 协助调查和处理安全事故。当施工安全状态得不到保证时，安全监理人员可建议总监理工程师下达工程暂停令，责令施工单位暂停施工，进行整改。

【案例 8-5】　事故监理责任认定。

某公司 "3.28" 较大安全事故

◆ 事故经过

2010 年，某施工单位现场施工人员在安装某基站发射塔时，由于铁塔塔基底座 12 个螺栓和螺母中有 11 个不配套，导致其中 11 个螺母安装不上，为赶工程进度，3 名施工人员在铁塔底座没有固定、现场无监理人员和安全管理人员的情况下，仍然坚持上塔作业，当铁塔安装到 25 米左右，因铁塔的底座螺丝固定不到位、拉绳的拉力及作业人员的作用力等因素导致铁塔重心偏离，铁塔往拉绳方向倾倒，在塔上作业的 3 人随塔倾倒摔下致死，在塔下拉绳的 1 人也被倒下的铁塔砸死。造成直接经济损失约 90 万元。

◆ 事故的主要原因和性质认定

某市人民政府对事故发生认定的直接原因为：铁塔安装严重违规操作。间接原因认定为：施工方某公司违反《中华人民共和国安全生产法》的规定，在登高架设作业中没有配备专职安全生产管理人员对施工现场进行安全管理，未对施工人员进行岗前安全培训；某监理单位在施工方未按程序及时通知的情况下，也未及时派监理人员到现场进行工程监理。

该事故是因铁塔安装严重违规操作、施工现场安全监理不到位、作业人员缺乏基本的安全意识而造成的物体打击类较大安全责任事故。其主要原因有：

(1) 工程建设各方主体安全生产责任不落实，安全生产措施不得力。

(2) 施工现场安全生产管理不到位，专职安全员不到岗，施工作业人员违规违章操作行为严重。

(3) 企业安全培训教育未全覆盖，一线施工人员缺乏基本安全生产意识，安全防护和救援常识严重缺乏。

(4) 监理单位未严格履行监理责任，现场安全管理不到位，对施工企业的习惯性违章作业没有采取制止措施。

(5) 建设单位对施工方和监理方未按规定严格要求，未尽到对施工、监理单位安全生产工作的检查、协调责任。

◆ 相关处理意见

某市人民政府的处理意见：某市人民政府对某公司"3.28"较大安全事故调查处理意见是：对某实业有限公司依法给予经济处罚，责令该企业所有在事故发生地区的建设项目停工整顿，并对该公司法定代表人依法给予年收入 40%的经济处罚；对该公司主管安全的综合部经理，建议相关部门给予行政降职处分；对该公司塔枪部安全生产第一责任人塔枪部经理，建议相关部门给予撤销塔枪部经理职务的处分。对某通信工程监理股份有限公司第 X 分公司依法给予经济处罚，并责令该企业所有在事故发生地区的监理项目进行停工整顿，对负责该地区监理工作的副总经理依法给予年收入 40%的经济处罚，建议有关部门给予行政记大过处分；对作为该项目主要安全负责人的项目经理，建议相关部门给予行政降职处分；要求建设单位某分公司所有在建工程立即停工整顿，认真吸取事故教训，写出自查整改报告。

工业和信息部处理意见：为深刻吸取该起事故的教训，我部决定对建设单位某分公司、某实业有限公司、某通信工程监理股份有限公司在行业内进行通报批评。同时，要求事故责任单位认真落实当地政府部门的处理意见，在企业内部对相关责任人做出严肃处理，并将有关处理和整改情况于 11 月 10 日前上报我部(通信发展司)和所在省通信管理局。

◆ 案例分析

这是一起典型的多方过失引起的较大安全事故，是因建设、施工、监理、器材供应等各环节都存在违法、违规、违章的过失行为而导致的安全事故。建设单位、施工单位片面追求进度和降低工程成本，忽视安全生产，负有管理责任。施工单位无视监理制度，开工不报告，进场材料不报验。在施工条件不具备、安全防护措施不落实的情况下强行施工，施工现场人员违章指挥等导致最终事故的发生，应负主要责任。监理人员未能对擅自开工的行为果断采取处置措施，其责任是轻微的。但从最终的处罚结果来看，监理单位人员的行政处罚与负有主要责任的施工单位给予同等处罚，责罚欠妥当。

结合案例 8-4，考虑以下内容：

(1) 施工单位施工人员不理会、不重视监理人员的安全管理建议，导致施工过程中出现安全事故，监理方该如何规避责任。

(2) 是否监理方对施工单位人员进行了安全教育，就能免去其责任。

(3) 对于施工单位施工点位较多，监理工程师该如何进行现场检查安全情况，如何管理施工人员。

8.3　实做项目

【实做项目】在 FTTx 仿真实训软件中实际操作工程管理模块中的"安全管理"。
目的要求：学习掌握一般通信工程实施中基本安全保障措施。

本 章 小 结

(1) 我国安全年生产管理制度、方针、原则；安全资金投入保障机制主要包括资金的使用、数量保证和拨付时间保证；安全事故的调查步骤主要包括事故上报、事故调查、事故分析、事故责任认定和事故项目整改。

(2) 各个建设主体的安全责任主要包括建设方、施工方、勘察设计方的安全责任；通信建设工程常见危险源；安全管理人员的素质要求和权力与义务；安全监理人员及职责，以及不同专业的安全监理内容。

复习与思考题

1. 通信管道线路工程常见的危险源有哪些？
2. 通信设备安装工程中常见的危险源有哪些？
3. 我国安全光缆安装的原则是什么？
4. 我国的安全生产管理方针是什么？
5. 我国安全事故调查的原则是什么？

第 9 章　通信工程造价控制管理

本章内容

- 概述
- 通信建设工程造价控制
- 通信建设工程设计阶段造价控制
- 通信建设工程施工阶段造价控制
- 通信建设工程概预算

本章重点、难点

- 工程造价与工程预算的联系
- 工程造价的控制原理
- 通信建设工程设计阶段造价控制的内容
- 通信建设工程施工阶段造价控制的内容
- 概预算费用的组成

本章学习目的和要求

- 了解工程造价和工程概算的基本概念、明确两者的区别和联系
- 熟悉造价控制的原理、过程、措施和目标
- 掌握通信建设工程设计阶段和施工阶段造价控制的内容和方法

本章学时数

- 建议 6 学时

9.1　概　述

工程造价是指进行某项工程建设所花费的全部费用。工程造价是一个广义的概念，在不同的场合，工程造价的含义不同。

从投资者的角度而言，工程造价是工程项目按照确定的建设内容、建设规模、建设标准、功能要求和使用要求等，全部建成并验收合格交付使用所需的全部费用，一般是指一项工程预计开支或实际开支的全部固定资产投资费用。工程造价和建设工程项目固定资产投资在量上是等同的。

从市场交易的角度而言，工程造价是指工程价格，即为建成一项工程，预计或实际在土地市场、设备市场、技术劳务市场以及工程承发包市场等的交易活动中形成的建造安装工程价格和建设工程总价格。造价控制就是把建设工程项目造价控制在预定限额内，对建设单位、施工单位以及其他相关各方都具有非常重要的作用。

通信工程造价是项目决策的依据，是制订投资计划和控制投资的依据，是筹集建设资金的依据，也是评价投资效果的重要指标，是利益合理分配和调节产业结构的手段。工程建设的特点决定了工程造价具有大额性、个别性、动态性、层次性、兼容性的特点；同时具有单件性、多次性、组个性、方法多样性、依据复杂性的计价特征。

工程造价的概念区别于工程费用，工程费用是由设备器具购置费和建筑安装工程费组成的，它只是造价的一部分。接下来详细介绍工程造价的相关知识。

9.1.1　工程造价概述

1. 基本建设工程预算

按照国家规定，基本建设工程预算是随同建设程序分阶段进行的。由于各阶段的预算编制基础和工作深度不同，基本建设工程预算可以分为两类，一是概算，二是预算。概算有可行性研究投资估算和初步设计概算两种，预算有施工图设计预算和施工预算之分。基本建设工程预算是上述估算、概算和预算的总称。

2. 工程项目、工程项目综合概、预算书

工程项目又称单项工程，是指具有独立存在意义的一个完整工程，是由许多单位工程组成的综合体。

工程项目综合概、预算书是确定工程项目(如生产车间、独立公用事业或独立建筑物)全部建设费用的文件。应根据整个建设工程项目的数量，编制相应数量的工程项目的综合概、预算书。工程项目综合概、预算书包括的内容有建筑、安装工程费、设备购置费及其他费用。

上述各项费用是根据各单位工程概、预算书及其他工程和费用概算书汇编而成的。如果一个建设项目只有一个单项工程，则汇编时，与该单项工程有关的其他工程和费用，可以直接汇入工程项目综合概、预算书。

3. 建设项目、建设项目总概预算书

建设项目：一般指具有设计任务书和总体设计，经济上实行独立核算，行政上具有独立组织形式的基本建设单位。例如，在工业建设中，一般以一个工厂为一个建设项目；在民用建设中，一般以一个学校、一个医院等为一个建设项目。一个建设项目中可以有几个单位工程。

建设项目总概、预算书是设计文件的重要组成部分，它是确定一个建设项目(工厂或学

校等)从筹建到竣工验收过程的全部建设费用的文件。

建设项目总概、预算书是由各生产车间独立公用事业及独立建筑物的综合概、预算书，以及其他工程费用概、预算书汇编组成的。

4. 基本建设工程造价

基本建设工程造价由建筑工程费、设备购置费、安装工程和其他工程费用 4 个部分组成。

5. 建筑、安装工程费

建筑及设备安装工程费是建设项目中用于主要生产、辅助生产、生活福利建筑和各类设备安装工程施工所需要的全部费用，它是建设项目总造价的重要组成部分。

6. 建筑、安装工程概算定额

建筑、安装工程概算定额是国家或其授权机关规定完成一定计量单位的建筑中，设备安装扩大结构或扩大分项工程所需要的人工、材料和施工机械台班耗量，以货币形式表示的标准。建筑安装工程概算指标是在建筑或设备安装工程概算定额的基础上，以主体项目为主，合并相关部分进行综合扩大而组成的，因此也叫扩大定额。

7. 建筑、安装工程概算定额的作用

(1) 建筑、安装工程概算定额是设计单位进行设计方案技术经济比较的依据，也是编制初步设计概算和修正概算的依据。

(2) 建筑、安装工程概算定额也可作为建设、施工单位编制主要材料计划的依据。

8. 可行性研究

可行性研究是随着科学技术进步和经济管理科学发展逐步兴起，并日趋完善的综合性科学。所谓可行就是办任何事都有成功与不成功两种可能性，能成功者谓可行，不能成功者就谓不可行。可行性研究就是在行动以前，对要办的事进行调查并确其可行或不可行，即可行则行，不可行则止。

基本建设可行性研究是基本建设前期工作的重要内容，也是按基本建设程序办事的重要步骤，其目的就是要使建设项目决策正确，避免或减少因决策失误而造成投资浪费。

9. 投资估算

建设项目投资估算是可行性研究报告的重要组成部分，也是对建设项目进行经济效益评价的重要基础，项目确定后，投资估算总额还将对初步设计和概算编制起控制作用。

10. 经济效益

建设项目经济效益评价是在投资估算的基础上，对其生产成本、销售收入、税金、利润、贷款偿还年限、资金利润率和内部效益率等进行计算后，对建设项目是否可行做出的结论。

11. 造价分析

工程造价分析是在建设项目施工中或竣工后，对施工图预算执行情况的分析，即对设计预算与竣工决算进行对比，运用成本分析的方法，分析各项资金运用情况，核实预算是否与实际接近，控制成本分析的目的是总结经验，找出差距和原因，为改进以后工作提供

依据。

12. 分部工程

分部工程是单位工程的组成部分，是单位工程中分解出来的结构更小的工程。如一般的土建工程，按其工程结构可分为基础、墙体、梁柱、楼板、地面、门窗、屋面、装饰等几个部分。由于每部分都是由不同工种的工人利用不同的工具和材料来完成的，因此在编制预算时，为了方便计算工料等，按照所用工种和材料结构的不同，把土建工程综合划分为以下几个部工程：基础工程、墙体工程、梁柱工程、门窗木装修工程、楼地在工程、屋面工程、耐酸防腐工程、构筑物工程等。

13. 分项工程

分项工程是指通过较为简单的施工就能完成的工程，并且要以采用适当的计量单位进行计算的建设设备安装工程。通常分项工程是确定建设及设备安装工程造价的最基本的工程单位，如每立方米砖基础工程，一台某型号机床的安装等。

14. 概算与预算的区别

工程建设预算泛指概算和预算两大类，或称工程建设预算是概算与预算的总称。概算和预算的区别如下：

(1) 所起的作用不同。概算编制在初步设计阶段进行，并作为向国家和地区报批投资的文件，经审批后用以编制固定资产计划，是控制建设项目投资的依据；预算编制在施工图设计阶段进行，它起着建筑产品价格依据的作用，是工程价款的标底。

(2) 编制依据不同。概算依据概算定额或概算指标进行编制，其内容项目经扩大而简化，概括性大，预算则依据预算定额和综合预算定额进行编制，其项目较详细，较重要。

(3) 编制内容不同。概算应包括工程建设的全部内容，如总概算要考虑从筹建开始到竣工验收交付使用前所需的一切费用；预算一般不编制总预算，只编制单位工程预算和综合预算书，不包括准备阶段的费用(如勘察、征地、生产职工培训费用等)。

15. 工程建设定额

所谓"定额"是指从事经济活动时，对人、财、物的限定标准。如定员(定工时)，定质(定质量)、定量(定数量)、定价(定价格)等，工程建设的产品价格是国家采取特定的方法和形式，即工程建设定额来确定的。

工程建设定额是建筑工程预算定额、综合预算定额、核算定额、建筑安装工程统一劳动定额、施工定额和工期定额等的总称，是实行"三算"制度的基础。常言设计有概算，施工有预算，竣工有决算，这"三算"都是按照工程建设定额进行编制的。在社会主义国家中，定额是实行经济核算和编制计划的依据，也是现代化科学管理的基础和重要内容。

16. 预算定额

建设工程的预算定额是用来确定建设工程产品中每一分部分项工程的每一计量单位所消耗的物化劳动数量的标准。换言之，它是确定每一计量单位的分部分项工程内容所消耗的人工和材料数量以及所需要的机械台班数量的标准。

17. 预算定额的作用

工程预算定额的主要作用大致有以下几个方面：

(1) 工程预算定额是编制预算和结算的依据。

(2) 工程预算定额是编制单位估价表的依据。

(3) 工程预算定额是计算工程预算造价、编制建设工程概算定额及概算指标的基础。

(4) 工程预算定额是施工单位评定劳动生产率进行经济核算的依据。

18. 工期定额

建筑安装工程工期定额是依据国家建筑工程质量检验评定标准施工及验收规范有关规定，结合各施工条件，本着平均、经济合理的原则制定的。工期定额是编制施工组织设计、安排施工计划和考核施工工期的依据，是编制招标标底、投标标书和签订建筑安装工程合同的重要依据。

19. 计算工期

工期定额的工期一律以月为计算单位。单位工程的工期是指从基础工程破土开工之日起，完成全部工程或定额子目规定的内容，并达到国家验收标准的全部日历天数。因不可抗拒的自然灾害造成的工程停工，经当地建设主管部门核准，可按实际停工和处理的天数顺延工期；因重大设计变更或建设(发包)单位签证后，可按实际停工天数顺延工期。

实行冬季施工地区，由于施工技术不允许或经济不合理，不能继续施工的，经建设(发包)单位同意，可按实际停工天数顺延工期，但顺延天数，Ⅱ类地区不得超过采暖期 40%，Ⅲ类地区不得超过采暖期 50%。

9.1.2 工程造价的构成

我国现行工程造价的构成如图 9-1 所示。

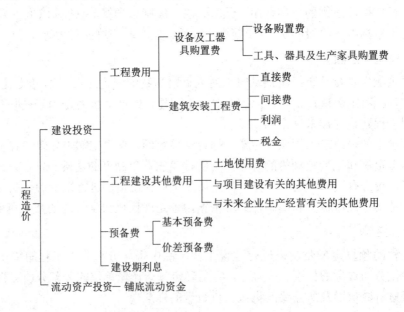

图 9-1 我国现行工程造价的构成

9.1.3　工程造价的确定依据

工程造价的表现形式和计算方法不同，所需确定的依据也就不同。工程造价确定的依据是指确定工程造价所必需的基础数据和资料，主要包括工程定额、工程量清单、要素市场价格信息、工程技术文件、环境条件与工程建设实施组织和计算方案等。

1. 建设工程定额

建设工程定额是指在工程建设中，单位合格产品所需的人工、材料、机械、资金消耗的规定额度。它反映了施工企业在一定时期内的生产技术和管理水平。

建设工程定额按其反映物质消耗内容可分为人工消耗定额、材料消耗定额和机械(仪表)消耗定额；按建设程序可分为预算定额、估算指标；按建设工程特点可分为建设工程定额、安装工程定额、铁路工程定额等；按定额的适用范围可分为国家定额、行业定额、地区定额和企业定额；按构成工程的成本和费用可分为构成工程直接成本的定额、构成间接费用定额及构成工程建设其他费用的定额。

2. 工程量清单

工程量清单是指建设工程的分部分项工程项目、措施项目、其他项目、规费项目和税金项目的名称及相应数量等的明细清单。工程量清单应由分部分项工程量清单、措施项目清单、其他项目清单、规费项目清单、税金项目清单组成。为规费工程量清单计价行为，统一建设工程工程量的编制和计价方法，工业和信息化部发布了《通信建设工程量清单计价规范》(YD 5192—2009)。

工程量清单是在发包方与承包方之间，从工程招投标开始直至竣工结算为止，双方进行经济核算、处理经济关系、工程管理等活动不可缺少的工程内容及数量依据。工程量清单的主要作用表现在：为投标人的投标竞争提供一个平等的基础，是工程付款和结算的依据，是调整工程量、进行工程索赔的依据。

3. 其他确定依据

其他工程造价的确定依据包括：工程技术文件、要素市场价格信息、建设工程环境条件、国家税法规定的相关税费和企业定额等。

9.1.4　工程造价现行的计价方法

1. 预算定额计价法

预算定额计价法采用供料单价法，按照国家统一的预算定额计算工程量，计算出的工程造价实际是社会平均水平。

2. 工程量清单计价法

通信建设工程工程量清单计价法根据《建设工程工程量清单计价规范》(GB 50500—2013)及《通信建设工程量清单计价规范》(YD 5192—2009)，采用综合单价法，考虑风险因素，实现量价分离，依据统一的工程量计算规则及安装施工设计图纸和招标文件的规定，由企业自行编制。建设项目工程量由招标人提供，投标人根据企业自身管理水平和市场行情自主报价。工程量清单计价包括招标控制价、投标报价、合同价款的约定、工程计量与价款支付、索赔与现场签证、工程价款调整和竣工结算等。

9.2　通信建设工程造价控制

9.2.1　工程造价控制的概念

所谓工程造价控制，就是在投资决策阶段、设计阶段和施工阶段把工程造价控制在批准的投资限额以内，随时纠正发生的偏差，以保障项目投资目标的实现，以求在建设工程中能合理使用人力、物力、财力、取得较好的投资效益和社会效益。

工程造价的计价与控制必须从立项就开始全过程的管理活动，从前期工作开始抓起，直到工程竣工为止，是一个逐步深入、逐步细化和逐步接近实际造价的过程。工程造价控制全过程如图 9-2 所示。

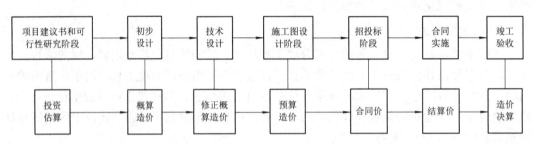

图 9-2　工程造价控制全过程

9.2.2　工程造价控制的方法

工程造价控制是工程项目控制的主要内容之一，其控制方法如图 9-3 所示，这种控制是动态的，并贯穿于项目建设的始终。在这一动态控制过程中，需做好对计划目标值的论证和分析；及时收集实际数据，对工程进度做出评估；进行项目计划值与实际值的比较，以判断是否存在偏差；采取控制措施以确保造价控制目标的实现。

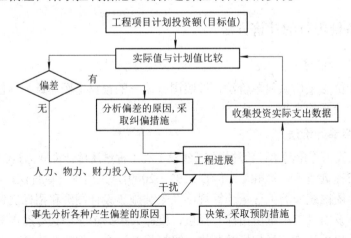

图 9-3　工程造价控制方法

　　所谓控制是指行为主体为保证在变化的条件下实现其目标，按照事先拟定的计划和标准，通过采用各种方法，对被控对象实施过程中发生的各种实际值与计划值进行对比、检查、监督、引导和纠正的过程。它包括 3 个步骤，即确定目标标准、检查实施状态、纠正偏差。全过程控制分为 3 个阶段，即事前控制、事中控制和事后控制。3 个阶段应以事前控制为主，即在项目投入阶段就开始，这样可以起到事半功倍的效果。控制的状态是动态的，因工程造价在整个施工过程中处于不确定状态。工程造价的有效控制，是以合理确定为基础，有效控制为核心进行的。工程造价的控制是贯穿于项目建设全过程的控制，即在投资决策阶段、设计阶段、招投标阶段、施工阶段和竣工结算阶段都要进行控制。

9.2.3　工程造价控制目标

　　工程造价控制目标应随着工程建设项目的进展分阶段设置。具体讲，投资估算应是建设工程设计方案选择和进行初步设计的工程造价控制目标；设计概算应是进行技术设计和施工图设计的工程造价控制目标；施工图预算或建筑安装工程承包合同价则是施工阶段造价控制的目标。各个阶段目标有机联系，相互制约，相互补充，前者控制后者，后者补充前者，共同组成建设工程造价控制的目标体现。

9.2.4　工程造价控制重点

　　工程造价控制贯穿于项目建设的全过程，但必须突出重点。影响项目投资最大的阶段是约占工程项目建设周期 1/4、技术设计结束前的工作阶段。在初步设计阶段，影响项目投资的可能性为 75%～95%；在技术设计阶段，影响项目投资的可能性则为 5%～35%。显然，工程造价控制的关键在于施工以前的投资决策和设计阶段，而项目做出投资决策后，控制的关键就在于设计。

9.2.5　工程造价控制措施

　　对于工程造价的有效控制可从组织、技术、经济、合同与信息管理等方面采取措施。组织措施包括明确工程项目组织结构，明确工程项目造价控制人员及任务，明确管理职能分工；技术措施包括重视设计的多方案选择，严格审查监督初步设计、施工图设计、施工组织技术、深入技术领域研究节约投资的可能性；经济措施包括动态地比较项目投资实际值和计划值，严格审查各项费用支出，采取节约投资奖励措施等。技术与经济相结合是工程造价控制最有效的手段。

9.2.6　工程造价控制任务

　　工程造价控制是建设工程监理的一项主要任务，造价控制贯穿于工程建设的各个阶段(设计阶段、施工招标阶段、施工阶段)，也贯穿于监理工作的各个环节。

1. 设计阶段

　　设计阶段工程造价控制的任务是：协助业主提出设计要求，组织设计方案竞赛获设计招标，用技术、经济方法组织评选设计方案；协助设计单位开展限额设计工作，编制本阶段资金使用计划，并进行付款控制；进行设计挖掘，用价值工程等方法对设计进行技术经济分析、比较和论证，在保证功能的前提下进一步寻找节约投资的可能性；审查设计概预算，尽量使概算不超过估算，预算不超过概算。

2. 施工招标阶段

施工招标阶段工程造价控制的任务是：准备并发送招标文件，编制工程量清单和招标工程标底；协助评审投标书，提出评标建议；协助建设单位与承包单位签订承包合同。

3. 施工阶段

施工阶段工程造价控制的任务是：依据事故合同有关条款、施工设计图，对工程项目造价目标进行风险分析，并制定防范性对策；从造价、项目的功能要求、质量和工期方面审查工程变更的方案，并在工程变更实施前与建设单位、承包单位协商确定工程变更的价款；按施工合同约定的工程量计算规则和支付条款进行工程量计算和工程款支付；建立月/周完成工程量统计表，对实际完成量与计划完成量进行比较、分析，制定调整措施；收集、整理有关的施工和监理资料，为处理费用索赔提供依据；按施工合同的有关规定进行竣工结算，与建设单位和承包单位协商竣工结算的价款总额。

9.3　通信建设工程设计阶段造价控制

如前所述，在设计阶段控制工程造价效果最显著。控制工程造价的关键在设计阶段。

9.3.1　设计方案优选

设计方案优选是提高设计经济合理性的重要途径。设计方案选择就是通过工程设计方案的技术经济分析，从若干设计方案中选出最佳方案的过程。在设计方案选择时，须综合考虑各方面因素，对方案进行全方位技术经济分析与比较，结合实际条件，选择功能完善、技术先进、经济合理的设计方案。设计方案选择最常用的方法是比较分析法。

9.3.2　设计概算审查

设计概算是初步设计文件的重要组成部分，是在投资估算的控制下，由设计单位按照设计要求概略地计算拟建工程从立项开始到交付使用为止全过程所发生建设费用的文件。设计概算编制工作较为简单，在精度上没有施工图预算准确。采用两阶段或三阶段设计的建设项目，在初步设计阶段必须编制设计概算；采用一阶段设计的施工图预算应反映全部概算的费用。

设计概算是编制建设项目投资计划，确定和控制建设项目投资的依据，一经批准将作为控制建设项目投资的最高限额；设计概算也是签订建设工程合同和贷款合同的依据，是控制施工图设计和施工图预算的依据，是衡量设计方案技术经济合理性和选择最佳设计方案的依据，是考核建设项目投资效果的依据。

1. 设计概算的内容

设计概算分为单位工程概算、单项工程综合概算和建设工程总概算三级。各级概算之间的相互关系如图 9-4 所示。

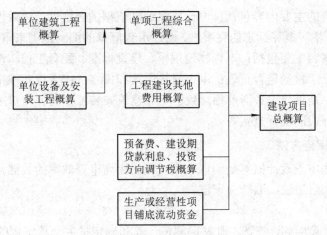

图 9-4　设计概算的三级概算关系

2. 设计概算编制方法

设计概算由最基本的单位工程概算编制开始逐级汇总而成,单位工程概算书分为建筑工程概算书和设备及安装工程概算书两类。建筑单位工程概算编制方法一般有扩大单价法、概算指标法两种形式,可根据编制条件、依据和要求的不同适当选取。设备及安装工程概算由设备购置费和安装工程费两部分组成,设备购置费由设备原价和设备运杂费两部分组成。设备安装工程概算的编制方法一般有 3 种,即预算单价法、扩大单价法、概算指标法。

单项工程综合概算是以单项工程为编制对象,由该单项工程内各个单位工程概算书汇总而成。总概算则以整个工程项目为对象,由各个单项工程综合概算及其他工程和费用概算综合汇编而成。

3. 设计概算审查依据

设计概算审查依据如表 9-1 所示。

表 9-1　设计概算审查依据

序号	审 查 依 据
1	国家有关建设和造价管理的法律、法规和方针政策
2	批准的建设项目的设计任务书(或批准的可行性研究文件)和主管部门的有关规定
3	初步设计项目一览表
4	能满足编制设计概算的各专业的设计图纸、文字说明和主要设备表
5	当地主管部门的现行建筑工程和专业安装工程的概算定额(或预算定额、综合预算定额)、单位估价表、材料及构配件预算价格、工程费用定额和有关费用规定的文件等
6	现行的有关设备原价及运杂费率
7	现行的有关其他费用定额、指标和价格
8	建设场地的自然条件和施工条件
9	类似工程的概、预算及技术经济指标
10	建设单位提供的有关工程造价的其他材料

4. 设计概算审查内容

设计概算审查的主要内容包括：设计概算编制依据的合法性、时效性和适用范围，通过审查编制说明，生产概算标志的完整性，通过审查概算的编制范围来审查概算编制深度。审查工程概算的内容主要包括：审查建设规模、建设标准、配套工程、设计定员等是否符合现行规定；审查工程量是否正确；审查材料用量和价格；审查设备规格、数量和配置是否符合设计要求，是否与设备清单相一致；审查建筑安装工程的各项费用的计取是否符合国家或地方有关部门的现行规定等。

5. 设计概算审查方法

采用适当方法审查设计概算是确保审查质量、提高审查效率的关键。较常用的方法有对比分析法、查询合适法、联合会审法。

注意：

(1) 初步设计需要编制概算，概算定额是计算和确定扩大分项工程的人工、材料、机械、仪表台班耗用量(或货币量)的数值标准，与预算定额相比，概算定额的项目划分比较粗略。它是预算定额的综合扩大，因此，概算定额又称扩大结构定额。

(2) 可以参照工信部(2016)451 号文件中的《通信建筑工程预算定额》执行。

9.3.3　施工图预算审查

施工图预算是施工图设计预算的简称，又叫设计预算，是由设计单位或造价咨询单位等在施工图设计完成后，根据施工图设计图纸、现行预算定额、费用定额以及地区设备、材料、人工、施工机械台班等预算价格编制和确定的建造安装工程造价文件。施工图预算是招投标的重要基础，既是工程量清单的编制依据，也是标底编制的依据。施工图预算是施工单位在施工前组织材料、机具、设备及劳动力供应的重要参考。

1. 施工图预算的内容

施工图预算有单位工程预算、单项工程预算和建设项目总预算之分。首先根据施工图设计文件、现行预算定额、费用定额，以及人工、材料、设备、机械台班等预算价格资料，编制单位工程的施工图预算；然后汇总所有各单位工程施工图预算，每个单位的工程施工图预算称为单项工程施工图预算；最后汇总所有单项工程施工图预算，便组成一个建设项目建筑安装工程的总预算。

2. 施工图预算编制方法

施工图预算编制的一般程序如图 9-5 所示，预算编制可以采用供料单价法和综合单价法两种。

图 9-5　施工图预算编制的一般程序

工料单价法是目前施工图预算普遍采用的方法，指根据建筑安装工程图和预算定额，按分部分项的顺序，先算出分项工程量，然后再乘以对应的定额基价，求出分项工程直接工程费。将分项工程直接工程费汇总为单位工作直接工程费，直接工程费汇总后另加措施费、间接费、利润、税金，组成施工图预算造价。

综合单价法，即分项工程全费用单价。它综合了人工费、材料费、机械费，有关文件规定的调价、利润、税金，现行取费中有关费用、材料差价，以及采用固定价格的工程所测算的风险金等全部费用。

综合单价法与工料单价法相比，主要区别在于：采用综合单价法计算间接费和利润等是将综合管理费率分摊到分项工程单价中，从而组成分项工程全费用单价，某分项工程单价乘以工程量即为分项工程的完全价格。

3. 施工图预算审查依据

施工图预算审查依据如表 9-2 所示。

表 9-2　施工图预算审查依据

序号	审 查 依 据
1	国家有关工程建设和造价管理的法律、法规和方针政策
2	施工图设计项目一览表、各专业施工图设计的图纸和文字说明、工程地质勘察资料
3	主管部门颁布的现行建筑工程预算定额、材料与构配件预算价格、工程费用定额和有关费用规定等文件
4	现行的有关设备原价及运杂费率
5	现行的其他费用定额、指标和价格
6	建设场地中的自然条件和施工条件

4. 施工图预算审查内容

审查施工图预算的重点应该放在工程量计算、预算定额的套用、设备材料预算价格取定是否准确，各项费用标准是否符合现行规定等方面。施工图审查主要审查工程量、单价和其他有关费用。

5. 施工图预算审查方法

施工图预算的审查方法主要有逐项审查法(又称全面审查法)、标准预算审查法、分组计算审查法、对比审查法、"筛选"审查法、重点审查法。

9.4　通信建设工程施工阶段造价控制

工程造价控制既是设计阶段概、预算控制实现的目的，又是核实工程投资规模、控制施工阶段工程造价的依据。通信工程施工阶段的造价控制分为两个阶段，即施工招投标阶段造价控制和施工阶段造价控制。

9.4.1　施工招标阶段造价控制

招投标阶段是确定工程施工合同价款的一个重要阶段，对今后的施工以至于工程竣工结算都有着直接的影响。建设工程施工招标是指招标人就拟建的工程发布公告或要求，以法定方式吸引施工企业参加竞争，招标人从中选择条件优越者完成工程建设任务的法律行为。实现施工招投标便于供求双方更好地相互选择，可以使建设单位通过法定程序择优选择施工承包单位，使工程价格更加符合价值基础，进而更好地控制工程造价。

1. 承包合同价格方式选择

《中华人民共和国招标投标法》第四十六条规定："招标人和中标人应当自中标通知书发出之日起 30 日内，按照招标文件和投标文件订立书面合同。"因此，招标文件中规定的合同价格方式和中标人按此方法所作出的投标报价成为签订施工承包合同的依据。

1) 以计价方式划分的建设工程施工合同分类

《建设工程施工合同》通用条款中规定有固定价格、可调价格、成本加薪金三类可选择的计价方式，所签合同采用的方式需在专用条款中说明。

按照国际通用做法，建设工程施工承包合同可分为总价合同、单价合同和承包加薪金合同。具体工程承包的计价方式可以采用组合计价方式，如图 9-6 所示。

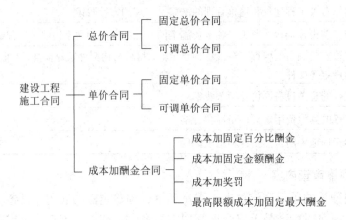

图 9-6　以计价方式划分的建设工程施工合同分类

2) 承包合同计价方式选择

各类合同计价方式的适用范围、风险情况如表 9-3 所示。

表 9-3　建设工程施工各类合同计价方式使用范围及风险情况

合同计价方式	适用范围	风险情况
总价合同	仅适用于工程量不太大但能精确计算、工期较短	承包方承揽工程量变化风险
单价合同	适用范围比较宽，合同双方对单价和工程计算方法	风险合理分摊
固定价格合同	适用于工期短、图纸要求明确的工程	承包方承担资源价格变动的风险
可调价格合同	适用于工期较长的工程	发包方承担资源价格变动的风险
成本加酬金合同	项目或工程内容及技术经济指标未确定的项目；风险大的项目	发包方承担全部风险

在工程实践中，采用的合同计价方式，应根据建设工程特点、工程费用、工期、质量要求等综合考虑。具体来说，影响合同价格方式选择的因素主要包括以下几个方面：

(1) 项目复杂程度。规模大且技术复杂的工程项目，因承包风险较大，各项费用不易准确估算，不宜采用固定总价合同。可以对有把握的部分采用固定总价合同，对估算不准确的部分采用单价合同或成本加薪金合同。

(2) 工程设计深度。工程招标时所依据的设计文件的深度，即工程范围的明确程度和预计完成工程量的准确程度，经常是选择合同计价方式时考虑的重要因素。若招标时的设计深度已达到施工图设计要求，工程设计图纸完整齐全，设计文件能够完全详细确定工程任务，在此情况下，一般可采用总价合同；当设计深度不够或施工图不完整，不能准确计算出工程量时，一般宜采用单价合同。

(3) 施工难易程度。如果施工中有较大部分采用新技术和新工艺，而发包方和承包方都没有经验，且在国家颁布的标准、规范、定额中又没有可作依据的标准时，不宜采用固定总价合同，较为保险的做法是选用承包加薪金合同。

(4) 进度要求的紧迫程度。对一些紧急工程，如灾后恢复工程、要求尽快开工且工期较紧的工程等，可能仅有实施方案，还没有施工图纸，此时宜采用成本加薪金合同，可以采用邀请招标方式选择有信誉、有能力的承包方及早开工。

2. 标底编制

标底是指招标人根据招标项目具体情况编制的完成招标项目所需的全部费用。《中华人民共和国招标投标法》第二十二条第二款规定：“招标人设有标底的，标底必须保密。”标底是我国工程招标中的一个特有概念，是依据国家统一的工程量计算规则、预算定额和计价办法计算出来的工程造价，是招标人对建设工程预算的期望值。

标底与合同价没有直接关系。标底是招标人发包工程的期望值，即招标人对建设工程价格的期望值，也是评定标价的参考值，设有标底的招标工程，在评标时应当参考标底。合同价是确定了中标者后双方签订的合同价格，而中标者的投标报价，即中标价可认为是招投标双方都可接受的价格，是签订合同的价格依据。中标价即为合同价，招标人和中标人不得再行订立背离合同实质性内容的其他协议。

1) 标底编制依据

工程标底的编制主要需要以下基本资料和文件：

(1) 国家的有关法律、法规，以及国务院和省、自治区、直辖市人民政府建设行政主管部门制定的有关工程造价的文件、规定。

(2) 工程招标文件中确定的计价依据和计价办法，招标文件的商务条款，包括合同条件中规定由工程承包方应承担义务而可能发生的费用，以及招标文件的澄清、答疑等补充文件和资料。在标底价格计算时，计算口径和取费内容必须与招标文件中有关取费等要求一致。

(3) 工程设计文件、图纸、计算说明及招标时的设计交底，按照图纸确定的或招标人提供的工程量清单等相关基础资料。

(4) 国家、行业、地方的工程建设标准，包括建设工程施工必须执行的建设技术标准、规范和规程。

(5) 采用的施工组织设计、施工方案、施工技术措施等。

(6) 工程施工现场地质、水文勘探资料，现场环境和条件及反映相应情况的有关资料。

(7) 招标时的人工、材料、设备及施工机械台班等的要素市场价格信息，以及国家或地方有关政策性调价文件的规定。

2) 标底编制程序

标底文件可由具有编制招标文件能力的招标人自行编制，也可委托有相应资质和能力的工程造价咨询机构、招标代理机构和监理单位编制，其编制程序如下：

(1) 收集编制资料，包括全套施工图纸及地质、水文、地上情况的有关资料、招标文件，其他依据性文件。

(2) 参加交底会及现场勘察。

(3) 编制标底。

(4) 审核标底价格。

3) 标底文件的主要内容

标底文件的主要内容包括：编制说明、标底价格文件、标底附件、标底价格编制的有关表格。

4) 标底价格的编制方法

目前我国建设工程施工招标标底主要采用定额计价法和工程量清单计价法来编制。编制标底价格需考虑的因素主要有：

(1) 标底价格必须适应目标工期的要求，对提前工期因素有所反映。

(2) 标底价格必须适应招标人的质量要求，对高于国家验收范围的质量因素有所反映。

(3) 计算标底价格时，必须合理确定间接费、利润等费用及计取，计取应反映企业和市场的现实情况，尤其是利润计取，一般应以行业平均水平为基础。

(4) 标底价格必须综合考虑招标工程所处的自然地理条件和招标工程的范围等因素。

(5) 标底价格应根据招标文件或合同条件的规定，按规定的承发包模式，确定相应的计价方式，考虑相应的风险费用。

9.4.2　施工阶段造价控制

一般情况下，建设项目投资控制的关键在于投资决策阶段和设计阶段，但在项目正式开工以后，由于受到各方人员、材料设备、施工机械、施工工艺和施工环境间不断变化且相互制约的影响，工程造价易出现偏差，所以说施工阶段的造价控制也必然很重要。众所周知，建设工程的投资主要发生在施工阶段，在这一阶段需要投入大量人力、物力、资金等，是工程项目建设费用消耗最多的时期，因此，对施工阶段的造价控制应给予足够的重视，精心组织施工，挖掘各方面潜力，节约资源消耗，仍可以受到节约投资的明显效果。

1. 施工阶段造价控制的任务和措施

施工阶段造价控制的主要任务是通过工程付款控制、工程变更费用控制、预防并处理好费用索赔、挖掘节约投资潜力来努力实现实际发生的费用不超过计划投资。施工阶段造价控制仅仅靠控制工程款的支付是不够的，应从组织、经济、技术、合同等多方面采取措施控制投资。

1) 组织措施

施工阶段造价控制可采取的组织措施如下：

(1) 在项目监理机构中落实造价控制的人员、任务分工和职能分工。

(2) 编制本阶段造价控制工作计划和详细的工程流程图。

2) 经济措施

经济措施的主要内容如下：

(1) 审查资金使用计划，确定、分解造价控制目标。

(2) 进行工程计量。

(3) 复核工程付款账单，签发付款证书。

(4) 做好投资支出的分析与预测，经常或定期向建设单位提交投资控制及存在问题的报告。

(5) 定期进行投资实际发生值与计划目标的比较，发现偏差，分析原因，采取措施。

(6) 对工程变更的费用作出评估，并就评估情况与承包单位和建设单位进行协调。

(7) 审核工程结算。

3) 技术措施

技术措施的主要内容如下：

(1) 对设计变更进行技术经济比较，严格控制设计变更。

(2) 继续寻找通过设计挖潜节约投资的可能性。

(3) 从造价控制的角度审核承包单位编制的施工组织设计，对主要施工方案进行技术经济分析。

4) 合同措施

合同措施的主要内容如下：

(1) 注意积累工程变更等有关资料和原始记录，为处理可能发生的索赔提供依据，参与处理索赔事宜。

(2) 参与合同修改、补充工作，着重考虑对投资的影响。

2. 施工阶段的造价控制的主要工作内容

施工阶段造价控制的主要工作内容包括以下几个方面：

(1) 参与设计图纸会审，提出合理化建议。

(2) 从造价控制的角度审查承包方编制的施工组织设计，对主要施工方案进行技术经济分析。

(3) 加强工程变更签证的管理，严格控制、审定工程变更，应要求设计变更必须在合同条款的约束下进行，任何变更不能使合同失效。

(4) 实事求是、合理地签认各种造价控制文件资料，文件资料不得重复或与其他工程资料相矛盾。

(5) 建立月完成量和工作量统计表，对实际完成量和计划量进行比较、分析，做好进度款的控制。

(6) 收集有现场监理工程师签认的工程量报审资料，将其作为结算审核的依据。

(7) 收集经设计单位、施工单位、建设单位和总监理工程师签认的工程变更资料，以作为结算审核的依据，防止施工单位在结算审核阶段只提供对施工方有利的资料，造成不应发生的损失。

3. 工程计量

工程计量是投资支出的关键环节，是约束承包商履行合同义务的手段。工程计量一般只对工程量清单中的全部项目、合同文件中规定的项目和工程变更项目进行计量。对于已完工程，并不全部进行计量，而只对质量达到合同标准的已完工程，由专业监理工程师签署报验申请表，质量合格才予以计量。对于整改的项目，不得重复计量，未完的工程项目也不得计量。未经总监理工程师签认的工程变更，承包单位不得实施，项目监理机构不得予以计量。

4. 施工阶段变更价款确定

工程变更发生后，承包人应在工程设计变更确定后提出变更工程价款的报告，经建设单位确认后调整合同价款。如承包人未提出适当的变更价格，则发包人可根据所掌握的资料决定是否调整合同价款和调整的具体数额。受到变更价款报告的一方，予以确认或提出协商意见，否则视为变更工程价款报告已被确认。

变更价格的确定方法如下：

(1) 合同中已有适用于变更工程的价格，按合同已有的价格变更合同价款。

(2) 合同中只有类似于变更工程的价格，可以参照类似价格变更合同价款。

(3) 合同中没有使用或类似于变更工程的价格，由承包人提出适当的变更价格，经建设单位确认后执行。

总监理工程师应就工程变更费用与承包单位和建设单位进行协商。在双方未能达成协议时，项目监理机构可提出一个暂定的价格，作为临时支付工程款的依据。该工程款最终结算时，应以建设单位与承包单位达成的协议为依据。

5. 施工阶段索赔控制

索赔是工程成本合同履行中，当事人一方因对方不履行或不完全履行既定的义务，或者由于对方的行为使权利人受到损失时，要求对方赔偿损失的权利。索赔是双向的，不仅承包人可以向发包人索赔，发包人同样也可以向承包人索赔。只有实际发生了经济损失或权利受到侵害时，一方才能向对方索赔。索赔是一种未经对方确认的单方行为，它的最终实现必须要通过确认才能完成。

可索赔费用一般包括 8 个部分，具体如表 9-4 所示。费用索赔的计算方法有实际费用法、修正费用法等。实际费用法是计算工程索赔最常用的一种方法，这种方法的计算原则是以承包商为某项索赔工作所支付的实际开支为依据，向业主要求费用赔偿。

表 9-4　索 赔 费 用

序号	费用名称	说　明
1	人工费	包括增加工作内容的人工费、停工损失费和工作效率降低的损失费等，其中增加工作内容的人工费按计日工费计算，而停工损失费和工作效率降低的损失则按窝工费计算，窝工费的标准应在合同中约定
2	设备费	可采用机械台班费、机械折旧费、设备租赁费等几种形式。当工作内容增加时，设备费的标准按照机械台班费计算。因窝工引起的设备费索赔，当施工机械属于施工企业自有时，按照机械折旧费计算；当施工机械是施工企业从外租赁时，按设备租赁费计算
3	材料费	
4	保函手续费	工程延期时，保函手续费相应增加
5	贷款利息	
6	保险费	
7	管理费	
8	利润	

使用实际费用法计算时，在直接费的额外费用部分的基础上，加上应得的间接费和利润，所得结果即是承包商应得的索赔金额。由于实际费用法所依据的是实际发生的成本记录或单据，所以在施工过程中，系统而准确地积累记录资料是非常重要的。

修正的总费用法是对总费用法的改进，即在总费用计算的原则上，去掉一些不合理的因素，使其更合理。修正的内容如下：

(1) 将计算索赔的时段局限于受到外界影响的时间，而不是整个施工期。

(2) 只计算受影响时段内的某项工作的损失，而不是计算该时段内所有施工工作所受的损失。

(3) 与该项工作无关的费用不列入总费用中。

(4) 对投标报价费用重新进行核算。按受影响时段内该项工作的实际单价进行核算，将其乘以实际完成的该项工作的工程量，得出调整后的报价费用。

按修正后的总费用计算索赔金额的公式为

$$索赔金额 = 某项工作调整后的实际总费用 - 该项工作的报价费用 \qquad (9\text{-}1)$$

修正的总费用法与总费用法相比，其准确程度更接近于实际费用法。

6. 工程结算

工程结算是指施工企业按照承包合同和已完工程量向建设单位(业主)办理工程价清算的经济文件。工程建设周期长，耗用资金大，为使建筑安装企业在施工中耗用的资金及时得到补偿，需要对工程价款进行中间结算(进度款结算)、年终结算，全部工程竣工验收后应进行竣工结算，在会计科目设置中，工程结算作为建造承包商专用的会计科目。工程结算是工程项目承包中的一项十分重要的工作。

1) 工程价款的结算方式

按现行规定，我国建设工程价款结算可以根据不同情况采取多种方式，如按月结算、竣工后一次结算、分阶段结算以及按合同双方约定的其他结算方式。

2) 工程预付款

施工企业承包工程一般都实行包工包料，这就需要一定数量的备料周转金。在工程承包合同条款中，一般要明确约定发包人在开工前拨付给承包人一定限额的工程预付款。此预付款构成施工企业为该工程项目储备主要材料、结构件所需的流动资金。

按照《建设工程施工合同(示范文本)》有关预付款做出的约定，预付时间应不迟于约定的开工日期前 7 天。发包人不按约定预付，承包人应在预付时间 7 天后向发包人发出要求预付的通知，发包人收到通知后仍不能按要求预付，承包人可在发出通知 7 天后停止施工，发包人应从约定应付之日起向承包人支付应付款的利息，并承担违约责任。工程预付款仅用于承包人支付施工开始时与本工程有关的动员费用。如承包人滥用此款，则发包人有权立即收回。

(1) 工程预付款的数额。

包工包料工程的预付款按合同约定拨付，原则上预付比例不低于合同金额的 10%，不高于合同金额的 30%，对于设备及材料投资比例较高的，预付款比例可按不高于合同金额的 60% 支付。对于包工不包料的工程项目，工程预付款按通信线路工程、通信设备安装工程、通信管道工程分别为合同金额的 30%、20%、40%。对重大工程项目，按年度工程计划逐年预付。对于计划执行《建设工程工程量清单计价规范》(GB50500—2013)的工程，实体性消耗和非实体性消耗部分应在合同中分别约定预付款比例；对于只包工不包料(一切材料由发包人提供)的工程项目，则可以不预付备料款。

(2) 工程预付款的扣回。

预付的工程款必须在合同中约定抵扣方式，并在工程进度款中进行抵扣。扣款方式有两种：第一种是由发包人和承包人通过洽商，用合同的形式予以确定，采用等比率或等额扣款的方式。原建设部《招标文件范本》中规定，在承包人完成金额累计达到合同总价的 10% 后，由承包人开始向发包人还款，发包人从每次应付承包人的金额中扣回工程预付款，发包人至少在合同规定的完工期前 3 个月，将工程预付款的总计金额按逐次分摊的办法扣回；第二种是从未施工工程尚需的主要材料及构件的价值相当于工程预付款数额时起扣，从每次结算工程价款中，按材料比重扣抵工程价款，竣工前全部扣清。其计算方法为

$$T = P - \frac{M}{N} \tag{9-2}$$

式中：T 为起扣点，即工程预付开始扣回时的累计完成工作量金额；P 为承包工程价款总额；M 为工程预付款限额；N 为主要材料所占比重。

3) 工程进度款

按照《建设工程施工合同(示范文本)》关于工程款支付做出的约定，在确认计量结果后 14 天内发包人应向承包人支付工程款(进度款)。发包人超过约定的支付时间不支付工程款(进度款)，承包人可向发包人发出要求付款的通知，发包人在收到承包人通知后仍不能按要求支付，可与发包人协商签订延期付款协议，经承包人同意后可延期支付。协议应明确延期支付的时间和从计量结果确认后第 15 天起计算应付款的贷款利息。

工程进度款的支付，一般按当月实际完成工程量进行结算，工程竣工后办理竣工结算。

以按月结算为例，工程进度款支付步骤如图 9-7 所示。

图 9-7　工程进度款支付步骤

在委托监理的项目中，工程进度款的支付流程是，承包人提交《工程款支付申请表》并附工程量清单和计算方法；项目监理机构予以审核，由总监理工程师签发《工程款支付证书》；发包人支付工程进度款。

4) 竣工结算

工程竣工结算是指施工企业按照合同规定的内容全部完成所承包的工程，经验收质量合格，并符合合同要求之后，向发包单位进行的最终工程价款结算。

竣工结算由承包人编制，发包人审查。实行总承包的工程，由具体承包人编制，在总承包人审查的基础上，由发包人审查。发包人可直接进行审查，也可委托监理单位或具有相应资质的工程造价咨询机构进行审查。

(1) 工程竣工结算的审查一般包括以下几方面：

① 核对合同条款。

② 检查隐蔽验收记录。

③ 落实设计变更签证。

④ 按图核实工程数量。

⑤ 认真核实单价。

⑥ 注意各项费用计取。

⑦ 防止各种计算误差。

(2) 竣工结算审查期限。

《通信建设工程价款结算暂行办法》(信部规[2005]418 号)规定了工程竣工结算审查期限，发包人应按表 9-5 规定的时限进行核对、审查，并提出审查意见。

表 9-5　工程竣工结算审查时限

序号	工程竣工结算报告金额	审查时间
1	500 万元以下	从接到竣工结算报告和完整的竣工结算资料之日起 20 天
2	500～2000 万元	从接到竣工结算报告和完整的竣工结算资料之日起 30 天
3	2000～5000 万元	从接到竣工结算报告和完整的竣工结算资料之日起 45 天
4	5000 万元以上	从接到竣工结算报告和完整的竣工结算资料之日起 60 天

(3) 工程竣工价款结算过程。

工程初验后 3 个月内，双方应该按照约定的工程合同价款、合同价款调整内容以及索赔事项进行工程竣工结算。施工结算同样适用于因施工原因造成不能竣工验收的工程。

建设项目竣工总结算应在最后一个单项工程竣工结算审查确认后 15 天内汇总，送达发包人 30 天内审查完成。发包人收到竣工结算报告及完整的结算资料后,按规定时限(合同约定有期限的,从其约定)对结算报告及资料进行审查。若没有提出意见,则视同认可。

承包人如未在规定时间内提供完整的工程竣工结算资料,经发包人催促后 14 天内仍未提供或没有明确答复,发包人有权根据已有资料进行审查,责任由承包人自负。

根据确认的竣工结算报告,承包人向发包人申请支付工程竣工结算款。发包人应在收到申请后 15 天内支付结算款,到期没有支付的应承担违约责任。承包人可以催告发包人支付结算价款,如达成延期支付协议,则发包人应按同期银行贷款利率支付拖欠工程价款的利息。如未达成延期支付协议,则承包人可以与发包人协商将该工程折价,或申请人民法院将该工程依法拍卖,承包人就该工程折价或者拍卖的价款优先受偿。

(4) 工程竣工价款结算的金额为

$$\frac{竣工结算}{工程价款} = 合同价款 + \frac{施工过程中合同}{价款调整数额} - \frac{预付及结算工程}{价款数额} - 保修金 \qquad (9-3)$$

(5) 工程价款的动态结算。

工程价款的动态结算就是要把各种动态因素渗透到结算过程中,使结算大体能反映实际的消耗费用。常用的几种动态结算办法有:按实际价格结算法;按主材计算差价;主料按抽料计算差价;竣工调价系数法;保险金。

工程保险金一般为施工合同价款的 5%,在专用条款中具体规定。发包人在质量保修期后 14 天内,将剩余保修金和利息返还承包商。一般情况下,发包人应根据确认的竣工结算报告向承包人支付工程竣工结算款项,并保留5%左右的工程质量保证金(保险金),待工程交付使用一年质保期到期后清算(合同另有约定的,从其约定)。

【案例 9-1】 工程竣工结算。

◆ 背景

2018 年 9 月初,某通信技术工程公司与 A 市通信公司签订了一项监控传输设备安装工程的施工合同。合同金额为 400 万元,工程采用包工不包料的方式,工期为 6 个月,自 2 月 1 日开工至 7 月 30 日完工。合同采用示范文本,并按原信息产业部字(2005)418 号文件的规定对工程价款的结算方式和支付时间、保修金、工程变更等都在合同中进行约定,施工单位按合同工期完成,同时将竣工技术文件和工程结算文件送达建设单位。该工程于 8 月 15 日经初验后开始试运转,至 10 月 1 日结束。10 月 20 日该工程进行了终验,并正式投入运营。

◆ 问题

(1) 工程预付款应在什么时间支付?应支付多少?

(2) 建设单位应在多少天内审定和支付工程结算款?

(3) 保修金应在多少天内清算?

◆ 分析与答案

(1) 工程预付款应在开工前 7 日内付清,支付金额为 400 × 20% = 80(万元)。

(2) 因工程费在 500 万元以下,建设单位应在 20 日以内(8 月 20 日之前)完成结算资料审定工作,并在初验后 3 个月内结算工程价款。

(3) 建设单位保留 5%的保修金,应待工程正式交付使用一年质保期满后清算。

7. 偏差分析

为了有效地进行造价控制，监理工程师必须定期进行投资计划值与实际值的比较，当实际值偏离计划值时，分析产生偏差的原因，采取适当的纠偏措施，确保造价控制目标的实现。

在造价控制中，把投资实际值与计划值的差异叫作投资偏差，计算方法为

$$投资偏差 = 已完工程实际投资 - 已完工程计划投资 \tag{9-4}$$

式中：投资偏差为正表示投资超支；投资偏差为负表示投资节约。然而，进度偏差对投资偏差分析有着重要的影响，为了区分进度超前和物价上涨等其他原因产生的投资偏差，引入了进度偏差的概念，计算方法为

$$进度偏差 = 拟完工程计划投资 - 已完工程计划投资 \tag{9-5}$$

式中：进度偏差为正值表示工期拖延；进度偏差为负值表示工期提前。

8. 竣工结算

竣工结算是以实物数量和货币指标为计量单位，综合反映竣工项目从筹建开始到项目竣工交付使用为止的全部建设费用、建设成果和财务情况的总结性文件，是竣工验收报告的重要组成部分。竣工决算是正确核定新增固定资产价值，考核分析投资效果，建立健全经济责任制的依据，是反映建设项目实际造价和投资效果的文件。

1) 竣工决算与竣工结算的区别

竣工结算是承包方将所承包的工程按照合同规定全部完工交付之后，向发包单位进行的最终工程价款结算，由承包方负责编制。

竣工决算与竣工结算的区别如表 9-6 所示。

表 9-6　竣工结算与竣工决算的区别

序号	区别项目	工程竣工结算	工程竣工决算
1	编制单位及部门	承包方的预算部门	项目业主的财务部门
2	内容	承包方承包施工的建造安装工程的全部费用，它最终反映承包方完成的施工产值	建设工程从筹建开始到竣工交付使用为止的全部建设费用，它反映建设工程的投资效益
3	性质和作用	(1) 承包方与业务办理工程价款最终结算的依据；(2) 双方签订的建筑安装工程承包合同终结的凭证；(3) 业主编制竣工决算的主要资料	(1) 业主办理交付、验收、动用新增各类资产的依据；(2) 竣工验收报告的重要组成部分

2) 竣工决算的编制依据

竣工决算的编制依据如下：

(1) 经批准的可行性研究报告及其投资估算。

(2) 经批准的初步设计或扩大初步设计及其概算或修正概算。

(3) 经批准的施工图设计及其施工图预算。

(4) 设计交底或图纸会审纪要。

(5) 招投标的标底、承包合同、工程结算资料。

(6) 施工记录或施工签证单，以及其他施工中发生的费用记录。

(7) 竣工图及各种竣工验收资料。

(8) 历年基建资料、历年财务决算及批复文件。

(9) 设备、材料调价文件和调价记录。

(10) 有关财务核算制度、办法和其他相关资料、文件等。

3) 竣工决算的内容

建设工程竣工决算应包括从筹集到竣工投产全过程的全部实际费用，即包括建筑安装工程费、设备工器具购置费和其他费用等。竣工决算由竣工财务决算报表、竣工财务决算说明书、竣工工程平面示意图和工程造价比较分析 4 部分组成。前两部分又称建设项目竣工财务决算，是竣工决算的核心内容。

4) 竣工决算的编制步骤

竣工决算的编制步骤主要有以下几个方面：

(1) 搜集、整理、分析原始材料。

(2) 对照、核实工程变动情况，重新核实各单位工程、单项工程造价。

(3) 将审定后待摊投资、设备工器具投资、建筑安装工程投资、工程建设其他投资严格划分和核定后，分别计入相应的建设成本栏目内。

(4) 编制竣工财务决算说明书。

(5) 填报竣工财务决算表。

(6) 做好工程造价对比分析。

(7) 整理、装订好竣工图。

(8) 按国家规定上报、审批、存档。

5) 竣工决算的审查

竣工决算的审查分两个方面：一方面是建设单位组织有关人员或有关部门进行初审；另一方面是在建设单位自审的基础上，上级主管部门及有关部门进行的审查。

审查的内容一般包括以下几个方面：

(1) 根据设计概算和基建计划，审查有无计划工程，工程变更手续是否齐全。

(2) 根据财政制度审查各项支出的合规性。

(3) 审查结余资金是否真实。

(4) 审查文字说明的内容是否符合实际。

(5) 审查基建拨款支出是否与金融机构账目相符，应收、应付款项是否全部结清等。

9.5　实做项目

【实做项目】在 FTTx 仿真软件中实际操作工程管理模块中的"成本控制"。

目的要求：学习掌握通信建设工程中的简单造价管理。

本 章 小 结

(1) 工程造价概述，主要包括工程造价的构成、工程造价的确定依据、工程造价现行的计价方法。

(2) 通信建设工程造价控制，主要内容包括工程造价控制的概念、原理、目标、重点、措施及任务。

(3) 通信建设工程设计阶段造价控制，主要内容包括设计阶段造价控制任务、设计方案优选、设计概算审查和施工图预算审查。

(4) 通信建设工程施工阶段造价控制，主要包括施工招标阶段造价控制和施工阶段造价控制的内容。

复习与思考题

1. 简述工程造价的组成。
2. 简述现行的计价方法的分类。
3. 简述施工图预算的审查依据、内容、方法。
4. 简述施工阶段造价控制的主要任务和措施。
5. 简述工程竣工结算和竣工决算的区别。
6. 简述竣工结算的审查方法。

第 10 章　通信工程进度控制管理

 本章内容

- 通信工程项目进度控制概述
- 通信工程项目不同主题的进度控制
- 通信工程项目网络计划技术
- 通信工程进度计划实施监测与调整方法

 本章重点、难点

- 通信工程项目进度影响因素
- 通信工程项目设计、施工阶段的计划编制
- 通信工程监理的控制措施，施工阶段进度控制的要点和方法
- 双代号网络图的绘制及时间参数的计算
- 通信工程进度计划的监测方法

 本章学习目的和要求

- 掌握工程项目进度控制的基本理论、方法
- 掌握通信工程监理的控制措施
- 熟悉施工阶段监理的要点和方法
- 熟悉掌握双代号网络图的绘制和时间参数的计算
- 了解进度计划实施的监测和调整方法

 本章学时数

- 建议 8 学时

10.1　通信工程项目进度控制概述

通信工程项目的进度控制是工程项目建设的重点控制目标之一，是保证工程项目按

期完成，合理安排资源供应、节约工程成本、及时发挥项目的投资效益和社会效益的重要措施。

10.1.1　通信工程项目进度控制的概念

通信工程建设进度控制是指根据进度目标实行资源优化配置的原则，对项目建设各个阶段的工作内容、工作程序、持续时间和衔接关系编制计划并付诸实施，然后再对进度计划的实施过程进行经常性检查，将实际进度和计划进度进行比较，若出现偏差，则分析产生的原因并采取必要的调整措施纠正偏差。如此循环，直到工程竣工验收交付使用。

进度控制在工程建设过程中与质量控制、投资控制互相依存、互相制约，通信工程项目进度控制的总目标是确保项目的计划目标工期的实现，或者在保证质量和成本目标的条件下，能够适当缩短工期。

10.1.2　影响通信工程项目进度的因素

通信工程建设的进度受到多种因素的影响，要有效地控制工程建设进度，就必须对影响进度的各种因素进行全面、细致的分析和预测，以期利用有利因素保证工程建设进度，而对不利因素进行预防，制定相应的防范措施和对策，缩小实际进度与计划之间的偏差，实现对通信工程建设进度因素的动态控制。

影响通信工程项目施工进度的因素较多，如人为因素、技术因素、材料设备因素、资金因素、机具因素、地址因素、气象因素、环境因素以及其他难以预料的因素等。

由于各通信工程的施工条件不同，具体影响它们进度的因素也不尽相同，主要包括以下几个方面：

(1) 通信设备安装工程中可能影响进度的因素。

通信设备安装工程一般在室内施工，受外界因素的影响相对较小。影响设备安装工程进度的因素主要包括建设单位、设计单位、设备材料供应单位、监理单位、政府部门等相关单位的外部因素以及施工单位内部等方面的因素。

外部因素包括：配套线路未建好，电路不通；配套机房、基站未建好；设计不合理，设计变更，增加了工程量；监理不到位，未及时签证；在测试阶段，跨单位/区域协调不到位；政府重大会议、重大节假日、国家的重大活动、大型军事活动等造成封网；不可抗力等。

内部因素包括：管理不善，导致施工资源调配不当、窝工等；技术力量不足，设备检查人员技术不熟；设备不能及时到达施工现场等。

(2) 通信线路、通信管道工程中可能影响进度的因素。

通信线路、通信管道工程一般在室外施工，受外界因素的影响相对较大。影响通信线路、通信管道工程的因素主要包括建设单位、设计单位、材料供应单位、监理单位、当地政府部门等外部的影响因素和施工单位内部的影响因素。

外部因素包括：建设单位提供的光电缆等材料到货不及时；光电缆线路所经路由上青苗赔偿困难，穿越铁路、高速公路等特殊地段报建时，赔补谈判困难；设计单位提供图纸不及时；特殊气候、地形地质特殊情况、地上地下障碍物等环境因素；政府重大会议、重大节假日、国家的重大活动、大型军事活动等造成封网;不可抗力等。

内部因素包括:管理不到位,导致施工资源调配不当、窝工等;为工程配备的机具、仪器仪表等相关设备不足等;技术力量不能满足工程需要,如光缆接续人员技术不熟,操作失误等;协调不当,导致光电缆路由所经地居民阻止施工;施工过程中发生安全事故,处理安全事故影响进度等。

按责任的归属并综合各种因素,工程进度可分为以下两类:

第一类,由承包商自身的原因造成工期的延长,称为工期延误。其一切损失由承包商承担,还包括承包商在监理工程师同意下所采取的加快工程进度的任何措施所增加的各种费用,同时,承包商还要向业主支付误期损失赔偿金。

第二类,由承包商以外的原因造成工期的延长,称为工程延期。这种延期的责任承包商不承担,而且可要求对工期进行适当补偿。经监理工程师批准的工程延期,所延长的时间属于合同工期的一部分,即工程竣工的时间等于标书规定的时间加上监理工程师批准的工程延期的时间。

【案例 10-1】　分析影响进度的因素。

◆　背景

某通信工程公司在南方山区承揽架空光缆线路工程,线路全长 200 km,由某监理公司负责监理,合同规定期限为今年 2 月到明年 2 月 20 日。施工合同规定"乙方承担除光缆、接头盒及尾纤以外的所有材料。"对此,施工单位按照进度计划订购了电杆、钢绞线及相应的其他工程材料。同时,为节约成本,施工单位与材料供应商合同约定由施工单位负责材料的运输。

施工单位 2 月组织现场摸底,发现路由上有几处民房且穿越几片农田;2 月 10 日接到货运单位通知,由于车辆紧张不能按时提供车辆;4 月 21 日,项目经理发现部分钢绞线存在锈蚀问题;5 月 27 日,生产电杆的水泥制品厂提出涨价要求;3 月 19 日,质检员发现个别终端杆反倾;7 月 27 日,由于农田问题没有妥善解决,部分村民阻挠施工;8 月 3 日,大雨导致停工并冲毁部分已架设线路;12 月 24 日,ODF 架仍未到货;1 月 12 日,进行中继段总衰耗测试时发现衰耗过大。施工单位最终于 3 月 1 日向建设单位提交了完工报告。

◆　问题

(1) 施工准备阶段影响本工程进度的因素可能有哪些?

(2) 哪些因素影响了实际工程进度?

◆　分析

(1) 施工准备阶段影响本工程进度的因素主要有:建设单位不能及时完成路由报建;监理单位未能及时批复变更;设计存在的问题未能及时变更;材料运输不能及时到位;建设单位及施工单位的材料可能存在质量问题;施工资源(如人、机械设备、仪器仪表等)配备不足,调配不合理;施工单位得不到预付款,导致资金紧张;安全事故;施工组织不合理;不可抗力等。

(2) 本案例中影响实际工程进度的因素。

根据上述条件进行具体分析,影响实际工程进度的因素主要有:

· 现场摸底路由上有民房且路由穿越几片农田,可能是前期勘察设计没有发现或有疏漏，属于设计问题。

- 车辆紧张，不能按时提供车辆，属于货运问题。
- 项目经理发现部分钢绞线存在锈蚀问题，属于材料质量问题。
- 生产电杆的水泥制品厂提出涨价要求，属于订货合同执行问题。
- 质检员发现个别终端杆反倾，属于施工人员水平问题。
- 农田问题没有妥善解决，部分村民阻挠施工，属于赔补问题。
- 大雨导致停工并冲毁部分已架设线路，属于环境问题，为不可抗力。
- ODF 架仍不到货，属于建设单位供货问题。
- 中继段总衰耗测试时发现衰耗过大，可能是施工人员水平问题，也可能是仪器仪表问题，还可能是光缆质量问题，现场需进一步确认。

10.2　通信工程项目不同主体的进度控制

通信工程建设进度控制的任务就是要在通信工程建设的各个阶段、各个环节，督促各个相关单位根据不同的工作内容实现相应的进度，确保通信工程建设总体目标的实现。

10.2.1　设计单位的进度控制

在通信工程建设项目实施过程中，必须有设计图纸才能指导施工。在实际工作中，设计进度缓慢以及设计的变更，往往会导致施工进度受到影响。另外，通信建设所需的设备、材料等都由设计文件提出，只有设计文件给出设备和材料的清单，建设单位才能按清单进行订货加工。由于设备的招标采购、运输、验收等需要一定的时间，因此设计与施工这两个阶段之间应该有足够的时间间隔，以便完成设备的招标采购、运输、验收等工作，为施工做好充分的准备。

设计工作涉及众多因素，而设计工作本身又是多专业协作的产物，它必须满足使用要求，同时要考虑项目的经济效益和社会效益，也要考虑施工作业的可行性。

设计单位应采取各种措施按时、按质、按量提交相应的设计文件。为此，设计单位应做好工作计划，具体包括设计总进度计划、阶段性设计进度计划和设计作业进度计划。

1. 设计总进度计划

设计总进度计划主要用于安排自设计准备开始至完成施工图设计文件所需的时间，包括各阶段工作的起讫时间和完成的时间顺序，主要包括设计准备、方案设计、初步设计、技术设计、施工图设计等阶段。制订设计总进度计划时，应根据通信工程建设进度总目标对设计周期的要求来设计周期定额。

2. 阶段性设计进度计划

阶段性设计进度计划包括设计准备工作进度计划、初步设计工作进度计划、技术设计工作进度计划和施工图设计工作进度计划。这些计划用于控制各阶段设计工作进度，从而实现阶段性设计进度目标。在编制阶段性设计进度计划时，必须考虑设计总进度计划对各个设计阶段的时间要求。

1) 设计准备阶段工作进度计划

设计准备阶段的主要工作内容为确定规划设计条件、提供设计基础资料及设计委托等，它们都应有明确的时间目标，设计工作能否顺利进行及按时完成，与设计准备工作时间目标的实现有很大的关系。

规划设计条件是指在通信工程项目建设中，由主管部门根据有关部门的相关规定，从通信网全程全网规划的角度出发，对拟建项目在规划设计阶段所提出的要求。

设计基础资料是设计单位进行工程设计的主要依据，建设单位必须向设计单位提供全面、完整、准确的设计基础资料，如经批准的可行性研究报告、本期工程覆盖区域的网络资源现状、现有用户类型数量及分布等。

设计委托是指在建设单位通过招标方式选定设计单位后，甲、乙双方就设计费用及设计委托合同中的一些细节问题进行协商、谈判，并在取得一致意见后签订工程设计合同。

2) 初步设计阶段工作进度计划

初步设计应根据建设单位提供的设计基础资料进行编制，初步设计及总概算一经批准便可作为确定该项目建设投资额、编制固定资产投资计划、签订总承包合同、签订贷款合同、组织设备订货、进行施工准备、编制技术设计或施工图设计的依据。

技术设计应根据初步设计文件进行编制，技术设计及修正总概算一经批准，即成为建设工程拨付款和编制施工图设计文件的依据。

制订初步设计工作进度计划要考虑方案设计、初步设计、技术设计、设计的分析评审、概算的编制、修正概算的编制以及设计文件审批等工作时间的安排，初步设计(技术设计)工作进度计划一般按单项工程编制。

3) 施工图设计阶段工作进度计划

根据批准的初步设计文件或技术设计文件及主要设备的订货情况，可编制施工图。施工图设计是通信工程设计的最后一个阶段，其工作进度将直接影响到通信工程建设的进度，因此必须合理确定施工图设计的交付时间。

制订施工图设计工作进度计划时要考虑各单项工程、各专业和协同单位的设计进度及衔接关系，为了控制各专业的设计进度，应根据施工图设计进度计划、单位工程设计工日定额及所投入的设计人员数量来确定。

10.2.2　施工单位的进度控制

通信工程的施工阶段是把抽象的图纸转化形成工程实体的阶段，因此对施工进度的控制是通信工程建设进度控制的重点。通信工程建设施工阶段的进度控制由施工单位编制施工进度计划并加以实施，施工进度计划包括施工准备工作计划、施工总进度计划、单位工程施工进度计划等几个部分。

施工进度控制的最终目标是保证通信工程建设项目能按期交付使用，为控制施工进度，应将施工进度总目标进行细化分解，落实到各单位工程、分部工程的施工承包单位，施工承包单位则应制订不同计划期的施工进度计划，以此共同构成工程施工进度控制目标体系。

1. 施工准备工作计划

施工准备工作主要是合理安排施工所需的人力和物力，统筹安排施工现场，为通信工程建设的施工创造必要的物质和技术条件。施工准备工作的主要内容为：技术准备、物资准备、劳动组织准备、施工场外准备等。为全面落实准备工作，加强对施工准备工作的监督和管理，应根据各项工作的内容、时间和人员情况，制订施工准备工作计划。

2. 施工总进度计划

通信工程建设的施工总进度计划应根据工程建设方案和项目开展程序，对所有单位工程作出时间上的统一安排。编制施工总计划的目的在于确定各单位工程的施工期限和竣工日期，从而为工程项目制订施工技术力量，为施工用原材料、设备、施工机械、测量仪表的数量和调配计划提供依据，同时为确定施工现场的临时设施的数量、施工及生活用水电供应量以及交通、能源的需求状况做好相应的准备，以保证项目建设能按期竣工交付使用，最大限度地降低工程建设成本。

3. 单位工程施工进度计划

单位工程施工进度计划是在已制订的施工总进度计划的基础上，根据规定的施工工期和材料、设备的供应条件，遵循施工程序，对单位工程、分部工程的施工过程做出时间和空间上的安排，并以此为依据，确定施工作业所需的技术力量、工(器)具和材料的供应计划。因此，合理安排单位工程的施工进度是按时完成符合质量要求的施工任务的根本，也是编制各种资源配置计划和施工准备计划的可靠依据。

编制单位工程施工进度计划的主要步骤如下：

(1) 划分工作项目。

工作项目包括一定工作内容的施工过程，它是施工进度计划的基本组成单元，工作项目划分的粗细应根据计划的需要来确定。对于控制性施工进度计划，可以分得粗一些，一般只划分到分部工程即可；如果是编制实施性施工进度计划，则应分得详细一些，可具体到分项工程，以满足对施工的指导和进度的控制。此外，有些分项工程在施工顺序和施工时间上是穿插进行的，或是由同一个专业施工队承担的，为了简化进度计划的内容，应尽量将这些项目合并，以突出重点。

(2) 确定施工顺序。

确定分部工程或分项工程的施工顺序是为了按照施工技术要求，合理地组织施工，解决好各工作项目之间时间上的先后顺序和衔接关系，从而达到保证质量、安全施工、有效缩短施工时间、合理安排工期的目的。

不同工程项目的施工顺序不可能相同，即便是相同类型的工程项目，其施工顺序也不一定完全相同，因此在确定施工顺序时必须根据工程特点、技术组织要求及施工方案等实际情况合理安排。

(3) 统计工程量。

通信工程建设中工程量的计算，应根据施工图设计文件及现行的工程量计算规则(如通信建设工程预算定额)，分别对所划分的每个工作项目进行统计，当施工图设计文件中已有工程预算且工作项目的划分与施工进度计划基本一致时，可以直接套用预算中的工程量而不必重新计算。统计工程量时，工程量的单位应与定额手册中的单位相一致，便于在计算用工、用料和机械时直接套用定额。

(4) 统计施工用工和机械台班数量。

当某项工作项目是由多个分项工程合并而成时，应先计算各分项工程的施工用工和机械台班数量，再统计综合施工用工和机械台班数量。

(5) 确定工作项目的持续时间。

根据工作项目的综合施工用工和机械台班数量以及平均每天安排在该项工作项目上的施工人数和机械台套数，计算出完成该工作项目所需的持续时间。

(6) 绘制单位工程施工进度计划(见表 10-1)。

表 10-1　单位工程施工进度计划

序号	工作项目	主要工作内容	施工持续时间	施工进度计划/天				
				2	4	6	8	10
1								
2								
3								
4								
5								

(7) 单位工程施工进度计划的检查与调整。

当单位工程施工进度计划初步方案编制好后，需要对其进行检查和调整，以使进度计划更加合理。检查的内容主要包括各工作项目的施工顺序是否合理，工期是否满足合同要求，技术力量的配备是否满足施工要求，主要材料设备的供应使用是否满足施工要求。如果发现问题应进行调整，当施工顺序合理、工期能满足合同要求时，再对施工力量的配备等进行优化，从而使施工进度计划更加完善。

10.2.3　监理单位的进度控制

监理单位的进度控制，就是要求通信建设监理工程师按照国家、通信行业相关法规、规定及合同文件中赋予监理单位的权利，运用各种监理手段、方法，督促承包单位采用先进合理的施工方案和组织形式，制订进度计划、管理措施，并在实施过程中检查实际进度与计划进度是否相符，若不相符则需分析产生偏差的原因，根据原因采取相应补救措施，必要时调整、修改原计划，在保证工程质量、成本符合要求的前提下，实现项目进度计划。

1. 通信建设工程监理进度控制的关键点

通信建设工程监理进度控制的关键点主要包括以下几个方面：

(1) 设计或施工的前提资料或施工场地的交付工作条件与时间。

(2) 工程项目建设资源投入(包括人力、资金、信息等)及其数量、质量和时间。

(3) 进度计划的横道图和时标网络图中所有可能的关键线路上的各种操作、工序及其部位。

(4) 设计、施工中的薄弱环节，难度大、困难多或不成熟的工艺，可能会导致较大的工程延误。

(5) 设计、施工中各种风险的发生。

(6) 采用的新技术、新工艺、新材料、新方法、新人员、新机械等。

(7) 进度计划的编制、调整与审批程序。

2. 通信建设工程监理的进度控制措施

通信建设工程监理进度控制的措施包括组织措施、技术措施、合同措施和经济措施。这些措施中，尤其是经济措施，必须要有建设单位的支持，否则是无法实现的。

3. 监理单位在施工阶段的进度控制

目前，监理单位主要是在施工阶段进行监理，其控制任务主要是审核相关的进度计划，包括施工总进度计划，单位工程施工进度计划，工程年、季、月实施计划，同时要对计划的执行进行有效控制。

施工阶段是工程实体的形成阶段，对其进度进行控制是整个工程项目建设的重点，分为事前、事中、事后控制。

1) 施工阶段进度事前控制的要点和具体方法

(1) 事前控制的要点。

通信建设工程施工阶段进度事前控制的要点主要是审核承包单位的施工进度计划，即监督审核承包单位做好施工进度计划，使之与工程项目总目标保持一致，并跟踪检查施工进度计划的执行情况，在必要时责令承包单位对施工进度计划进行调整。监理工程师在事前控制中的任务就是在满足工程项目建设总进度目标要求的基础上，根据工程特点，确定进度目标，明确各阶段进度控制任务。

为保证工程项目能按期完成工程进度预期目标，需要对施工进度总目标从不同角度层层分解，形成施工进度控制目标体系，从而作为实施进度控制的依据。分解类型主要包括以下几种：

① 按项目组成分解，确定各单项工程开工和完工日期。

② 按承包单位分解，明确分工条件和承包责任。

③ 按施工阶段分解，划定进度控制分界点。

④ 按计划期分解，组织综合施工。

(2) 事前控制的方法。

① 编制施工阶段进度控制监理工作细则：在工程项目监理规划的指导下，由工程项目监理机构中负责进度控制的监理工程师依据被批准的施工进度计划，负责编制具有实施性和可操作性的监理业务文件。

② 审核施工进度计划：为了使工程能按期完成，项目监理结构应在总监理工程师主持下对承包单位提交的施工进度计划进行认真审核。

监理工程师在审核施工进度计划时，发现问题应及时与承包商联系，提出建议并协助其修改进度计划，对其中重大问题应向建设单位报告。

监理工程师应在施工过程中督促各承包单位按总进度计划的要求编制分解进度计划，如年、月进度计划，各专业进度计划等，并对其进行审核，审核其是否符合总进度计划的目标、与其他承包单位进度之间是否冲突、施工工序是否合理、是否能协调一致等。

③ 下达工程开工令：总监理工程师应根据承包单位和建设单位双方对于工程开工的

准备情况，选择合适时机发布工程开工令。工程开工令的发布要尽可能及时，因为工程开工令中所指定的开工日期加上合同工期即为工程竣工日期，如果开工令发布拖延，就等于推迟了竣工时间，如果是建设单位原因导致，可能会引起承包单位的索赔。

在一般情况下，项目监理机构可在建设单位组织并主持召开的第一次工程协调会上，由项目总监理工程师对各方面的准备情况进行检查。

2) 施工阶段进度事中控制的要点和具体方法

(1) 事中控制的要点。

通信建设工程施工进度事中控制的要点是监督实施、检查进度、分析偏差、提出处理措施，具体如下：

① 监督实施：根据监理工程师批准的进度计划，监督承包单位组织实施。

② 检查进度：承包单位在进度计划执行过程中，监理工程师随时按照进度计划检查实际工程进展情况。

③ 分析偏差：监理工程师将实际进度与原有进度计划进行比较，分析实际进度与计划进度两者出现偏差的原因。

④ 提出处理措施：监理工程师针对分析出的原因，研究纠偏的对策和措施，并督促承包单位实施。

(2) 事中控制的方法。

① 协助承建单位实施进度计划：监理工程师在工程中要随时了解施工进度计划执行情况以及在执行中存在的问题，及时找出原因、帮助解决。尤其是在管道、线路施工涉及的因素比较多时，要帮助施工队进行协调，积极主动控制，这将有利于施工进度计划的执行。

② 跟踪进度计划实施过程：监理工程师不仅要及时检查承包单位报送的施工进度报表和分析资料，同时应随时了解施工进度计划执行的情况，进行必要的现场实地检查，及时检查承包单位报送的施工进度报表并进行施工现场对照检查，核实完成时间和完成工作量，并应将实际进度与计划进度进行对比，检查是否有偏差，如果发现偏差，应进一步分析发生偏差的原因，研究对策，提出处理方法，必要时应要求承包单位调整后期进度计划。

③ 进度偏差调整：在对工程实际进度资料进行整理的基础上，监理工程师应将其与计划进度相比较，以判断实际进度是否出现偏差。如果出现进度偏差，监理工程师应进一步分析此偏差产生的原因及其对进度控制目标的影响程度，以便研究对策，提出纠偏措施。必要时还应对后期工程进度计划做适当的调整。

当工程实际进度与原定计划出现较大偏差时，应进行分析，找出影响因素及起关键作用的因素，以便制定对策和调整措施。

监理工程师应定期检查施工进度报表并进行分析，同时还要现场进行检查核实，以确保进度的真实性，要将实际进度情况与计划进度进行对照，找出偏差，分析偏差及其原因，研究对策，提出纠偏的措施，对下一步的计划进行适当调整，以弥补以前的偏差。

④ 及时召开现场协调会：监理工程师应定期组织召开不同层次的现场协调会，解决施工过程中出现的各种问题，在会上组织各方人员一起制定纠正措施，并落到实处，同时在协调会上检查上一次协调会上的结果落实情况，如未落实，要分析不能落实的原因，进

一步制定落实对策。

对于某些突发性的问题，监理工程师也可以在与业主协商后，发布紧急协调令，督促各施工单位采取应急措施，维护正常的施工。

⑤ 签发工程进度支付款凭证：根据合同要求，监理工程师应对承包单位申报的已完工程量进行核实，并在质量合格的情况下，签发工程进度支付款凭证。

⑥ 定期向业主报告施工进度情况：监理工程师应随时整理工程进展情况、质量情况的资料，做好工程记录，定期(一般为每周)向业主提交工程进度报告。

⑦ 审批工程延误：监理工程师应分析工程延误的原因，要求承包单位采取有效措施，加快施工进度，赶上月、季施工目标。如果经过一段时期没有改观，仍然落后于施工进度计划，而且有可能影响工程总目标的实现，那么监理工程师可以允许承包单位修改原来的施工进度目标，修改后的进度目标需要得到业主的认可，但不能解除承包单位应负的责任，尤其是延误损失的赔偿。

对不属于承包单位自身原因引起的工程拖延，承包单位有权提出工期延长申请，此时监理工程师可根据合同规定和业主意见，审批工程延期申请。批准的延期时间与原合同工期相加，作为新的合同工期。但承包单位可以根据合同的规定提出索赔要求。因此处理这类工程延期，一定要与业主协商，并按合同规定公正处理。

3) 施工阶段进度事后控制的要点和具体方法

(1) 事后控制的要点。

事后控制是指出现进度偏差后进行的进度控制工作，其控制要点是根据实际施工进度，及时修改和调整监理工作计划，以确保下一阶段工作的顺利开展。

在工程阶段性任务结束后发现进度滞后，则应确保下一阶段按计划进度完成，或者确保实际总工期不超过计划总工期，采取有效的改进和控制措施。

(2) 事后控制的方法。

当实际进度滞后于计划进度时，监理人员应书面通知施工单位，在分析原因的基础上采取纠偏措施，并监督实施，具体方法如下：

① 制定保证总工期不拖延的对策措施，如增加施工人员、增加施工机械设备等。

② 制定总工期拖延后的补救措施。

③ 调整相应的施工计划、材料设备、资金供应计划等，在新的条件下组织新的协调和平衡。

需要注意的是，在这一阶段，监理工程师应当将工程进度资料进行收集、归类、编目和建档，为以后的工作积累经验教训。

10.3　通信工程项目网络计划技术

网络计划技术自 20 世纪 50 年代出现以来已得到迅速发展和应用，在通信工程建设进度控制管理中，进度计划也可以用网络图来表示。国内外的实际应用表明，不论是设计阶段的进度控制还是施工阶段的进度控制，均可使用网络计划技术。网络计划技术是控制工程建设进度的有效工具。

10.3.1　网络计划技术的基本概念

网络图是用箭线和节点将某项工作的流程表示出来的图形。根据绘图表达的方法不同，分为双代号表示法(以箭线表示工作)和单代号表示法(以节点表示工作)；根据计划目标的多少，可以分为单目标网络模型和多目标网络模型。

在进度控制中，以网络形式来表示计划中各工序、持续时间、相互逻辑关系等的计划图标，具有逻辑严密、思维层次清晰、主要矛盾突出等优点，有利于计划的优化、控制和调整，还有利于电子计算机在计划管理中的应用。因此，网络计划技术在各种计划管理中都得到了广泛的应用。实践经验证明，在通信建设工程的施工项目计划管理中，采用网络计划技术，其经济效果更为显著。网络计划技术适用于编制具有实施性和控制性的进度计划。

编制好网络计划后，在执行过程中要对其实行动态控制，即当发现施工进度滞后于计划时，要充分考虑工期压缩可能性和赶工成本，对网络计划时差进行不断分析、调整，合理利用时差，对网络图进行优化，有计划地逐次压缩工费最低的重要工作和工序，以控制进度达到预期目标工期，最终达到既赶上工期又控制费用的目的，保证工程的顺利进行。

限于篇幅，本章只介绍双代号单目标网络模型。

1. 网络图的表示方法

双代号网络图是应用较为普遍的一种网络计划形式，它是以箭线及其两端阶段的编号表示工作的网络图，具体组成元素包括箭线、节点和线路，如图 10-1 所示。

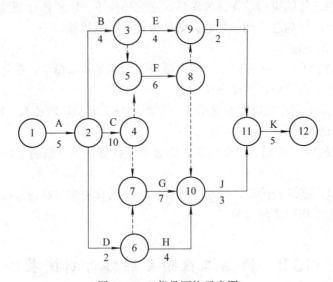

图 10-1　双代号网络示意图

1) 箭线

在双代号网络图中，箭线表示工作(需要消耗人力、物力和时间的具体活动过程，既可以是一个建设项目、一个单项工程，也可以是一个分项工程乃至一个工序)及其走向，箭尾表示工作开始，箭头表示工作结束，工作名称写在箭线的上方，该工作消耗的时间则写在箭线的下方，箭线方向代表工作前进方向。

既不消耗资源也不占用时间的工作称为虚工作，用虚线表示。在网络图中设立虚工作主要用于正确表达工作之间的逻辑关系。

除去虚箭线外，任意一条箭线(工作)都需要占用时间，消耗资源，其消耗的时间必须标明，如图 10-1 所示。

2) 节点

节点是指某项工作的开始或结束，它不消耗任何资源和时间，在网络图中用"○"表示(或其他形状的密封图形)，反映的是前后工作的交接点。网络图中的所有节点都必须编号，代号必须标注在节点内，严禁重复且应保证任意一条箭线(包括需箭线)的箭头编号比箭尾编号大。

节点包括以下 3 类：

(1) 起始节点，即第一个节点，它只有外向箭头(即箭头远离节点)，在单目标网络图中，只有一个起始节点，如图 10-1 中的①。

(2) 终点节点，即最后一个节点，它只有内向箭线(即箭头指向节点)，在单目标网络图中，只有一个终点节点，如图 10-1 中的⑫。

(3) 中间节点，既有内向箭线又有外向箭线的节点，如图 10-1 中除去起始节点和终点节点以外的其他节点。

3) 线路

线路是指网络图中从起始节点开始，沿箭头方向通过一系列箭线与节点，最后达到终点节点的通路。

一个网络图中一般有多条线路，线路可以用节点的代号来表示，一条线路上各项工作的时间之和就是该线路的总长度(路长)。如图 10-1 中，①→②→⑥→⑩→⑪→⑫为一条线路，线路的长度为 19(5+2+4+3+5 = 19)。

在所有线路中，必然存在总时间最长的线路，称为关键线路，一般用双线或粗线标注。网络图中至少有一条关键线路，关键线路上的节点叫关键节点，关键线路上的工作叫关键工作。关键线路上工作的时间必须保证，否则会出现工期的延误。除关键线路外的其他线路统称为非关键线路。

2. 相关概念

1) 紧前工作和先行工作

在网络图中，相对于某工作而言，紧排在该工作之前的工作称为该工作的紧前工作。双代号网络图中，某工作与其紧前工作之间可能有虚工作存在。紧前工作不结束，则该工作不能开始。如图 10-1 中，G、H 是 J 工作的紧前工作。

相对于某工作而言，从网络图中的第一个节点(起始节点)开始，顺箭头方向经过一系列箭线与节点到达该工作为止的各条通路上的所有工作，都称为该工作的先行工作。如图 10-1 中，A、C、F、G、D、H 都是 J 工作的先行工作。

紧前工作必是先行工作，先行工作不一定是紧前工作。

2) 紧后工作和后续工作

在网络图中，相对于某工作而言，紧接在该工作之后的工作称为该工作的紧后工作。

双代号网络图中,某工作与其紧后工作之间也可能有虚工作存在。该工作不结束,则紧后工作不能开始。如图 10-1 中,E、F 是 B 工作的紧后工作。

相对于某工作而言,从该工作之后开始,顺箭头方向经过一系列箭线与节点到达网络图最后一个节点(终点节点)的各条通路上的所有工作,都称为该工作的后续工作。如图 10-1 中,E、F、I、J、K 都是 B 工作的后续工作。

紧后工作必是后续工作,后续工作不一定是紧后工作。

3) 平行工作

在网络图中,相对于某工作而言,可以与该工作同时进行的工作即为该工作的平行工作。如图 10-1 中,B、C、D 为平行工作。

10.3.2 网络图的绘制

1. 绘图规则

网络图要能正确表达整个工程项目的施工工艺流程和各工作开展的先后顺序,以及它们之间相互支援、相互依赖的约束关系。因此,在绘制网络图时必须遵循一定的基本规则和要求。具体包括以下几个方面:

(1) 网络图必须按照已定的逻辑关系绘制。

(2) 在网络图中除起始节点和终点节点外,不允许出现其他没有内向箭线或没有外向箭线的工作节点。

(3) 网络图中严禁出现从一个节点出发,沿箭线方向回到原出发点的循环回路,否则将使组成回路的工序永远不能结束,工程永远不能完工,即会造成逻辑关系混乱。图 10-2 中就存在 BCD 循环,导致工作先后无法判断,逻辑关系混乱,形成死循环。

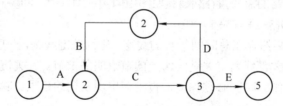

图 10-2　存在循环回路的错误网络图

(4) 网络图中箭线(包括虚箭线)应保持自左向右的方向,避免出现循环回路。

(5) 网络图中不能出现错画、漏画情况,如出现没有箭头、没有节点的活动或双箭头的箭杆等,会导致工作行进方向不明确,不能满足网络图有方向的要求,如图 10-3 所示。

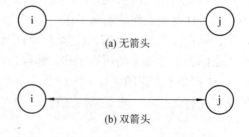

图 10-3　错误的工作箭线画法

(6) 网络图中严禁在箭线上引入或引出箭线，如图 10-4 所示即为错误画法。

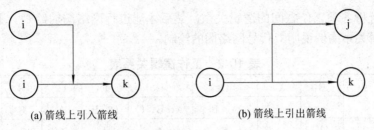

(a) 箭线上引入箭线　　　　　　　　　　(b) 箭线上引出箭线

图 10-4　错误的箭线引入(出)画法

(7) 网络图的起始节点有多条外向箭线，或终点节点有多条内向箭线时，采用母线法，即使用一条公用母线引入终点节点，母线可采用特殊箭线，如粗箭线、双箭线等，如图 10-5 所示。

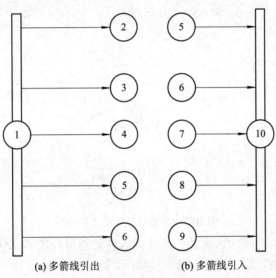

(a) 多箭线引出　　　　　　　　　(b) 多箭线引入

图 10-5　母线法

(8) 绘制网络图时，应尽量避免工作箭线的交叉，若有交叉，则采用过桥或指向法，如图 10-6 所示。

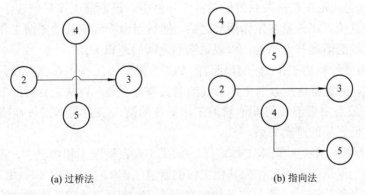

(a) 过桥法　　　　　　　　　　(b) 指向法

图 10-6　箭线交叉表示方法

(9) 本书只涉及单目标网络计划，网络图只允许有一个起始节点和一个终点节点。

2. 绘图方法

首先要分析各项工作之间的逻辑关系，然后才能进行网络图的绘制。下面以表 10-2 所示工作逻辑关系为例说明双代号网络图的绘制。

表 10-2　工作逻辑关系表

工作	A	B	C	D	E	F	G	H	I	J
紧前工作	—	—	—	A、B	A、B、C	D、E	A	F	G	F、G
持续时间	3	2	4	5	4	4	6	3	4	3

分析清楚各项工作之间的逻辑关系后，可按如下步骤绘制双代号网络图。

(1) 绘制没有紧前工作的工作，使它们具有相同的开始节点，以保证网络图中只有一个起始节点。

由表 10-2 可知，工作 A、B、C 没有紧前工作，首先绘制这几个工作，使其开始于同一节点，如图 10-7 所示。

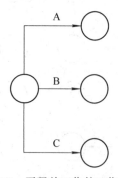

图 10-7　无紧前工作的工作绘制

(2) 绘制其他各项工作。这些工作的绘制条件是其所有紧前工作都已绘制完成。绘制这些工作箭线时，分两种情况进行：第一种情况，当所要绘制的工作只有一项紧前工作时，只需把该工作直接画在其紧前工作之后即可；第二种情况，当所要绘制的工作有多项紧前工作时，应按以下具体情况绘制。

① 对于所要绘制的工作(本工作)而言，如果在其紧前工作中有一项只是作为本工作的紧前工作存在(也就是在逻辑关系表的紧前工作栏中，该紧前工作只出现了一次)，则应该将本工作箭线直接画在该紧前工作箭线之后，然后用虚箭线把其他紧前工作箭线的箭头节点与本工作箭线的箭尾节点相连，以表达它们之间的逻辑关系。

② 对于所要绘制的工作(本工作)而言，如果在其紧前工作中存在多项只作为本工作紧前工作的工作，应先将这些紧前工作箭线的箭头节点合并，再从合并后的节点开始画出本工作的箭线，最后用虚箭线将其他紧前工作箭线的箭头节点与本工作箭线的箭尾节点相连，以表达它们之间的逻辑关系。

③ 对于所要绘制的工作(本工作)而言，如果不存在情况①和情况②，那么应判断本工作的所有紧前工作是否都同时作为其他工作的紧前工作(即在紧前工作栏中，这几项紧前工作是否均同时出现若干次)。若上述条件成立，则应先将这些紧前工作箭线的箭头节点合并后，再从合并后的节点开始画出本工作箭线。

④ 对于所要绘制的工作(本工作)而言，如果情况①、②、③都不存在，则应将本工作

箭线单独画在其紧前工作箭线之后的中部，然后用虚箭线将其各紧前工作箭线的箭头节点
与本工作箭线的箭尾节点分别相连，以表达它们之间的逻辑关系。

　　下面根据上述原则继续绘制表 10-2 中的其他工作，工作 D 有两个紧前工作 A 和 B 且
在紧前工作栏中同时出现两次，可根据情况③绘制，即先将这些紧前工作箭线的箭头节点
合并，再从合并后的节点开始画出本工作箭线，如图 10-8 所示。

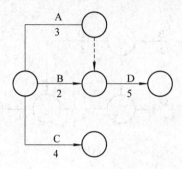

图 10-8　有紧前工作的工作绘制(1)

　　工作 E 有 3 个紧前工作 A、B、C，但 C 在紧前工作栏中只出现 1 次，可根据情况①
绘制，即将 E 箭线直接画在该紧前工作 C 箭线之后，然后用虚箭线把其他紧前工作即 A、
B 箭线的箭头节点与本工作箭线的箭尾节点相连，如图 10-9 所示。

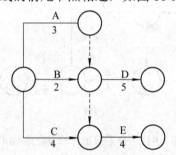

图 10-9　有紧前工作的工作绘制(2)

　　工作 F 有两个紧前工作 D、E，且 D、E 只是 F 的紧前工作，可根据情况②绘制，即
先将紧前工作 D、E 箭线的箭头节点合并，再从合并后的节点开始，画出本工作 F 箭线，
如图 10-10 所示。

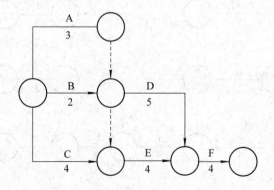

图 10-10　有紧前工作的工作绘制(3)

工作 G 只有 1 个紧前工作 A，可直接画在紧前工作后，如图 10-11(a)所示；工作 H、I 也均只有 1 个紧前工作，可统一直接画在紧前工作后，如图 10-11(b)所示。

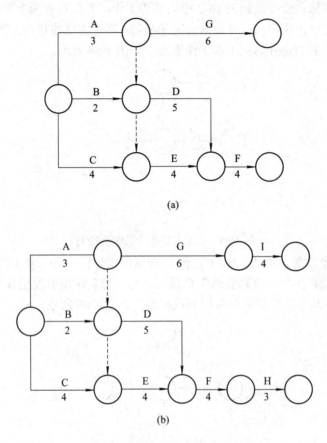

图 10-11 有紧前工作的工作绘制(4)

工作 J 有两个紧前工作 F、G，可根据情况④绘制，先将本工作 J 箭线单独画在其紧前工作箭线之后的中部，然后用虚箭线将其各紧前工作即 F、G 箭线的箭头节点与本工作箭线的箭尾节点分别相连，如图 10-12 所示。

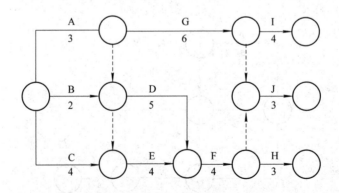

图 10-12 有紧前工作的工作绘制(5)

（3）各项工作绘制完毕后，合并无紧后工作的箭头节点，以确保网络图中只有一个终点节点，如图 10-13 所示。

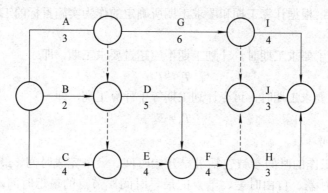

图 10-13　合并无紧后工作的工作

（4）确认所绘制网络图正确无误后，进行节点编号，编号既可以连续编号也可以不连续编号，如 1，2，3…或 1，3，5，7，9…，不连续编号主要是避免以后增加工作时改动整个网络图的节点编号。需要注意的是，无论采用哪种编号都要保证任意一条箭线的箭尾编号小于箭头编号，如图 10-14 所示。

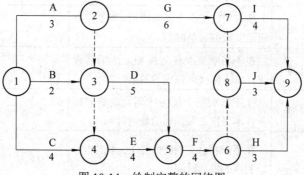

图 10-14　绘制完整的网络图

10.3.3　网络计划时间参数的计算

所谓网络计划，是指在网络图上加注时间参数编制而成的进度计划。网络计划时间参数的计算应在各项工作的持续时间确定之后进行。

1．网络计划时间参数的概念

时间参数是指网络计划、工作及节点所具有的各种时间值。

1）工作持续时间

工作持续时间是指一项工作从开始到结束的时间，如图 10-10 中所标注的时间即为工作持续时间。此时间值既可以通过计算获得，也可以通过实践经验估算出来。双代号网络计划中，工作 i-j 的持续时间一般用 D_{i-j} 表示。

2）工期

工期一般是指完成一项任务所需要的时间。在网络计划中，工期包括以下 3 种：

(1) 计算工期：根据网络计划时间参数计算得到的工期，用 T_c 表示。

(2) 要求工期：任务委托人所提出的指令性工期，用 T_r 表示。

(3) 计划工期：根据计算工期和要求工期所确定的作为实施目标的工期，用 T_p 表示。

注意：

(1) 当已规定了要求工期时，计划工期不应超过要求工期，即

$$T_p \leq T_r \tag{10-1}$$

(2) 当未规定要求工期时，可令计划工期等于计算工期，即

$$T_p = T_c \tag{10-2}$$

3) 工作的时间参数

网络计划中工作的时间参数包括最早开始时间、最早完成时间、最迟完成时间、最迟开始时间、总时差、自由时差、节点的最早时间、节点的最迟时间，具体如表 10-3 所示。

表 10-3　时 间 参 数 表

序号	参数名称	含　义	表示方法	备注
1	最早开始时间	所有紧前工作全部完成后，本工作有可能开始的最早时刻	$ES_{i\text{-}j}$	最早完成时间等于本工作的最早开始时间与其持续时间之和
2	最早完成时间	所有紧前工作全部完成后，本工作有可能完成的最早时刻	$EF_{i\text{-}j}$	
3	最迟完成时间	在不影响整个任务按期完成的前提下，本工作必须完成的最迟时刻	$LF_{i\text{-}j}$	最迟开始时间等于本工作的最迟完成时间与其持续时间之差
4	最迟开始时间	在不影响整个任务按期完成的前提下，本工作必须开始的最迟时刻	$LS_{i\text{-}j}$	
5	总时差	在不影响总工期的前提下，本工作可以利用的机动时间	$TF_{i\text{-}j}$	对于同一项工作，自由时差不会超过总时差。工作的总时差为零，其自由时差必然为零
6	自由时差	在不影响其紧后工作最早开始时间的前提下，本工作可以利用的机动时间	$FF_{i\text{-}j}$	
7	节点的最早时间	在双代号网络计划中，以该节点为开始节点的各项工作的最早开始时间	ET_i	
8	节点的最迟时间	在双代号网络计划中，以该节点为完成节点的各项工作的最迟完成时间	LT_j	

4) 相邻两项工作之间的时间间隔

相邻两项工作之间的时间间隔是指本工作的最早完成时间与其紧后工作最早开始时间之间可能存在的差值。

2. 按工作计算网络计划时间参数

所谓按工作计算法，就是以网络计划中的工作为对象，直接计算各项工作的时间参数。这些时间参数包括工作的最早开始时间和最早完成时间、工作的最迟开始时间和最迟完成

时间、工作的总时差和自由时差。一般采用六时标注法，其形式如图 10-15 所示。此外，还应计算网络计划的计算工期。

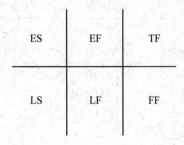

图 10-15　六时标注法示意图

下面以图 10-16 所示网络图为例，说明按工作计算时间参数的过程。

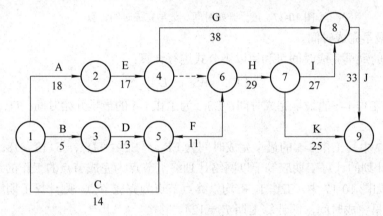

图 10-16　双代号网络计划

1) 计算工作的最早开始时间和最早完成时间

工作最早开始时间和最早完成时间的计算应从网络计划的起始节点开始，顺着箭线方向从左向右依次进行。其步骤如下：

(1) 计算最早开始时间，分以下 3 种情况：

① 以起始节点为开始节点的工作，当未规定其最早开始时间时，其最早开始时间为零。如图 10-17 中，工作 A、B、C(可表示为工作 i–j，其他同理)都以起始节点①为开始节点，则其最早开始时间均为"0"。

② 若本工作只有一个紧前工作(中间可能有虚工作)，则其最早开始时间等于其紧前工作的最早完成时间。如图 10-17 中，工作 E 只有一个紧前工作 A，则工作 E 的最早开始时间等于工作 A 的最早完成时间"18"，同理，D、G、I、K 均只有一个紧前工作，则其最早开始时间均等于其紧前工作的最早完成时间。

③ 若本工作有多个紧前工作(中间可能有虚工作)，则其最早开始时间应等于其紧前工作最早完成时间的最大值。如图 10-17 中，工作 F 有两个紧前工作 D(最早完成时间为"18")、C(最早完成时间为"14")，则 F 的最早开始时间选择"18"，工作 H、J 同样有多个紧前工作，用同样的方法进行计算。

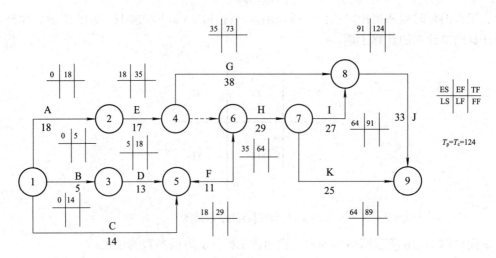

图 10-17　最早开始时间、最早完成时间计算

(2) 计算最早完成时间。

任意工作的最早完成时间可利用以下公式进行计算：

$$EF_{i-j} = ES_{i-j} + D_{i-j} \tag{10-3}$$

式中：EF_{i-j} 为工作 i−j 的最早完成时间；ES_{i-j} 为工作 i−j 的最早开始时间；D_{i-j} 为工作 i−j 的持续时间。

如图 10-17 中，工作 3-5 的最早完成时间为 $EF_{3-5} = ES_{3-5} + D_{3-5} = 5+13 = 18$。

(3) 网络计划的计算工期应等于以网络计划终点节点为完成节点的工作的最早完成时间的最大值。如图 10-17 中，工作 J、K 均以终点节点为完成节点，则计算工期等于工作 J、K 中最大的最早完成时间，即计算工期 $T_c = 124$。

2) 确定网络计划的计划工期

网络计划的计划工期应根据式(10-1)和式(10-2)确定，本例假设未规定要求工期，则其计划工期就等于计算工期，即

$$T_p = T_c = 124$$

计划工期一般标注在网络图中阶段的右上方，如图 10-18 所示。

3) 计算工作的最迟完成时间和最迟开始时间

工作最迟完成时间和最迟开始时间的计算应从网络计划的终点节点开始，逆着箭线方向依次进行。

(1) 计算最迟完成时间，分以下 3 种情况：

① 以终点节点为完成节点的工作，其最迟完成时间等于网络计划的计划工期。如图 10-18 所示，工作 J、K 都以终点节点⑨为完成节点，则其最迟完成时间均为计划工期"124"。

② 若本工作只有一个紧后工作(中间可能有虚工作)，则本工作最迟完成时间等于其紧后工作的最迟开始时间。如图 10-18 中，工作 I 只有一个紧后工作 J，则工作 I 的最迟完成时间等于工作 J 的最迟开始时间 "91"，同理，A、B、C、D、G、I 均只有一个紧后工作，则其最迟完成时间均等于其紧后工作的最迟开始时间。

③ 若本工作有多个紧后工作(中间可能有虚工作)，则其最迟完成时间应等于其所有紧

后工作的最迟开始时间的最小值。如图 10-18 中，工作 E 有两个紧后工作 G(最迟开始时间为"53")、H(最迟开始时间为"35")，则 E 的最迟完成时间选择"35"，工作 H 同样有多个紧后工作，用同样的方法进行计算。

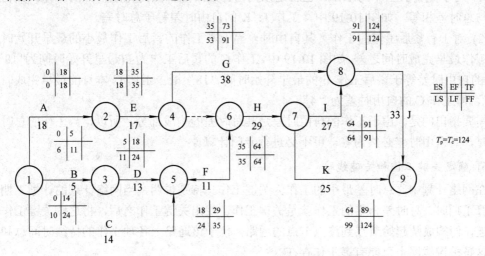

图 10-18　最迟完成时间、最迟开始时间计算

(2) 计算最迟开始时间。

任意工作的最迟开始时间可利用以下公式进行计算：

$$LS_{i-j} = LF_{i-j} - D_{i-j} \tag{10-4}$$

式中：LS_{i-j} 为工作 $i-j$ 的最迟开始时间；LF_{i-j} 为工作 $i-j$ 的最迟完成时间；D_{i-j} 为工作 $i-j$ 的持续时间。

如图 10-18 中，工作 7-8 的最迟开始时间为 $LS_{7-8} = LF_{7-8} - D_{7-8} + 91 - 27 = 64$。

4) 计算工作的总时差

工作的总时差等于该工作最迟完成时间与最早完成时间之差，或该工作最迟开始时间与最早开始时间之差，如图 10-19 所示。

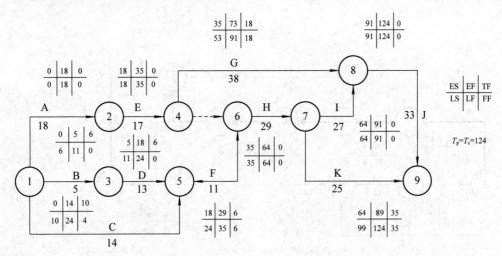

图 10-19　总时差、自由时差计算

5) 计算工作的自由时差

工作自由时差的计算应按以下两种情况分别考虑。

(1) 对于无紧后工作的工作，也就是以网络计划终点节点为完成节点的工作，其自由时差与总时差相等。如图 10-19 中，工作 J、K 的自由时差等于总时差。

(2) 对于有紧后工作的工作，其自由时差等于本工作的紧后工作最小的最早开始时间与本工作最早完成时间之差。如图 10-19 中，工作 C 的紧后工作为 F(最早开始时间为"18")，则 C 的自由时差等于紧后工作 F 的最早开始时间"18"减去工作 C 本身的最早完成时间"14"，即工作 C 的自由时差为"4"。

需要指出的是，由于工作的自由时差是其总时差的构成部分，所以，当工作的总时差为零时，其自由时差必然为零，可不必进行专门计算。

6) 确定关键工作和关键线路

在网络计划中，总时差最小的工作为关键工作。特别说明，当网络计划的计划工期等于计算工期时，总时差为零的工作就是关键工作。找出关键工作之后，将这些关键工作首尾相连，便构成从起始节点到终点节点的通路，位于该通路上各项工作的持续时间总和最大，这条关键线路上可能有虚工作存在。

注意：

(1) 判别关键工作的条件：总时差最小的工作为关键工作。特别说明，当网络计划的计划工期等于计算工期时，总时差为零的工作就是关键工作。

(2) 通过关键工作确定关键线路的方法称为 CPM(Critical Path Method，关键路径法)。

关键线路一般用粗箭线或双箭线标出，也可用彩色箭线标出。关键线路上各项工作的持续时间总和应等于网络计划的计算工期，这一特殊情况也是判别关键线路是否正确的准则。

如图 10-20 中，总时差为零的工作包括 A、E、H、I、J，这些工作即为关键工作，将这些工作首尾相连即可构成一条从起始节点到终点节点的通路，即为关键线路(①→②→④→⑥→⑦→⑧→⑨)，中间包括了虚工作，把各项关键工作的持续时间求和可得 18+17+29+27+33=124，恰好等于计算工期。

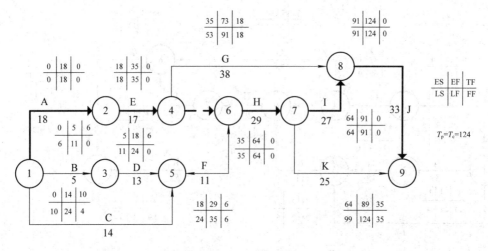

图 10-20　关键线路

【案例 10-2】　双代号网络技术。

◆ 背景

某架空光缆线路工程的路由复测、立杆、制装拉线、架设吊线、敷设光缆等由两组施工人员施工，各工作之间的关系依据施工工序确定。光缆接续、制作光缆成端、测试工作等由另一组人员在两组都敷设完光缆后顺序完成。各组的任务及持续时间如表 10-4 所示，计划工期等于计算工期。

表 10-4　各种任务及持续时间

工作代号	工作	持续时间/天	工作代号	工作	持续时间/天	工作代号	工作	持续时间/天
A	第 1 组路由复测	2	F	第 2 组路由复测	3	K	光缆接头	5
B	第 1 组立杆	4	G	第 2 组立杆	6	L	光缆成端	1
C	第 1 组制装拉线	4	H	第 2 组制装拉线	6	M	中继段测试	1
D	第 1 组架设吊线	2	I	第 2 组架设吊线	3	—	—	—
E	第 1 组敷设光缆	4	J	第 2 组敷设光缆	6	—	—	—

◆ 问题

编制双代号网络计划，计算各个工作的 6 个时间参数，确定计算工期，确定关键路线。

◆ 分析

问题分析如图 10-21 所示，图中粗线表示关键线路。

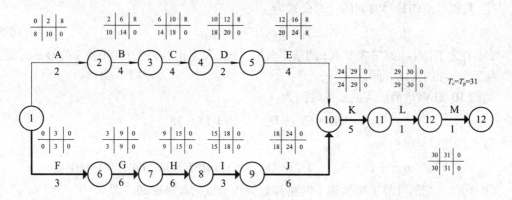

图 10-21　分析结果图

3. 按节点计算网络计划时间参数

所谓按节点计算法，就是先计算网络计划中各个节点的最早时间和最迟时间，然后再据此计算各项工作的时间参数和网络计划的计算工期。一般采用二时标注法，其形式如图 10-22 所示。

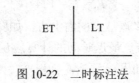

图 10-22　二时标注法

下面以图 10-23 所示的网络图为例，说明按节点计算时间参数的过程。

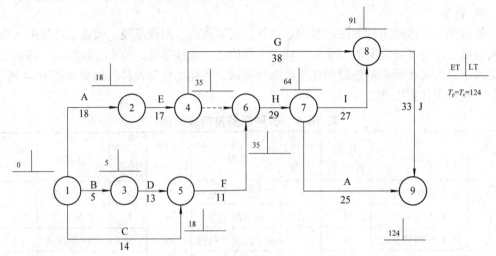

图 10-23　节点最早时间的计算

1) 计算节点的最早时间和最迟时间

(1) 计算节点的最早开始时间。节点最早时间的计算应从网络计划的起始节点开始，顺着箭线方向依次进行。其计算步骤如下：

① 网络计划起始节点如未规定最早时间时，则其值等于零。如图 10-23 中，节点①的最早时间为 "0"，即 $ET_1 = 0$。

② 其他节点的最早时间的计算公式为

$$ET_j = \max\{ET_i + D_{i-j}\} \tag{10-5}$$

式中：ET_j 为工作 i–j 的完成节点 j 的最早时间；ET_i 为工作 i–j 的开始节点 i 的最早时间；D_{i-j} 为工作 i–j 的持续时间。

如图 10-23 中，节点④的最早时间为

$$ET_4 = ET_2 + D_{2-4} = 18 + 17 = 35$$

节点⑧的最早时间为

$$ET_8 = \max\{ET_4 + D_{4-8}, \ ET_7 + D_{7-8}\} = \max\{35 + 38, \ 64 + 27\} = 91$$

③ 网络计划的计算工期值等于网络计划终点节点的最早时间，即

$$T = ET_n \tag{10-6}$$

式中：ET_n 为网络计划终点节点 n 的最早时间。

如图 10-23 中，网络计划的计算工期等于终点节点⑨的最早时间，即为 "124"。

(2) 确定网络计划的计划工期。网络计划的计划工期应根据式(10-1)和式(10-2)确定，本例假设未规定要求工期，则其计划工期就等于计算工期，即

$$T_p = T_c = 124$$

计划工期一般标注在网络图终点节点的右上方，如图 10-23 所示。

(3) 计算节点的最迟时间。节点最迟时间的计算应从网络计划的终点节点开始，逆着箭线方向依次进行。其计算步骤如下：

① 网络计划终点节点的最迟时间等于网络计划的计划工期，即

$$LT_n = T_p \tag{10-7}$$

式中：LT_n 为网络计划终点节点 n 的最迟时间；T_p 为网络计划的计划工期。

如图 10-24 中，终点节点⑨的最迟时间等于网络计划的计划工期，即等于"124"。

② 其他节点的最迟时间的计算公式为

$$LT_i = \min\{LT_j - D_{i-j}\} \tag{10-8}$$

式中：LT_i 为工作 i–j 的开始节点 i 的最迟时间；LT_j 为工作 i–j 的完成节点 j 的最迟时间；D_{i-j} 为工作 i–j 的持续时间。

2) 根据节点的最早时间和最迟时间判定工作的 6 个时间参数

(1) 工作的最早开始时间等于该工作开始节点的最早时间，即

$$ES_{i-j} = ET_i \tag{10-9}$$

如图 10-24 中，工作 5-6(即工作 F)的最早开始时间等于该工作开始节点⑤的最早时间，即 $ES_{5-6} = ET_5 = 18$。

(2) 工作的最早完成时间等于该工作开始节点的最早时间与其持续时间之和，即

$$EF_{i-j} = ET_i + D_{i-j} \tag{10-10}$$

如图 10-24 中，工作 5-6(即工程 F)的最早完成时间等于该工作开始节点⑤的最早时间与其持续时间之和，即 $EF_{5-6} = ET_5 + D_{5-6} = 18 + 11 + 29$。

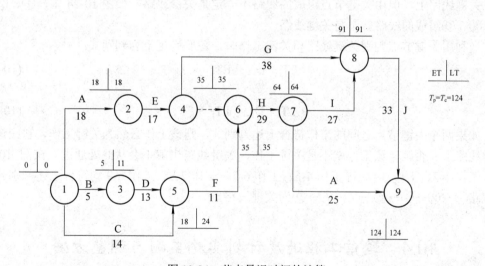

图 10-24　节点最迟时间的计算

(3) 工作的最迟完成时间等于该工作完成节点的最迟时间，即

$$LF_{i-j} = LT_j \tag{10-11}$$

如图 10-24 中，工作 4-8(即工作 G)的最迟完成时间等于该工作完成节点⑧的最迟时间，即 $LF_{4-8} = LT_8 = 91$。

(4) 工作的最迟开始时间等于该工作完成节点的最迟时间与持续时间之差，即

$$LS_{i-j} = LT_j - D_{i-j} \tag{10-12}$$

如图 10-24 中，工作 4-8(即工作 C)的最迟开始时间等于该工作完成节点⑧的最迟时间

与其持续时间之差，即 $LS_{4-8} = LT_8 - D_{4-8} = 91 - 38 = 53$。

(5) 工作的总时差等于该工作完成节点的最迟时间与该工作开始节点的最早时间之差再减其持续时间，即

$$TF_{i-j} = LT_j - ET_i - D_{i-j} \tag{10-14}$$

如图 10-24 中，工作 5-6(即工作 F)的总时差等于该工作完成节点⑥的最迟时间减去该工作开始节点⑤的最早时间及工作 F 的持续时间，即 $TF_{5-6} = LT_6 - ET_5 - D_{5-6} = 35 - 18 - 11 = 6$。

(6) 工作的自由时差等于该工作完成节点的最早时间与该工作开始节点的最早时间之差再减其持续时间，即

$$FF_{i-j} = ET_J - ET_i - D_{i-j} \tag{10-14}$$

特别注意的是，如果本工作与其各紧后工作之间存在虚工作，则 ET_j 应为本工作紧后工作开始节点的最早时间，而不是本工作完成节点的最早时间。

如图 10-24 中，工作 2-4(即工作 E)的自由时差 $FF_{2-4} = ET_4 - ET_2 - D_{2-4} = 35 - 18 - 17 = 0$。

3) 确定关键线路和关键工作

在双代号网络计划中，关键线路上的节点称为关键节点。关键工作两端的节点必为关键节点，但两端为关键节点的工作不一定是关键工作。关键节点的最迟时间与最早时间的差值最小。特别说明，当网络计划的计划工期等于计算工期时，关键节点的最早时间与最迟时间必然相等。图 10-23 中，①、②、④、⑥、⑦、⑧、⑨是关键节点。关键节点必然处在关键线路上，但由关键节点组成的线路不一定是关键线路，如图 10-24 中，①、②、④、⑧、⑨组成的线路就不是关键线路。

当利用关键节点判别关键线路和关键工作时，还要满足下列判别式：

$$ET_i + D_{i-j} = ET_j \tag{10-15}$$

或

$$LT_i + D_{i-j} = LT_j \tag{10-16}$$

如果两个关键节点之间的工作符合上述判别式，则该工作必然为关键工作，它应该在关键线路上。否则，该工作就不是关键工作，关键线路也就不会从此处通过。在图 10-24 中，工作 1-2、工作 2-4、虚工作 4-6、工作 6-7、工作 7-8、工作 8-9 均符合上述判别式，故线路①→②→④→⑥→⑦→⑧→⑨为关键线路。

10.4　通信工程进度计划实施监测与调整方法

进度计划在实际工作中会受到各种因素的影响，因此，要对进度计划执行情况进行跟踪、检查，并对计划执行情况的信息及时进行反馈，通过把实际进度与进度计划进行比较，从中找出项目实际执行情况与进度计划的偏差，必要时应对进度计划进行必要的调整与补充。

10.4.1　通信工程进度计划实施监测方法

常用的通信工程建设进度的控制方法有横道图、S 曲线控制图、香蕉曲线控制图等。

1. 横道图

横道图又称甘特图，最早为甘特提出并开始使用，它以图示的方式通过活动列表和时间刻度形象地表示出任何特定项目的活动顺序与持续时间。一般用横坐标表示时间，纵坐标表示工程项目或工序，进度线为水平线条。由于横道图形象直观且易于编制和理解，因此长期以来被广泛运用于工程建设进度控制中，适用于编制总体性控制计划、年度计划、月度计划等，也可以用来对进度计划的实施进行监测。

【案例 10-3】　横道图的使用。

某交换机房准备开展安装工程建设，计划施工工期为 18 周且通过了业主的审批，包括可研编制及批复、技术规范书编写、主设备招标订货、施工图设计、主设备配套设备到货、机房装修、设备安装、网络试运行、网络优化、竣工验收交付使用等 10 项具体工作，利用横道图检查工程进度过程如下：

(1) 把计划施工工期 18 周分解细化到 10 项具体工作上，把总工期及 10 项具体工作的时间依次画到图中，如图 10-25 中实线所示，根据该图可知每项工作的计划起止时间。

序号	工作内容	持续时间/周	工程建设进度安排/周								
			2	4	6	8	10	12	14	16	18
1	工程周期	18									
2	可研编制及批复	2									
3	技术规范书编写	2									
4	主设备招标订货	2									
5	施工图设计	2									
6	主设备配套设备到货	1									
7	机房装修	6									
8	设备安装	2									
9	网络试运行	2									
10	网络优化	2									
11	竣工验收交付使用	2									

图 10-25　横道图参考示意图

(2) 在每项具体工作计划时间下标出其实际完成时间，如图 10-25 中虚线所示。

(3) 将实际进度与计划进度进行对比，分析是否出现进度偏差。例如，可研编制及批复应结算于第 2 周，但通过对比可看到，其在第 3 周才结束，比计划延期 1 周。

(4) 分析偏差对后续工作及工期的影响。例如，可研编制及批复比计划延期 1 周，导致技术规范书编写工作延后 1 周开始，如后期不能调整，则将使总工期延后。

(5) 分析是否需要做出进度调整。例如，主设备招标订货计划应于第 6 周完成，但实际在第 8 周才完成，已延后两周，应予调整，否则将导致总工期延后。

(6) 根据实际情况，采取进度调整措施，如增加人员或机具、加班等。

(7) 实施调整后的进度计划，并再次进行跟踪对比，反复进行，直到工程完成。

2. S 曲线控制图

S 曲线控制图即按照针对实际点给出累计的成本、工时或其他数值的图形。该名称来自曲线的形状如英文字母 S(即起点和终点处平衡，中间陡峭)，项目开始时缓慢，中期加快，收尾平衡的情况会形成这种曲线。

S 曲线一般用来表示项目的进度或成本随时间的变化。由于项目一般具有在初期投入的资源少，然后逐渐增多，到了中期投入最多，而在后期资源又在逐渐减少的特点，导致项目进度或成本随时间变化的曲线呈 S 形状。

S 曲线监测进度的具体过程如下：

(1) 根据项目需要画出纵、横坐标。

(2) 根据计划完成的工程数量或投资额画出计划曲线 A，如图 10-26 所示。

(3) 根据实际完成的工程数量或投资额画出实际曲线 B，如图 10-26 所示。

(4) 图 10-26 中的 a 表示实际进度比计划进度超前，b 表示实际进度比计划进度滞后。若出现较大偏差，则要分析原因，采取措施进行调整。

(5) 调整后绘制新的 S 曲线，再进行比较。

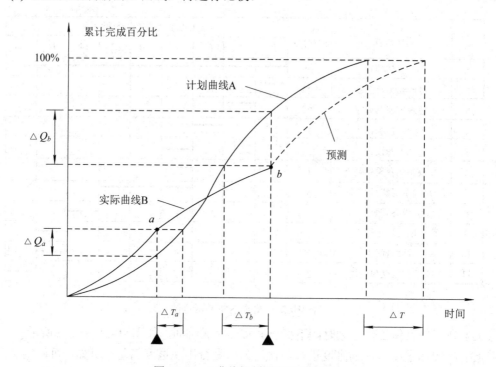

图 10-26　S 曲线控制图参考示意图

3. 香蕉曲线控制图

绘制香蕉曲线控制图是工程项目施工进度控制的方法之一，香蕉曲线是由两条以同一开始时间、同一结束时间为起始的 S 形曲线组成的。其中，一条 S 形曲线是工作按最早开始时间安排进度所绘制的，简称 ES 曲线；而另一条 S 形曲线是工作按最迟开始时间安排进度所绘制的，简称 LS 曲线。除了项目的开始和结束点外，ES 曲线在 LS 曲线的上方，同一时刻两条曲线所对应完成的工作量是不同的，如图 10-27 所示。

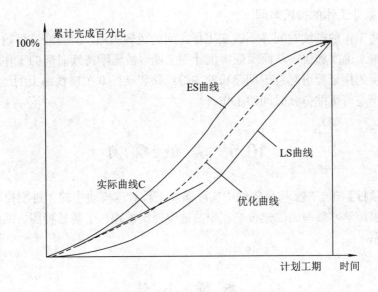

图 10-27　香蕉曲线控制图参考示意图

香蕉曲线监测进度的具体过程如下：

(1) 根据项目需要画出纵、横坐标；编制网络图，计算工序(工作)网络时间参数。

(2) 画出最早开始时间曲线 ES 和最迟结束时间曲线 LS，形成香蕉圆形。

(3) 画出实际进度曲线 C。若曲线 C 未在香蕉曲线圆形之内，则说明投资或进度在控制范围内；若曲线 C 落在香蕉曲线之外，则要分析情况，采取措施进行调整，使其满足要求，如图 10-27 所示。

10.4.2　通信工程进度计划实施调整方法

不管计划如何周密，毕竟只是人们的主观设想，在计划实施过程中各种事先不曾预料的新情况会不断出现，各种干扰因素和风险因素也在不断地发生变化，这些都会使工程技术人员难以完全按照事先的计划进行实施，这就要求管理人员必须掌握动态控制原理，在计划实施过程中不断地检查工程建设的实际进展情况，将实际状况与计划安排进行对比，从中得到偏离计划的有关信息。然后在分析形成偏差原因的基础上，通过采取组织、技术、经济等措施对实际进度进行调整，使之能按原计划正常实施，或者根据实际情况调整修改原计划，使其更符合实际情况，并按调整后的新计划继续实施。在进度计划执行过程中通过不断地检查、调整、修正，以保证工程建设进度得到有效的控制。

在对实施的进度计划分析的基础上，应确定调整原计划的方法，一般有以下两种方法。

1. 改变某些工作间的逻辑关系

若检查到实际施工进度产生的偏差影响了总工期，在工作之间的逻辑关系允许改变的条件下，可改变关键线路和超过计划工期的非关键线路上的有关工作之间的逻辑关系，以达到缩短工期的目的。用这种方法调整的效果是显著的，如可以把正在进行的有关工作改变成平行的或互相搭接的，或者分成几个施工段进行流水施工等，都可以达到缩短工期的目的。

2. 缩短某些工作的持续时间

缩短某些工作的持续时间并不改变工作之间的逻辑关系，而是通过缩短某些工作的出现时间，使施工进度加快，从而保证实现计划工期。被压缩持续时间的工作应是位于由于实际施工进度的拖延而引起总工期延长的关键线路和某些非关键线路上的工作，同时，这些工作又应当是可压缩持续时间的工作。

10.5　实做项目

【实做项目】在 FTTx 仿真软件中实际操作工程管理模块中的"进度控制"。

目的要求：学习掌握通信建设工程中的进度控制管理，了解甘特图、网络图等进度控制的逻辑关系。

本 章 小 结

(1) 通信工程项目进度控制概述，主要包括进度控制的基本概念、影响进度的因素等。

(2) 通信工程项目不同主体的进度控制，主要包括设计单位、施工单位、监理单位的进度控制。

(3) 通信工程项目网络计划技术，主要包括双代号网络图的基本概念、绘制及时间参数的计算。

(4) 通信工程进度计划实施监测与调整方法，主要包括监测方法和调整方法，监测方法包括横道图、S 曲线控制图和香蕉曲线控制图，调整方法主要有改变某些工作间的逻辑关系和缩短某些工作的持续时间。

复 习 与 思 考 题

1. 简述影响通信工程项目进度的因素。
2. 简述通信工程施工阶段的进度计划的编制方法。
3. 简述监理单位进度控制的关键点、施工阶段进度事中控制的要点和具体方法。
4. 简述网络图的绘制规则。
5. 简述通信工程进度计划实施的监测方法。

第 11 章　通信工程质量控制管理

本章内容

- 通信工程项目质量控制概述
- 通信工程项目的质量管理与控制
- 通信工程项目质量控制的方法
- 通信工程质量问题和质量事故的原因

本章重点、难点

- 通信工程项目质量的影响因素
- 通信工程项目质量控制的方法
- 通信工程质量问题和事故的处理

本章学习目的和要求

- 掌握通信工程项目质量控制的基本理论
- 掌握通信工程项目的质量管理与控制
- 熟练掌握质量控制的方法
- 掌握通信工程质量问题和质量事故的处理方法

本章学时数

- 建议 4 学时

11.1　通信工程项目质量控制概述

11.1.1　通信工程项目质量控制相关概念

1. 通信工程项目质量的概念

通信工程项目质量是指工程满足建设单位需要，并符合国家及行业技术规范标准、符合设计文件及合同规定的特性综合，如性能、寿命、环境、可靠性、安全性、经济性等。

2. 通信工程项目质量的形成过程

在通信工程建设的过程中，不同阶段对项目建设质量的影响是不尽相同的。在项目规划阶段，首先通过可行性研究和项目建议书从技术经济角度选择最佳方案，为项目的决策、设计提供充分的依据，此阶段项目建设的质量要求和标准主要关注能否满足业主的意图及需求，并与投资规模、项目的整体布局相协调，为项目今后的使用创造良好的运行条件和环境。

在项目设计阶段，方案所采用的技术是否恰当、工艺是否先进、投资是否合理、功能是否实用、运行是否可靠等，都将影响项目建成后的使用价值，项目设计因此成为影响工程建设项目质量的重要环节。没有高质量的设计，就没有高质量的工程。

在项目实施的准备阶段，建设单位和施工单位对工程建设实施条件，材料、人员和设备的配置，实施计划，施工工艺等分别进行准备，准备工作的充分与否将直接影响项目的质量。

在项目的实施阶段，施工单位根据设计图纸的要求，通过施工把设计思想和设计意图转变成实物形态的产品提供给建设单位。在此过程中，每个环节、因素都可能对质量产生影响，如施工工艺、技术的合理性和先进与否等因素。项目实施是实行质量管理与控制的重要环节。

在项目竣工验收阶段，质量监察部门将会同建设单位、施工单位、设计单位对项目的质量进行全面、综合的检查评定，以考核该项目的建设质量是否达到质量目标和要求。

因此，通信工程建设质量的形成是一个系统的过程，是由项目实施各阶段的质量共同构成的。

3. 通信工程项目质量控制的概念

通信工程项目质量控制是指确定质量方针、目标和职责，并在质量体系中通过诸如质量策划、质量控制、质量保证和质量改进等措施，使质量方针、目标和职责在项目实施的过程中得以实现全部管理职能的所有活动。在质量管理与控制的过程中，不仅要建立为实施质量管理而需要的组织机构、程序、过程和相应的资源(质量管理体系)，而且要全面开展为实现质量要求而采取的技术作业活动。

在质量控制中，要坚持质量第一、预防为主、为用户服务及用数据说话的原则。

11.1.2　通信工程项目质量的影响因素

通信工程项目的建设过程也就是工程质量的形成过程，在通信工程项目建设的各个阶段，影响其质量的因素可概括为"人、机、料、法、环"5 大因素。因此，事前对这 5 方面的因素进行严格管理是保证工程项目实施阶段质量的关键。

1. 人的因素

人是工程质量的控制者，也是工程质量的制造者，工程项目质量的好坏与人的因素密不可分。人的因素主要指工程项目的决策者、管理者和操作者的素质。人的质量意识、质量责任感、技术水平以及职业道德等，都会直接或间接影响工程项目的质量。

工程质量的形成受到所有参加工程项目施工的工程技术干部、操作人员、服务人员的共同作用，这些参与者是形成工程质量的主要因素。首先，应提高他们的质量意识。各岗位人员都应当树立五大观念，即质量第一的观念，预控为主的观念，为用户服务的观念，用数据说话的观念以及社会效益、企业效益、质量、成本、工期相结合的综合观念。其次，要提高人的素质。领导层及技术人员素质高、决策能力强就会形成较强的质量规划、目标管理、施工组织和技术指导、质量检查的能力；管理制度完善，技术措施得力，工程质量就高。操作人员应有精湛的技术技能，一丝不苟的工作作风，严格执行质量标准和操作规程的法治观念；服务人员应做好技术和生活服务，以出色的工作质量，间接地保证工程质量。提高人的素质，可以依靠质量教育、精神和物质激励的有机结合，也可以通过培训和优选，进行岗位技术练兵等实现。

为了达到通过对人员的管理与控制实现对工程建设质量管理与控制的目的，要加强对工程建设参与者的政治思想教育、劳动纪律教育、专业技术知识培训，健全岗位责任制，改善生产劳动条件并制订公平合理的奖惩制度，而且还应根据项目的特点，以确保质量为根本目的，做到人尽其才，扬长避短地管理和使用人员，让具有不同技能和特长的人员分别担任不同岗位的负责人、操作者，让心理素质较高的人员承担重岗位的工作，避免因技术技能、生理因素或心理因素的缺陷而造成对工程建设质量的不良影响。

2. 设备、材料因素

设备、材料(包括原材料、成品、半成品、构配件)不仅是通信工程建设的物质条件，而且其质量也是保证工程建设质量的基础，因此加强对设备、材料和配(构)件质量的管理与控制，既是提高工程质量的重要保证，也是实现投资目标控制和进度目标控制的前提。

通信工程建设所需的设备、材料和配(构)件一般由建设单位通过招标统一采购，因而它们的质量也主要由建设单位设备、材料及配(构)件供应者控制和保证，但施工企业和项目管理机构也应积极配合，协助建设单位和供应商共同做好对设备、材料和配(构)件的质量管理与控制。

3. 工艺方法因素

工艺方法是指施工现场采用的技术方案和组织方案，它是保证施工质量的另一个重要方面。通信工程的施工工艺和作业方法并不是固定不变的，随着科学技术的进步，新技术、新设备、新材料在通信工程建设中不断得到应用，从而促进了施工工艺持续更新和发展。工程实施过程中组织方案的合理与否，将直接影响工程质量控制能否顺利实现，关系到工程项目的成败。许多工程往往由于施工方案考虑不周而被拖延进度，影响了质量，致使投资一再增加。因此，制订和审核施工方案时，必须结合工程实际，从技术、管理、工艺、组织、操作、经济等方面进行全面分析、综合考虑，力求方案技术可行、经济合理、工艺先进、措施得力、操作方便，这样有利于提高质量、加快进度、降低成本。

4. 机械设备、仪器仪表因素

施工机械是工程建设不可缺少的物质基础，工程项目建设的进度快慢和施工质量都与施工机械有密切关系。在施工阶段必须综合考虑施工现场条件、建筑结构形式、施工工艺和方法、建筑技术经济指标等，合理选择机械的类型和性能参数，合理使用机械设备，并正确地操作。操作人员必须认真执行各项规章制度，严格遵守操作规程，并加强对施工机械的维修、保养、管理。

仪器、仪表和工(器)具是通信工程施工中不可缺少的设备，由于通信工程的特殊性，施工中使用的仪器、仪表和工(器)具除部分可通用外，还有相当一部分是专用的仪器、仪表和工(器)具，它们的先进性、功能、精度、工作状态和操作使用方法都将对工程建设质量产生不同程度的影响。通过对仪器、仪表和工(器)具的控制，可以保证施工质量监测的准确性和权威性，为工程的竣工验收和项目的营运提供可靠、翔实的依据。

5. 环境因素

通信工程施工现场的环境和条件是影响工程施工质量的外在因素。通信工程建设涉及面广，特别是通信线路工程建设，其施工周期长，施工范围广，受自然和非自然因素影响的可能性较大。施工现场的环境和条件是项目建设中不可忽视的因素，它不仅对施工质量产生影响，也是影响施工进度、投资规模控制目标实现的重要因素。在拟定对施工条件和环境因素的控制方案和制定措施时，同样必须全面综合考虑，只有这样，才能达到有效控制的目的。

在通信工程实施的过程中，影响通信工程质量的因素本身也在不断地变化，它们因偶然因素而产生的微小变化具有随机性，是不可避免和难以准确控制的，而对偶然因素产生的微小变化所形成的质量问题加以控制是不经济的。但如果是系统性因素形成的变化，则会对工程质量产生较为严重的影响，如生产一线的员工不遵守操作规程，材料的规格质量有明显的差异，使用的仪器、仪表存在故障等。在项目实施过程中应定期对可能出现影响质量的因素及时进行检查和处理，保证工程建设质量和工程建设过程的顺利进行。

【案例 11-1】 分析影响通信工程质量的因素。

◆ 背景

某地传输网通信光缆架空项目工程全长 100 km，光缆沿途需与 4 条 110 kV 高压电力线、多条低压裸露电力线及一条直埋光缆交越。业主已选定监理单位。施工合同规定：除光缆、接头盒和尾纤外，其余相关工程材料全部由施工单位承包，施工地点位于山区。本工程不含爆破且施工季节为多雨季节。

◆ 问题

分析影响本工程的质量因素。

◆ 分析

分析影响工程质量的因素应该从"人员、机具、材料、方法、环境"5 个方面着手，具体到本工程，还应考虑对工程外部环境的协调配合。具体包括：人员的经验和素质；工具、施工机械和仪表的状态；施工材料的质量包括业主采购的材料；工程中采用的施工工艺和技术措施；施工现场的气温、气候、安全等外部环境；施工过程中需协调其他单位配合的管理环境。

11.2　通信工程项目的质量管理与控制

通信工程项目实施阶段占用了整个项目的大部分资源，对质量影响的因素较多，在施工过程中若有疏忽，就极易引起质量问题。因此，必须采取有效措施，对常见的质量问题事先加以预防；对出现的质量事故应及时进行分析和处理。

一般来说，此阶段的质量问题包括两类：一类是质量缺陷，泛指施工过程中存在的质量问题，由于各种因素的干扰，质量缺陷是在所难免的，但应尽可能减少；另一类是质量事故，是指施工期间出现了技术规范所不允许的较严重缺陷，质量事故是可以避免的。

11.2.1　勘察设计单位的质量管理与控制

通信工程勘察设计的任务是根据项目建设单位的要求，对用户的数量、类型、分布、拓展的业务量进行调查和预测，对工程建设所需的经济、环境等条件进行中和分析和论证，以此确定项目建设规模，勘察工程建设的条件，编制工程设计文件。

勘察设计是通信工程项目建设过程中的初始阶段，其质量对于通信工程建设的质量起决定性的作用。调查所取得的数据不准确，勘察设计的进度不能按计划完成，设计的方案不便于施工维护和管理等，都将影响项目的投资规模、工程实施进度和项目建设质量目标的实现。

为保证项目建设质量目标的完成，勘察设计单位需做好以下工作。

1. 勘察质量的管理与控制

通信建设工程的勘察工作，根据工程建设项目划分为通信管道及光(电)缆线路工程勘察，电源设备、有线通信设备及无线通信设备安装工程勘察等；根据项目建设的阶段则划分为一阶段勘察、二阶段勘察。各阶段勘察工作的主要内容为：收集资料、调查情况、选定路由、现场测量、疑点坑探、测量定位、土壤 pH 值及大地电阻率分析、高程测量、站址选择、干扰调查、划线定位等。勘察所获得的资料、技术数据应翔实、准确，能真实反映该项目建设的环境和条件。

为了保证勘察质量、勘察单位应保证参与现场勘察工作的人员具有相应的专业知识，按照事先拟定的勘察工作方案及操作规程开展工作，对于需要定点、定位的部位，应在现场做出标记和详细记录，原始资料的获取要正当合理，测量中使用的仪器、仪表精度要符合要求，操作使用正确，从而使勘察工作的质量自始至终得到保障。

2. 设计质量的管理与控制

通信工程设计工作的质量要求主要体现在以下几方面。

1) 方案合理

方案的合理性要求在充分实现业主的要求和功能的前提下使投资效益最大化。因此，通信工程的设计要以现有技术和设备为依托，以国家和行业技术标准、规范为依据，结合项目建设的环境和条件，采用技术成熟、经济性好、运行可靠、工作安全、便于施工和维护的方案。

为保证方案的合理性，设计单位应对多种可行的方案进行比较，择优选用。

2) 格式规范

通信工程设计文件的设计图纸按照国家有关规定，对图纸的幅面及格式、图形的比例、图纸中使用的字体、图形中使用的图线、图像都有统一的要求。此外，图例的使用也应符合行业标准，设计文件中的设计说明和概(预)算表格的格式应满足建设单位的要求，正式出版的设计文件应装订整齐、格式规范、版面整洁、图纸准确清晰，便于建设单位、施工单位的使用和管理。

3) 数据准确

通信工程设计文件中的数据主要涉及 3 个方面，一是在设计说明中为了描述工程概况、叙述设计方案、说明建设规模和投资规模而编制的综合数据；二是图纸中标注设计要求、统计本图主要工作量的数据；三是概(预)算表格中反映工程建设人工、材料、机械消耗量，安装工程工作量，统计工程建设所需各项费用情况的统计数据。图纸、表格、说明中的相关数据应完全准确一致。

为保证设计质量，在通信工程设计工作中，设计单位的项目负责人、技术负责人应对设计方案、设计工艺进行严格把关，各专业技术人员应持证上岗，全面实行内部审核制度，规范设计质量管理体系，充分保障设计质量。建设单位应会同施工单位、设计单位对设计文件进行会审。

11.2.2　施工单位的质量管理与控制

通信工程施工是通信工程设计文件的意图最终实现并形成项目工程实体的阶段，也是形成最终产品质量和使用价值的阶段。通信工程施工阶段的质量控制是项目质量控制的重点，也是实施工程监理的重要内容。

在施工过程中，根据项目实体质量形成的时间，该阶段的质量管理与控制又可分为事前、事中和事后控制 3 个阶段。

1. 事前控制阶段

事前质量的管理与控制是指在项目正式实施前进行的质量控制，其具体工作内容如下：

1) 参加设计文件会审及设计交底

施工单位参加设计文件会审及设计交底，可以充分了解、熟悉设计意图，全面准确地理解设计思想，解决施工中可能出现的技术难点，掌握施工中的重点难点，确保施工质量。

2) 施工组织方案的设计

施工单位编制施工组织方案是为了实现施工总体部署和施工的需要，达到提高施工效率和经济效益的目的。

施工组织方案包括：保证质量的技术组织措施(质量控制的设计、质量检查的落实、质量优劣的奖惩、技术规范标准的执行等)；安全防护技术组织措施(应重视施工安全体系的建立、不安全隐患的预测与预防措施、施工现场的安全教育和制度措施)；控制施工进度和保证工期的措施(文明施工措施，如环境保护、材料管理、设备维护、消防保卫、职工生活设施搭建和野外作业卫生保健等)；降低工程造价措施(如通信材料的节约、减少流动资金的占用、人工费用的降低等)。

施工方案是施工的具体依据，要能体现速度、质量和效益。在工程施工总体部署下，施工方案的制定主要由项目经理部负责。

3) 施工生产要素配置的审查

通信工程建设所使用的材料、器材种类繁多，而功能和使用场合又不尽相同，采购过程中应根据项目的实际需要对其质量提出严格的要求。对于进场的材料、器材，均应要求具备进网许可证、产品合格证和技术说明书，并按有关规定对其进行必要的抽查、检验；对于主要设备，应分别开箱检查，并按订货合同和所附的技术说明书进行验收。凡是没有进网许可证、产品合格证和技术说明书及抽检不合格的材料、器材，不得在工程中使用。

2. 事中控制阶段

事中质量管理与控制是指在项目施工中进行的质量管理与控制。除了通信局(所)专用房舍建设属建筑工程以外，常见的通信工程主要为设备(传输、交换、移动、电源、空调)安装工程和管线工程。在各单项工程的施工中，施工承包单位要完善工序控制，把影响工程质量的因素都纳入管理程序，对隐蔽工程、关键部位或薄弱环节等建立质量控制点，对其可能产生质量问题的原因进行分析，制定相应的应对措施，实行预控制，一旦出现质量问题要能及时处理。

在施工过程中，一线施工人员的操作对施工质量有直接影响，如设备安装、软件安装、制作数据、设备调测、光缆接续等作业对施工人员的要求较高，施工组织者应安排具有相应技术水平的人员负责关键部位的施工安装工作。

通信工程建设施工中使用的材料规格种类繁多，且有些材料有限定的使用范围，如热可缩套管、光缆接续盒、设备板卡、各种设备间的连接线缆等，因此在材料的发放、使用上要严格把关，防止出现差错。

在工程中应用新技术、新材料、新工艺时，要有可靠的技术保障，要对操作使用人员组织培训，防止因施工经验不足而产生质量问题。

应做好施工工序间的衔接与配合，避免因工序脱节或混乱造成返工、返修、窝工等现象，加快施工进度，确保施工质量。

通信工程建设的施工过程应全面引入工程监理制度，通过现场监理，促使施工企业加强对施工质量的管理，完善质量管理体系。

3. 事后控制阶段

事后控制阶段也即工程质量的验收与交付使用阶段。在竣工验收阶段，应按照相应程序，对项目的相关资料及竣工图等进行全面审核，如审核材料/设备的质量合格证明材料，验证其真实性、准确性、权威性；检查新材料、新工艺实验/检验的可靠性。只有承包单位的施工质量通过竣工验收，才能办理交接手续，应将成套技术资料进行分类、编目建档，完成后移交建设单位。

监理单位的质量管理与控制见本书第 6 章介绍，由于篇幅有限，此处就不再举例说明。

11.2.3　建设单位的质量管理与控制

建设单位对项目的质量管理与控制主要内容包括以下几个方面：

1) 对勘察设计单位的管理与控制

我国对从事工程勘察设计活动的单位实行资质管理制度，对从事通信工程勘察设计的专业技术人员实行执业资格注册管理制度，属于双重市场准入制度。

勘察设计企业资质和通信工程勘察设计单位专业技术从业人员的执业资格是企业进行通信工程勘察、设计的重要凭证，对企业资质和从业人员的执业资格的管理是保证通信工程勘察设计质量的一个重要环节。

建设单位必须选择符合资质要求的勘察设计单位，同时，建设单位必须为勘察设计单位提供必要的资料，如通过评审的可行性研究报告等。

2) 对施工单位的管理与控制

对于施工单位，同样存在资质问题，建设单位必须选择符合资质要求的施工单位。

建设单位要对施工单位的生产要素配置进行审查，不论项目是实行总承包还是分承包，发包方都应对承包方的技术资源配置进行全面而严格的审查。对总承包单位资源配置的审查应在项目招标阶段进行，而对于由承包单位通过招标选择的分包单位，工程监理机构应对其在招标中所提供的技术资源审查结果进行认真的审核，只有审查的结果真实有效，且施工企业具有能完成所承担项目的能力，拥有能确保施工质量的技术水平和管理水平，方可允许进入施工现场进行施工。

3) 对监理单位的管理与控制

对于监理单位，同样也存在资质问题，建设单位必须选择符合资质要求的监理单位，同时，建设单位必须为监理单位提供必要的资料，如施工图设计等。

11.3 通信工程项目质量控制的方法

通过对质量数据的搜查、整理和统计分析，找出质量的变化规律和存在的质量问题，提出进一步的改进措施，这种运用一定方法进行质量控制是所有涉及质量管理的人员必须掌握的，它可以使质量控制工作定量化和规范化。

1. 排列图法

意大利经济学家帕累托提出"关键的少数和次数的多数间的关系"观点，后来美国质量专家朱兰把这个原则引入质量管理中，形成了排列图法，又称帕累托法、主次图法，通常用来寻找影响质量的主要因素。

1) 绘制步骤

排列图必须具有相当数量的准确而可靠的数据做基础，其具体步骤如下：

(1) 按影响质量因素，确定排列图的分类项目。

(2) 要明确所取得数据的时间和范围。

(3) 做好各种影响因素的频数统计和计算。

(4) 绘制横、纵坐标。

① 其中一条横坐标：排列各影响项目或因素。

② 两条纵坐标：左边一条是频数和件数，右边一条是百分比累计频率。

(5) 将各影响因素发生的频数和累计频率标在相应坐标上，并连成一条折线，称为帕累托曲线。

(6) 对排列图进行分析。

① A 类因素，即为主要因素，累计百分比在 80%以下。

② B 类因素，即为次要因素，累计百分比在 80%~90%。

③ C 类因素，即为一般因素，累计百分比在 90%~100%。

A 类因素为影响质量的主要因素，为首选因素，一般 1~3 个。A 类因素解决好后，才能解决 B 类、C 类因素。

2) 解决问题

应用排列图可解决如下几类问题：

(1) 按不合格品的缺陷形式分类，可以分析出造成质量问题的薄弱环节。

(2) 按生产班组或单位分类，可以找出生产不合格品最多的关键过程。

(3) 按生产班组或单位分类，可以分析比较各单位技术水平和质量管理水平。

(4) 将采取提高质量措施前后的排列图对比，可以分析采取的措施是否有效。

(5) 用于成本费用分析、安全问题分析等。

【案例 11-2】　排列图的使用。

◆ 背景

某通信工程建设中，发现导致用户线缆测试不合格的原因有：端头制作不良 30 处，连接器件质量不良 3 处，插头插接不牢固 10 处，线序有误 50 处，线缆性能不良 3 处，设备接口性能不良 2 处，其他原因 2 处。

◆ 问题

用排列图法进行分析，确定影响质量的主要因素。

◆ 分析

(1) 制作用户线缆测试不合格质量问题调查表，如表 11-1 所示。

表 11-1　用户线缆测试不合格质量问题调查表

序号	不合格原因	频数	频率(%)	累计频率(%)
1	线序有误	50	50	50
2	端头制作不良	30	30	50 + 30 = 80
3	插头插接不牢固	10	10	80 + 10 = 90
4	连接器件质量不良	3	3	90 + 3 = 93
5	线缆性能不良	3	3	93 + 3 = 96
6	设备接口性能不良	2	2	96 + 2 = 98
7	其他	2	2	98 + 2 = 100
合计		100	100	100

(2) 根据表 11-1 中的数据画出排列图，如图 11-1 所示。

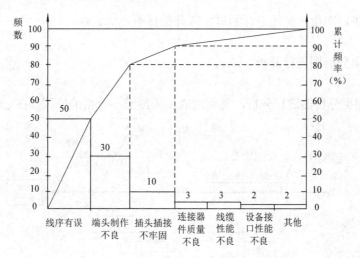

图 11-1　用户线缆测试不合格项目排列图

分析图 11-1 可得，累计百分比在 80%以下的项目包括线序有误和端头制作不良 2 个，也就是说这两个项目因素对线缆的质量影响最大，是 A 类主要因素，如果线缆质量有问题，则应先从这两方面入手解决。其他因素类似分析。

2. 因果分析图法

因果分析图是整理、分析质量问题(结果)与其产生原因之间关系的有效工具。因果分析图也称特性要因图，又因其形状被称为树枝图或鱼刺图。

1) 作图方法

首先明确质量特征的结果，明确具体的质量问题，画出质量特征的主干线，即对质量影响大的因素。一般主干线有人员、机械设备、材料、方法和环境 5 个方面。图 11-2 为因果分析图示意图。

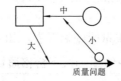

图 11-2　因果分析图示意图

2) 因果分析图的绘制步骤

(1) 明确质量问题——结果。画出质量特性的主干线，箭头指向右侧的一个矩形框，框内注明研究的问题，即结果。

(2) 分析确定对质量特性影响大的原因。一般从人、机、料、法、环 5 个方面分析。

(3) 将大原因进一步分解为中原因、小原因，直至可以采取具体措施加以解决为止。

(4) 检查途中所列是否齐全，做必要的补充及修改。

(5) 选择影响较大的因素并做标记，以便重点采取措施，并落实实施人和时间，通过对策计划表的形式列出。

【案例 11-3】　因果图的使用。

◆ 背景

工程施工中，对用户光缆进行测试，部分指标不合格。

◆ 问题

试利用因果分析图进行分析。

◆ 分析

(1) 利用因果分析图进行分析，发现造成光缆测试不合格的原因如图 11-3 所示。

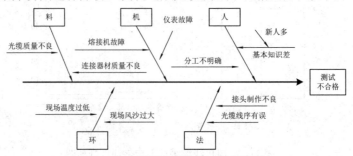

图 11-3　光缆测试不合格因果分析图

(2) 根据分析结果确定改进措施，解决相应问题，如表 11-2 所示。

表 11-2　光缆测试不合格对策计划表

项目	问题原因	对　策
人	基本知识差	做好新人培训工作
	分工不明确	明晰责权
机	熔接机故障	及时修复或更换
	仪表故障	
料	光缆质量不良	加强进货检验
	连接器材质量不良	
法	接头制作不良	严格参照技术规范
	光缆线序有误	标识及时，明晰；多次检查对线
环	现场温度过低	现场加帐篷，并采取取暖措施
	现场风沙过大	

3) 绘制因果图的注意事项

(1) 主干线箭头指向的结果(要解决的问题)只能是一个，即分析的问题只能是一个。

(2) 因果图中的原因是可以归类的，类与类之间的原因不发生联系，要注意避免归类不当和因果倒置的现象发生。

(3) 在分析原因时，要设法找到主要原因，注意大原因不一定都是主要原因。为了找出主要原因，可做进一步调查、验证。

(4) 要广泛而充分地汇集各方面的意见，包括技术人员、生产人员、检验人员，甚至辅助人员的意见等，共同分析、确定主要原因。

3. 直方图法

直方图又叫频数分布直方图。直方图法是将收集到的质量数据进行分组整理，绘制成频数分布直方图，用以描述质量分布状态的一种分析方法，又称质量分布图法。

在直方图中，以直方形的高度表示一定范围内数值所发生的频数，根据直方图形的分布形状和与公差界限的距离来观察、探索质量分布规律。据此可掌握产品质量的波动情况，从而对质量情况进行分析判断。

完成直方图之后，要认真观察直方图的形状，看其是否属于正常型直方图，常见的直方图形式如图 11-4 所示。

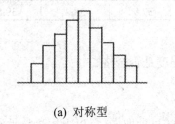

(a) 对称型

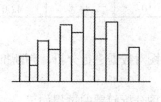

(b) 锯齿型

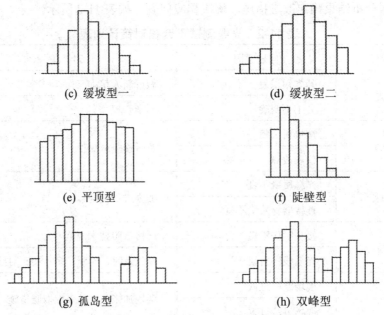

图 11-4 常见的直方图形状

排列图法和直方图法都是静态的，不能反映质量的动态变化，而且这两种方法都需要一定数量的数据。

【案例 11-4】 直方图的使用。

◆ 背景

某通信管道工程浇注混凝土基础，为对其抗压强度进行分析，共收集了 50 份抗压强度试验报告单，数据经整理如表 11-3 所示。

表 11-3 抗压强度数据

序号	抗压强度数据/(N/mm²)				
1	39.8	37.7	33.7	31.5	36.1
2	37.2	38.0	33.1	39.0	36.0
3	35.8	35.2	31.8	37.1	34.0
4	39.9	34.3	33.2	40.4	41.2
5	39.2	35.4	34.4	38.1	40.3
6	42.3	37.5	35.5	39.3	37.7
7	35.9	42.4	41.8	36.3	36.2
8	46.2	37.6	38.3	39.7	38.0
9	36.4	38.3	43.4	38.2	38.0
10	44.4	42.0	37.9	38.4	39.5

◆ 问题

利用直方图对数据进行分析，判断抗压强度是否合格。

◆ 分析

利用直方图分析问题的过程如下：

(1) 收集数据。针对某一产品质量特性，随机抽取 50 个以上质量特性数据，其数据用

N 表示，本例数据如表 11-3 所示，$N = 50$。

(2) 找出数据中的最大值、最小值和极差。数据中的最大值用 X_{max} 表示，最小值用 X_{min} 表示，极差用 $R(R = X_{max} - X_{min})$ 表示。

本例中，$X_{max} = 46.2$，$X_{min} = 31.5$，$R = 46.2 - 31.5 = 14.7$。区间 $[X_{min}, X_{max}]$ 称为数据的散布范围，全体数据在此范围内变动。

(3) 确定组数，组数常用符号 K 表示。常见的数据分组数如表 11-4 所示，本例中取 $K = 8$。

表 11-4　常用分组数

数据总数 N	分组数 K
50～100	6～10
100～250	7～12
250 以上	10～20

(4) 求出组距 h。组距即组与组之间的间隔，等于极差除以组数，即 $h = (X_{max} - X_{min})/K = R/K$。

本例中 $h = (46.2 - 31.5)/8 = 1.8 \approx 2$。

(5) 确定组界。为了确定组界，通常从最小值开始，先把最小值放在第一组的中间位置上，组界为 $(X_{min} - h/2) \sim (X_{min} + h/2)$。

本例中数据最小值 $X_{min} = 31.5$，组距 $h = 2$，故第一组的组界为 30.5～32.5。用同样的方法可以求出其他各组的组界分别为 32.5～34.5，34.5～36.5，36.5～38.5，…，44.5～46.5。

(6) 统计各组频数，即统计落在各组中数据的个数，如表 11-5 所示。

表 11-5　频数统计表

组号	组限	频数统计	组号	组限	频数统计
1	30.5～32.5	2	5	38.5～40.5	9
2	32.5～34.5	6	6	40.5～42.5	5
3	34.5～36.5	10	7	42.5～44.5	2
4	36.5～38.5	15	8	44.5～46.5	1
合计					50

(7) 画直方图。以分组号为横坐标，以频数为高度作纵坐标，绘制直方图，如图 11-5 所示。

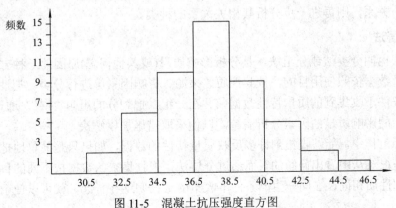

图 11-5　混凝土抗压强度直方图

由图 11-5 可知，直方图基本呈正态分布，故抗压强度合格。

4. 控制图法

项目是在动态的生产过程中形成的，因此，在质量管理中还必须有动态分析法。控制图又称管理图，是在直角坐标系内绘有控制界限，描述生产过程中产品质量波动状态的图形，控制图法属动态分析法。

横坐标为样本(子样)序号或抽样时间，纵坐标为被控制对象，即控制的质量特性值。控制图上一般有上控制界限(UCL)、下控制界限(LCL)和中心线(CL) 3 条线。其基本形式如图 11-6 所示。

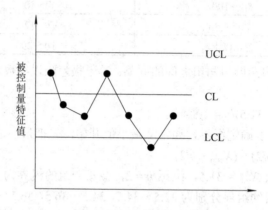

图 11-6　控制图基本形式

当控制图同时满足以下两个条件：一是样本值全部落在控制界限之内，二是控制界限内的点应随机排列没有缺陷，则可以认为生产过程基本上处于稳定状态，否则应判断生产过程异常。

5. 相关图法

在质量管理中，常常遇到两个变量之间存在相互依存的关系，但这种关系又不是确定的定量关系的情况，称其为相关关系。相关图又称散布图，是用来显示两种质量数据之间相关关系的一种图形，相关图可将两种有关的数据成对地以点的形式描绘在直角坐标图上，用以观察两种因素之间的关系，完成对工程项目质量的有效控制。

相关图的观察与分析主要是查看点的分布状态，判断变量 X 与 Y 之间有无相关关系，若存在相关关系，则再进一步分析其相关关系的种类。

6. 分层法

分层法也叫分类法或分组法，是分析影响质量(或其他问题)原因的一种方法。它把收集到的质量数据依照使用目的，按其性质、来源、影响因素等进行分类，把性质相同、在同一生产条件下收集到的质量特性数据归并在一组，把划分的组叫"层"，通过数据分层，把错综复杂的影响质量的因素分析清楚，以便采取措施加以解决。

在实际工作中，能够收集到许多反映质量特性的数据，如果只是简单地把这些数据放在一起，是很难从中看出问题的，而通过分层法，把收集来的数据按不同的目的和要求加以分类，把性质相同、在同一生产条件下收集的数据归纳在一起，就可以使杂乱无章的数据和错综复杂的因素系统化、条理化，使数据所反映的问题明显、突出，从而便于抓住主要问题并找出对策。

7. 统计调查表法

统计调查表又称检查表或分析表，是利用统计图表进行数据整理和粗略的原因分析的一种工具，在应用时，可根据调查项目和质量特性采用不同格式。

11.4　实做项目

【实做项目】在 FTTx 仿真软件中实际操作工程管理模块中的"质量控制"。

目的要求：学习掌握质量控制管理的要素，学习了解基本质量控制管理要素。

本章小结

(1) 通信工程项目质量控制概述，包括通信工程项目质量相关概念，通信工程项目质量控制概念及原则，通信工程项目质量的影响因素(人、机、料、法、环)。

(2) 通信工程项目的质量管理与控制，包括勘察设计单位的质量管理与控制，施工单位的质量管理与控制，监理单位的质量管理与控制，建设单位的质量管理与控制。

(3) 通信工程项目质量控制的方法，包括排列图法、因果图法、直方图法、控制图法等。

复习与思考题

1. 简述通信工程项目质量的概念及其特点。
2. 简述通信工程项目质量控制的概念及原则。
3. 简述通信工程项目质量的影响因素。
4. 简述现场检查通信管线、机房施工条件的内容。
5. 对某架空线路工程质量调查，发现导致杆歪的原因有：电杆埋深不够 24 处，拉线出土不正 32 处，拉线埋深不够 18 处，土质松软 15 处，吊线过紧 9 处，杆位不正 17 处，其他原因 3 处。分析：① 编制杆歪质量问题调查表，画出杆歪质量问题排列图，分析造成杆歪问题的主要原因是什么？② 用因果分析图法分析拉线埋深不够的原因。③ 如何控制立杆的质量？④ 如何通过控制操作者的工作质量保证立杆的质量？
6. 绘制质量事故处理程序图。

参 考 文 献

[1]　全国一级建造师执业资格编写委员会. 建设工程项目管理[M]. 北京：中国建筑工业出版社，2012.

[2]　全国监理工程师培训考试教材审定委员会. 建设工程投资控制[M]. 北京：知识产权出版社，2011.

[3]　中国通信协会通信设计施工专业委员会. 通信建设监理管理与实务[M]. 北京：北京邮电大学出版社，2010.

[4]　孙青华，张志平，黄红艳，等. 光电缆线务工程(下)：光缆线务工程[M]. 北京：人民邮电出版社，2011.

[5]　孙青华. 通信工程设计及概预算(上册)[M]. 北京：高等教育出版社，2011.

[6]　孙青华，张志平，刘保庆，等. 通信工程项目管理及监理. 北京：人民邮电出版社，2013.

[7]　全国监理工程师培训考试教材审定委员会. 建设工程监理概论[M]. 北京：知识产权出版社，2011.

[8]　全国一级建造师执业资格考试用书编写委员会. 通信与广电工程管理与实务[M]. 北京：中国建筑工业出版社，2011.

[9]　张航东，尹晓霞. 通信管线工程施工与监理[M]. 北京：人民邮电出版社，2011.

[10]　中华人民共和国工业和信息化部. 通信建设工程概算、预算编制办法[S]. 北京：人民邮电出版社，2012.

[11]　梁世连. 工程项目管理学[M]. 大连：东北财经大学出版社，2008.

[12]　中国通信企业协会，通信设计施工专业委员会. 通信施工企业管理人员安全生产培训教材[M]. 北京：人民邮电出版社，2016.